你的第一本

# Git 與 GitHub 入門書

輕鬆實作本機與遠端儲存庫的版本控制

陳會安 著

新手的第一本 Git 與
GitHub 入門手冊
帶你輕鬆學習小組開發
Git/GitHub 的版本控制

- 詳細介紹版本控制、工作流程與終端機命令
- 建立共享儲存庫、遠端儲存庫同步與備份
- 使用開發工具內建的版本控制進行協同開發
- 學會詢問 ChatGPT 解決 Git/GitHub 操作問題

| 作　　者：陳會安 |
|---|
| 責任編輯：Cathy |

| 董 事 長：曾梓翔 |
|---|
| 總 編 輯：陳錦輝 |

出　　版：博碩文化股份有限公司
地　　址：221 新北市汐止區新台五路一段 112 號 10 樓 A 棟
　　　　　電話 (02) 2696-2869　傳真 (02) 2696-2867

發　　行：博碩文化股份有限公司
郵撥帳號：17484299　戶名：博碩文化股份有限公司
博碩網站：http://www.drmaster.com.tw
讀者服務信箱：dr26962869@gmail.com
訂購服務專線：(02) 2696-2869 分機 238、519
（週一至週五 09:30 ～ 12:00；13:30 ～ 17:00）

版　　次：2025 年 3 月初版

建議零售價：新台幣 620 元
ＩＳＢＮ：978-626-414-178-9
律師顧問：鳴權法律事務所 陳曉鳴律師

本書如有破損或裝訂錯誤，請寄回本公司更換

國家圖書館出版品預行編目資料

你的第一本 Git 與 GitHub 入門書：輕鬆實作
本機與遠端儲存庫的版本控制 / 陳會安著．
-- 初版 . -- 新北市：博碩文化股份有限公
司, 2025.03
　面；　公分

ISBN 978-626-414-178-9(平裝)

1.CST: 軟體研發 2.CST: 電腦程式設計

312.2　　　　　　　　　　　114003207

Printed in Taiwan

博　碩　粉　絲　團　　歡迎團體訂購，另有優惠，請洽服務專線
　　　　　　　　　　　(02) 2696-2869 分機 238、519

**商標聲明**

本書中所引用之商標、產品名稱分屬各公司所有，本書引用
純屬介紹之用，並無任何侵害之意。

**有限擔保責任聲明**

雖然作者與出版社已全力編輯與製作本書，唯不擔保本書及
其所附媒體無任何瑕疵；亦不為使用本書而引起之衍生利益
損失或意外損毀之損失擔保責任。即使本公司先前已被告知
前述損毀之發生。本公司依本書所負之責任，僅限於台端對
本書所付之實際價款。

**著作權聲明**

本書著作權為作者所有，並受國際著作權法保護，未經授權
任意拷貝、引用、翻印，均屬違法。

# 作者序

Git 是 Linux 開發者 Linus Torvalds 初始開發的一套分散式版本控制系統,這是一套開放原始碼、高速、高擴充性、可靠和高安全性(資料加密傳輸)的版本控制系統,可以幫助小組專案進行版本控制來開發高品質的應用程式。GitHub 是提供放置 Git 儲存庫的雲端平台,提供跨平台桌面工具和網頁介面來進行小組專案開發的版本控制與協同開發。

基本上,版本控制就是在記錄開發專案的變更,以便程式出現問題時,可以回復或還原至指定版本的狀態。想想看!當你開發程式到了一個階段,就會備份程式,你之所以會備份,因為你有可能會再回到此備份狀態,而版本控制就是在幫助你備份和追蹤版本變更。

本書是一本支援 Windows/Linux 作業系統的 Git/GitHub 入門書,也是一本探討版本控制和小組協同開發的圖書,更是一本活用生成式 AI 幫助你寫出 Git/GitHub 版本控制提示詞的參考手冊,可以讓初學者輕鬆在 Windows/Linux 作業系統學習 Git/GitHub 版本控制與協同開發。

在規劃上,這是一本運用生成式 AI 教你如何活用 Git/GitHub 進行版本控制和小組協同開發的電腦書,雖然,你從網路上就可以取得一大堆 Git 教學文件,但是,大部分學過的人都會認同 Git 易學難精,因為 Git 命令不難,但命令眾多且選項繁雜,所以,本書不只教你 Git 命令,更模擬各種情況來讓你了解和熟悉 Git 背後的原理與必學的知識,讓你有能力正確的描述問題來詢問 ChatGPT,如下所示:

- 命令列模式的基礎 MS-DOS 和 Linux Bash 命令。
- 實際演練工作目錄的 Git 檔案狀態轉換與 Git 分支的並行開發。
- 本機 Git 儲存庫和遠端 GitHub 儲存庫(共享儲存庫)之間的關係與操作。
- 如何解決合併衝突問題和 GitHub 提取請求操作。
- 實作 Git Flow 與 GitHub Flow 工作流程的小組協同開發。
- 在工作目錄回復檔案狀態、比對檔案內容差異,和回復提交版本的歷史記錄。

讀完本書，你將擁有足夠的能力，直接運用開發工具內建的 Git 功能，來靈活運用本機 Git 和遠端 GitHub 儲存庫來進行軟體開發的版本控制和協同開發，不只如此，你還可以透過生成式 AI 的幫助，學會如何詢問 ChatGPT 來幫助你解決在實際開發過程中，各種 Git 命令和 GitHub 操作上的問題。

## 如何閱讀本書

本書內容是循序漸進從 Git 安裝、MS-DOS 和 Linux Bash 命令開始，在說明本機 Git 儲存庫的使用後，才進入共享儲存庫和遠端 GitHub 儲存庫，等到完整學習 Git/GitHub 儲存庫的相關操作後，就可以運用 Git/GitHub 來進行 Git Flow 和 GitHub Flow 工作流程的協同開發。

**第一篇：版本控制系統與 Git/GitHub 基礎**

第 1 章說明什麼是版本控制系統和 Git/GitHub 後，安裝 WSL 的 Linux 子系統、Windows 終端機和 Git，並且設置 Git 全域設定。第 2 章在說明版本控制的工作流程後，詳細說明 Git 必須知道的 MS-DOS 和 Linux Bash 命令。

**第二篇：本機 Git 儲存庫**

第 3 章是 Git 基本操作的工作目錄檔案狀態、加入暫存區和提交操作，說明在不同情況下，如何建立每一個版本的提交歷史記錄。在第 4 章是並行開發的 Git 分支，詳細說明如何在小組開發建立分支、合併分支和處理合併衝突問題。

**第三篇：共享儲存庫與遠端 GitHub 儲存庫**

第 5 章首先是在 WSL 的 Linux 子系統建立共享儲存庫，然後從註冊 GitHub 帳戶和 GitHub Desktop 工具安裝開始，詳細說明如何使用 Web 網頁介面來建立遠端 GitHub 儲存庫，即可使用 Git 命令和 GitHub Desktop 將遠端 GitHub 儲存庫複製成本機 Git 儲存庫。在第 6 章是本機 Git 和遠端 GitHub 儲存庫的同步和備份，幫助你了解本機 Git 和遠端 GitHub 儲存庫之間的關係與操作。

## 第四篇：Git/GitHub 版本控制的協同開發

第 7 章說明 GitHub 儲存庫的分支操作和 Git 標籤後，實作 Git Flow 工作流程，這是使用本機 Git 分支來實作 GitHub 共享儲存庫的協同開發。在第 8 章是實作 GitHub Flow 工作流程來說明 GitHub 提取請求的協同開發。第 9 章在說明 Git 儲存庫結構和合併策略後，依序說明如何管理與回復 Git 檔案狀態和 Git 儲存庫的提交記錄，最後說明如何詢問 ChatGPT 來解決你在 Git 操作上的問題。

## 第五篇：使用開發工具內建的版本控制與常用工具

第 10 章是 Visual Studio Code 內建的版本控制，使用 Flask 的 Python 程式為例來說明基本 Git 操作後，使用本機 Git 分支來進行協同開發。在第 11 章是 Visual Studio Community 內建的 Git 版本控制，改用 C# 語言的 Windows 視窗程式專案來說明基本 Git 操作後，使用 GitHub 提取請求來進行協同開發。在第 12 章介紹 2 套免費 Git 客戶端工具後，說明如何設定與使用 Git 解決合併衝突工具 KDiff3。

編著本書雖力求完美，但學識與經驗不足，謬誤難免，尚祈讀者不吝指正。

陳會安
於台北 hueyan@ms2.hinet.net
2025.2.10

你的第一本 Git 與 GitHub 入門書

# 範例檔案說明

為了方便讀者學習本書 Git/GitHub 本機與遠端儲存庫的版本控制與協同開發，筆者已經將本書使用的相關檔案，都收錄在書附範例檔案之中，如下表所示：

| 資料夾 | 說明 |
| --- | --- |
| ch01～ch12 | 本書各章 Git 儲存庫、工作目錄的範例 HTML/CSS 網頁檔案、README.md、Python 程式、Visual Studio 的 C# 專案、ChatGPT 提示詞 .txt 檔和 ChatGPT 回應的 PDF 檔等相關檔案。 |

── 線上資源下載 ──

範例程式檔、ChatGPT 提示文字檔下載

https://www.drmaster.com.tw/Bookinfo.asp?BookID=MP22456

## 🔍 版權聲明

本書範例檔案提供的共享軟體或公共軟體，其著作權皆屬原開發廠商或著作人，請於安裝後詳細閱讀各工具的授權和使用說明。本書內含的軟體都為隨書贈送，僅提供本書讀者練習之用，與各軟體的著作權和其他利益無涉，如果在使用過程中因軟體所造成的任何損失，與本書作者和出版商無關。

# 目錄

## 第一篇　版本控制系統與 Git/GitHub 基礎

### 01　認識版本控制系統與安裝 Git

| | | |
|---|---|---|
| 1-1 | 版本控制系統的基礎 | 1-1 |
| 1-2 | 認識 Git 與 GitHub | 1-3 |
| 1-3 | 安裝 Windows 終端機與 Linux 子系統 | 1-5 |
| 1-4 | 安裝與檢查 Git 的版本 | 1-13 |
| 1-5 | 設置 Git 的全域設定 | 1-19 |
| 1-6 | ChatGPT 輔助學習：查詢 Git 命令的使用 | 1-21 |

### 02　版本控制的工作流程與終端機命令

| | | |
|---|---|---|
| 2-1 | 認識版本控制的工作流程 | 2-1 |
| 2-2 | Windows 的 MS-DOS 命令 | 2-6 |
| 2-3 | Linux Bash 的終端機命令 | 2-14 |
| 2-4 | ChatGPT 輔助學習：查詢終端機命令的使用 | 2-21 |

## 第二篇　本機 Git 儲存庫

### 03　記錄版本的變更：初始與使用 Git 儲存庫

| | | |
|---|---|---|
| 3-1 | Git 版本控制的基本流程 | 3-1 |

| 3-2 | 初始 Git 儲存庫 | 3-5 |
| --- | --- | --- |
| 3-3 | 完成第一次 Git 版本控制的流程 | 3-7 |
| 3-4 | 加入暫存區與提交檔案 | 3-11 |
| 3-5 | 檢視版本歷史和比對版本差異 | 3-25 |
| 3-6 | ChatGPT 輔助學習：詢問 Git 操作命令的差異 | 3-28 |

## 04 多功能並行開發：Git 的分支與合併

| 4-1 | Git 分支與合併的基本流程 | 4-1 |
| --- | --- | --- |
| 4-2 | 建立、檢視與切換 Git 分支 | 4-4 |
| 4-3 | 在 Git 分支進行多功能並行開發 | 4-11 |
| 4-4 | Git 分支合併的基本操作 | 4-16 |
| 4-5 | 刪除 Git 分支 | 4-23 |
| 4-6 | ChatGPT 輔助學習：解決分支合併的衝突問題 | 4-25 |

## 第三篇　共享儲存庫與遠端 GitHub 儲存庫

## 05 建立共享儲存庫與遠端 GitHub 儲存庫

| 5-1 | 建立共享儲存庫 | 5-1 |
| --- | --- | --- |
| 5-2 | 註冊 GitHub 帳戶 | 5-11 |
| 5-3 | 下載與安裝 GitHub Desktop 桌面工具 | 5-16 |
| 5-4 | 建立 GitHub 儲存庫 | 5-17 |
| 5-5 | 複製 GitHub 儲存庫到工作電腦 | 5-25 |
| 5-6 | ChatGPT 輔助學習：用 GitHub Fork 學習程式開發 | 5-29 |

## 06  Git/GitHub 儲存庫的同步與備份

| | | |
|---|---|---|
| 6-1 | GitHub 遠端儲存庫扮演的角色 | 6-1 |
| 6-2 | 使用 GitHub 網頁介面新增和編輯檔案 | 6-2 |
| 6-3 | 檢查與合併遠端 GitHub 儲存庫的最新變更 | 6-6 |
| 6-4 | 本機 Git 和遠端 GitHub 儲存庫的推送與提取 | 6-10 |
| 6-5 | 在 GitHub 儲存庫查詢提交記錄和比對差異 | 6-18 |
| 6-6 | ChatGPT 輔助學習：比較 git fetch 和 git pull 命令 | 6-21 |

## 第四篇  Git/GitHub 版本控制的協同開發

## 07  Git Flow 工作流程：使用 Git/GitHub 分支的協同開發

| | | |
|---|---|---|
| 7-1 | Git/GitHub 版本控制的基本流程 | 7-1 |
| 7-2 | 在 GitHub 建立、切換、提取和推送分支 | 7-3 |
| 7-3 | 使用 Git/GitHub 標籤 | 7-15 |
| 7-4 | Git Flow 實戰：使用 Git/GitHub 分支完成協同開發 | 7-20 |
| 7-5 | ChatGPT 輔助學習：git pull/git push 命令參數的用法 | 7-35 |

## 08  GitHub Flow 工作流程：使用提取請求的協同開發

| | | |
|---|---|---|
| 8-1 | 認識 GitHub 的提取請求 | 8-1 |
| 8-2 | 在 GitHub 儲存庫邀請協同開發者 | 8-3 |
| 8-3 | GitHub Flow 實戰：使用提取請求完成協同開發 | 8-7 |
| 8-4 | ChatGPT 輔助學習：產生 GitHub Flow 工作流程範例 | 8-16 |

## 09 管理與回復 Git 檔案狀態與提交記錄

| | | |
|---|---|---|
| 9-1 | Git 儲存庫「.git」的內容和合併策略 | 9-1 |
| 9-2 | 管理與回復 Git 檔案狀態 | 9-6 |
| 9-3 | 管理與回復 Git 提交記錄 | 9-14 |
| 9-4 | ChatGPT 輔助學習：解決實作時遇到的 Git 操作問題 | 9-25 |

# 第五篇 使用開發工具內建的版本控制與常用工具

## 10 Visual Studio Code 的版本控制

| | | |
|---|---|---|
| 10-1 | 在 VS Code 複製 GitHub 儲存庫 | 10-1 |
| 10-2 | 在 VS Code 使用 Git/GitHub 版本控制 | 10-4 |

## 11 Visual Studio Community 的版本控制

| | | |
|---|---|---|
| 11-1 | 在 Visual Studio 複製 GitHub 儲存庫和建立專案 | 11-1 |
| 11-2 | 在 Visual Studio 使用 Git/GitHub 進行專案開發 | 11-8 |

## 12 Git/GitHub 版本控制的常用工具

| | | |
|---|---|---|
| 12-1 | Git 圖形介面工具：SourceTree | 12-1 |
| 12-2 | 整合在 Windows 檔案總管的 Git 工具：TortoiseGit | 12-8 |
| 12-3 | 解決合併衝突的工具：KDiff3 | 12-13 |
| 12-4 | 設定與使用 Git 預設解決合併衝突工具 | 12-17 |

PART 1

# 版本控制系統與
# Git/GitHub 基礎

CHAPTER 01　認識版本控制系統與安裝 Git

CHAPTER 02　版本控制的工作流程與終端機命令

# CHAPTER 01 認識版本控制系統與安裝 Git

- 1-1 版本控制系統的基礎
- 1-2 認識 Git 與 GitHub
- 1-3 安裝 Windows 終端機與 Linux 子系統
- 1-4 安裝與檢查 Git 的版本
- 1-5 設置 Git 的全域設定
- 1-6 ChatGPT 輔助學習：查詢 Git 命令的使用

## 1-1 版本控制系統的基礎

「版本控制系統」（Version Control System）是一種輔助應用程式開發的工具程式，可以幫忙追蹤開發者或小組專案開發建立的所有原始程式碼、文件和相關檔案的變更，保留所有的變更記錄，儲存這些檔案的地方稱為「儲存庫」（Repository，或稱為倉庫，在 Visual Studio 稱為存放庫）。

透過版本控制系統的歷史記錄，開發者就可以找出是誰修改程式碼？改了哪些地方？什麼時間改的？為什麼需要修改？當程式出錯時，也可以馬上回復到前一個穩定的版本。

想想看！如果沒有使用版本控制系統，在開發應用程式撰寫程式碼時，當程式碼有變更，或新增功能，最簡單方式，就是複製整個目錄的程式，將整個目錄備份下來，如此就會產生一序列標註日期／時間或流水號的備份檔案，問題是，當需要找尋錯誤來源是改了哪一個程式，或回復至之前特定的穩定版本，就只能手動搜尋備份，不只沒有效率，還因為只有備份者最清楚版本歷史，所以很難與其他開發者共享，進行協同開發。

目前常見的版本控制系統有：Git、Subversion（SVN）、CVS（Concurrent Version System）和 Mercurial 等。當使用版本控制系統進行多人小組的應用程式開發，所有參與專案開發的開發者都可以使用版本控制系統來進行獨立開發測試、修正臭蟲（除錯）和提供新功能的程式碼。

基本上，目前的版本控制系統主要分成兩種：集中式版本控制系統和分散式版本控制系統。

### 集中式版本控制系統

集中式版本控制系統（Centralized Version Control System，CVCS）是使用一台伺服器來儲存所有開發專案相關檔案的儲存庫，和進行小組協同開發，因為開發者都是使用同一個儲存庫（Repository）來儲存專案的所有檔案，所有開發者都是直接存取此儲存庫的檔案，如下圖所示：

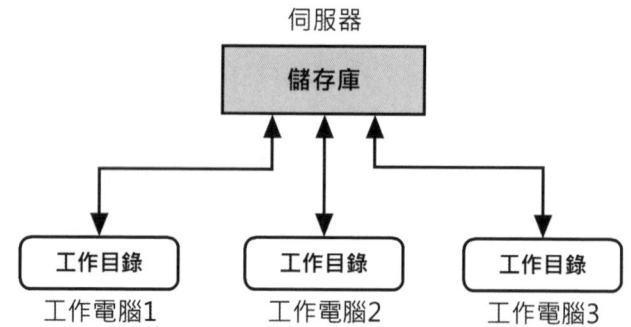

上述儲存庫的伺服器是位在區域網路或遠端 Internet，所有開發者的工作電腦都是直接連線伺服器來更新儲存庫的資料（無法離線操作），和提交（Commit）變更內容至儲存庫，所有操作都是針對這個伺服器的儲存庫，所以一定需要在連線狀態下才能進行程式開發。

### 分散式版本控制系統

分散式版本控制系統（Distributed Version Control System，DVCS）是維護一個遠端的主儲存庫（Main Repository），每一個開發者都擁有一份區域複本的本機儲存庫，開發者的版本更新是針對自己區域複本的本機儲存庫，例如：GitHub 儲存庫就是遠端儲存庫，每一位開發者可以複製下載建立本機 Git 儲存庫，如下圖所示：

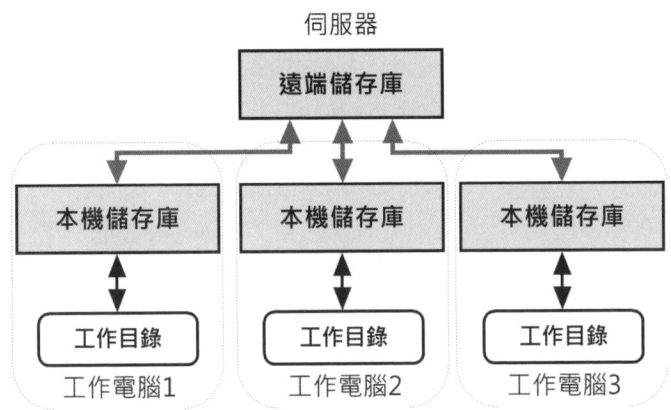

上述每一位開發者是使用位在工作電腦硬碟的本機儲存庫，其內容就是遠端伺服器的主儲存庫複本，開發者更新的程式碼和提交操作是針對本機儲存庫，並不是伺服器的主儲存庫，所以並不需要維持工作電腦與伺服器之間的連線，開發者可以在離線狀態下進行程式開發。

本機儲存庫可以使用提取（Pull）操作從伺服器主儲存庫下載取得最新的儲存庫內容，當開發者完成程式碼且更新至本機儲存庫後，就可以使用推送（Push）操作，將本機儲存庫的資料上傳更新至伺服器的主儲存庫。

## 1-2 認識 Git 與 GitHub

Git 是一種分散式版本控制系統，這也是目前程式開發者最廣泛使用的版本控制系統之一。GitHub 簡單的說，就是 Git 的雲端版本，可以用來建立遠端的 GitHub 儲存庫。

### 💬 認識 Git 與 GitHub

Git 原來是 Linux 開發者 Linus Torvalds 初始開發的一套開放原始碼的版本控制系統，其主要目的就是使用在 Linux 開發的版本控制。Git 是一種分散式版本控制系統，一套高速、高擴充性、可靠和高安全性（資料加密傳輸）的版本控制系統，支援分散式非線性開發流程，可以幫助小組專案的版本控制來開發高品質的應用程式。

Git 儲存庫（Repository）事實上就是一個 Git 專案，包含開發專案所有相關的檔案集合，和每一個檔案變更的歷史記錄，每一次提交就是在建立一個新版本，Git 如同建立檔案快照般，記錄提交後此版本的檔案內容，可以幫助開發者完整記錄在程式開發過程中，每一個版本程式檔案內容的變更。

目前各大軟體公司大多都採用 Git/GitHub 版本控制系統，例如：Facebook、Twitter、Salesforce、Microsoft 和 Quora 等公司，不只如此，更多的開放原始碼專案是使用 GitHub，這是 Git 版本控制的雲端平台，詳見第 5 章的說明。

GitHub 是提供放置 Git 儲存庫的平台，不同於 Git 需要使用命令列指令來進行版本控制操作，GitHub 提供跨平台桌面工具和網頁介面來進行小組專案開發的版本控制，可以幫助開發者進行協同開發、工作追蹤、提取請求（Pull Requests，PR）和程式碼審查（Code Review）。

## Git/GitHub 核心功能與特色

Git/GitHub 核心功能與特色的簡單說明，如下所示：

- **變更追蹤**：Git 可以記錄開發專案的所有檔案變更，讓開發者輕鬆檢視每一次提交版本所修改的歷史記錄，不僅可以方便追蹤錯誤來源（到底是誰修改了程式碼），更可以快速修復錯誤和更正問題，確保開發專案的程式穩定性。

- **與 IDE 無縫整合**：因為 Git 的普及性，幾乎目前所有的主流開發工具，例如：Visual Studio Code、Visual Studio IDE 和 IntelliJ IDEA 都已經整合 Git 功能。開發者可以直接在熟悉的開發環境完成版本控制的相關操作，無需另外切換使用其他的 Git 工具。

- **團隊協同開發與分支管理**：Git 允許每一位開發團隊的成員使用分支（Branch）進行獨立開發，Git 分支就是一個獨立的開發過程，可能是新功能或錯誤修正，因為成員都是在自己的分支進行開發，能夠確保不同功能或修正並不會相互影響。在完成開發工作後，再透過合併將分支的變更整合至主版本。在 GitHub 更提供「提取請求」(Pull Requests)流程,幫助團隊成員在合併程式碼前,進行檢查與討論,確保程式碼品質,並且在過程中解決潛在的合併衝突問題。

- **分散式版本控制系統(Distributed VCS)**:Git 是分散式版本控制系統,專案的所有歷史記錄都可以儲存在本機和遠端,不只可以提供多重備份,更因為不是依賴單一的中央伺服器,所以,開發者可以離線進行程式開發和修改,並且提交變更,等到連線後,再同步更新至遠端儲存庫,確保專案開發資料的高可用性與安全性。

- **高效的問題追蹤與專案管理**:GitHub 提供額外的專案管理工具,例如:Issues、Projects 與 Discussions 等,可以協助小組開發進行問題追蹤、進度管理和技術討論,提升整體專案的開發效率。

- **自動化工作流程與持續整合/持續部署(CI/CD)**:透過 GitHub Actions 或其他整合工具,可以建立自動化流程,減少人為操作失誤來提升專案開發效率,例如:自動測試、程式建置與部署。

- **社群資源與開源專案協同開發**:GitHub 是全球最大的開放程式碼(開源)專案平台,開發者可以輕鬆的共享程式碼、參與開源專案,並且運用社群資源來進行程式設計學習與技術交流。

## 1-3 安裝 Windows 終端機與 Linux 子系統

Windows 終端機(Windows Terminal)就是 Windows 版的 Linux 終端機程式,因為 Windows 終端機高度整合 Windows 作業系統的檔案系統,所以本書是使用 Windows 終端機來下達 Git 命令,和使用 Windows 的 Linux 子系統,即 WSL2。

### 1-3-1 安裝 Windows 終端機

在 Windows 作業系統安裝 Windows 終端機的下載安裝步驟,如下所示:

*Step 1* 請執行「開始 > Microsoft Store」命令啟動 Microsoft Store 商店，在上方欄位輸入 Windows Terminal 後，按 Enter 鍵搜尋應用程式，在找到 Windows Terminal 後，請按 Windows Terminal 方框右上方的【取得】鈕。

*Step 2* 可以看到正在下載和安裝 Windows 終端機，等到成功安裝 Windows 終端機後，可以看到按鈕已經成為【已安裝】。

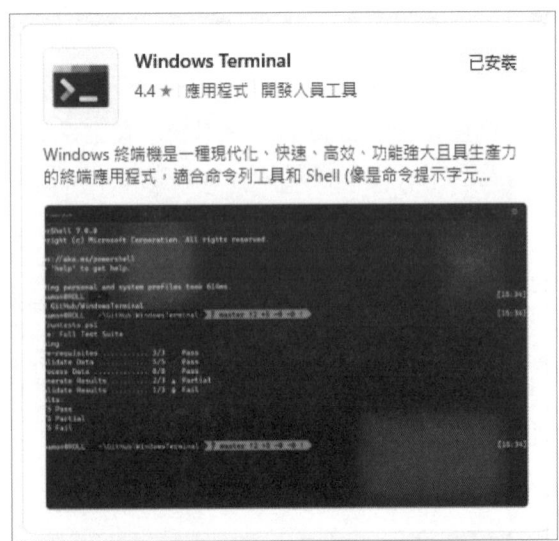

在 Windows 開始功能表可以看到【終端機】命令,如下圖所示:

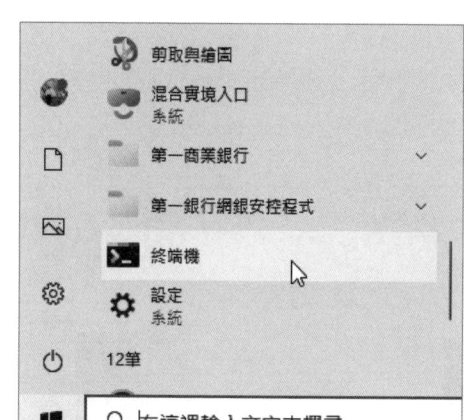

## 1-3-2 下載與安裝 WSL 2+Linux 發行版

微軟在 2017 年推出 WSL,全名 Windows Subsystem for Linux,可以讓使用者在 Windows 作業系統建立一個 Linux 子系統的虛擬環境,換句話說,我們可以直接在 Windows 10/11 作業系統運行 Linux 作業系統。

WSL 2 是 WSL 的下一個版本,提供更快、更多功能與更佳的軟體相容性,而且,WSL 2 使用的是真正 Linux 內核的作業系統,預設安裝 Ubuntu 發行版,這是一種 Linux 客製化套件版本(Distributions)。

Ubuntu 是基於 Debian 的 Linux 發行版,這是由 Canonical Ltd. 公司和社群所共同開發與維護。Ubuntu 是一個開放原始碼的 Linux 作業系統,以其穩定性、安全性和易用性聞名,目前 Ubuntu 已經廣泛應用於伺服器、桌面與嵌入式系統。

我們可以直接從 Microsoft Store 商店下載安裝 Ubuntu 的 Linux 發行版,同時就會一併安裝 WSL2,其步驟如下所示:

**Step 1** 請執行「開始 > Microsoft Store」命令啟動 Microsoft Store 商店,在上方欄位輸入 WSL 後,按 Enter 鍵搜尋應用程式,在找到 Ubuntu 後,請按 Ubuntu 方框(旁邊的 Ubuntu 22.04.5 LTS 是舊版 Ubuntu)右上方的【取得】鈕。

你的第一本 Git 與 GitHub 入門書

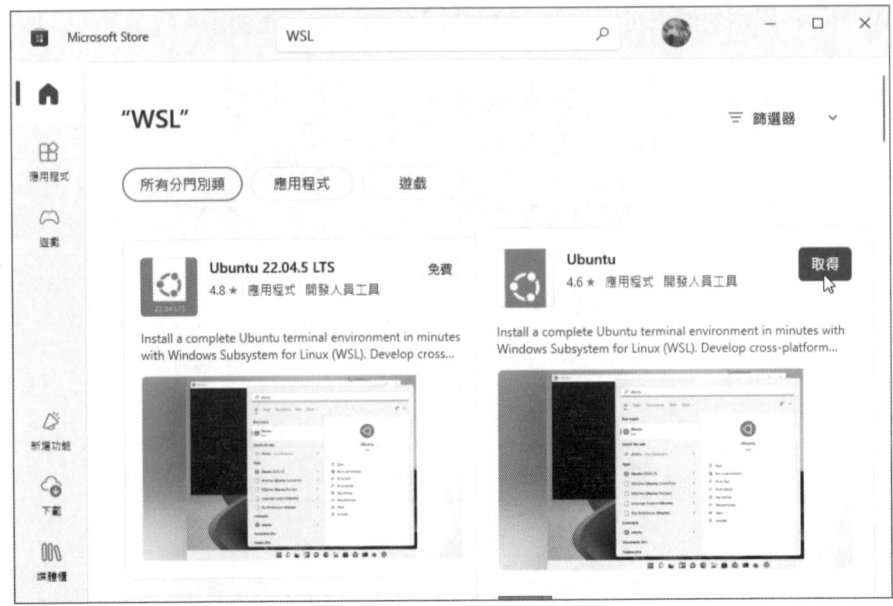

**Step 2** 可以看到正在下載和安裝 Ubuntu，等到成功安裝 Ubuntu 後，可以看到按鈕已經成為【已安裝】。

在 Windows 開始功能表可以看到【Ubuntu】命令，如下圖所示：

## 1-3-3 使用 Windows 的 Linux 子系統

當成功在 Windows 作業系統安裝 Ubuntu 的 Linux 子系統後，我們還需要第 1 次啟動來進行進一步的安裝與設定。

### 第 1 次啟動來安裝設定 Ubuntu 的 Linux 子系統

第 1 次啟動來安裝設定 Ubuntu 的 Linux 子系統需要使用 Ubuntu Terminal 終端機，其步驟如下所示：

**Step 1** 請執行「開始 > Ubuntu」命令啟動 Ubuntu Terminal 終端機來進行 Linux 子系統的進一步安裝設定，可以看到正在安裝的訊息文字。

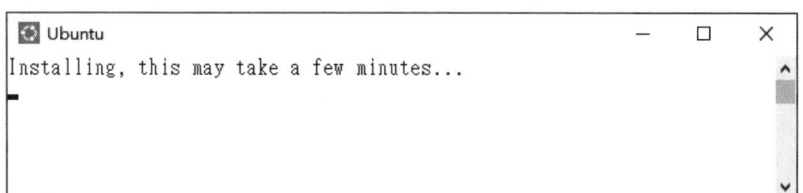

**Step 2** 稍等一下，請在 "Enter new UNIX username:" 提示文字後輸入使用者名稱，例如：hueyan（並不用和 Windows 作業系統的使用者名稱相同），和按 Enter 鍵，如下圖所示：

你的第一本 Git 與 GitHub 入門書

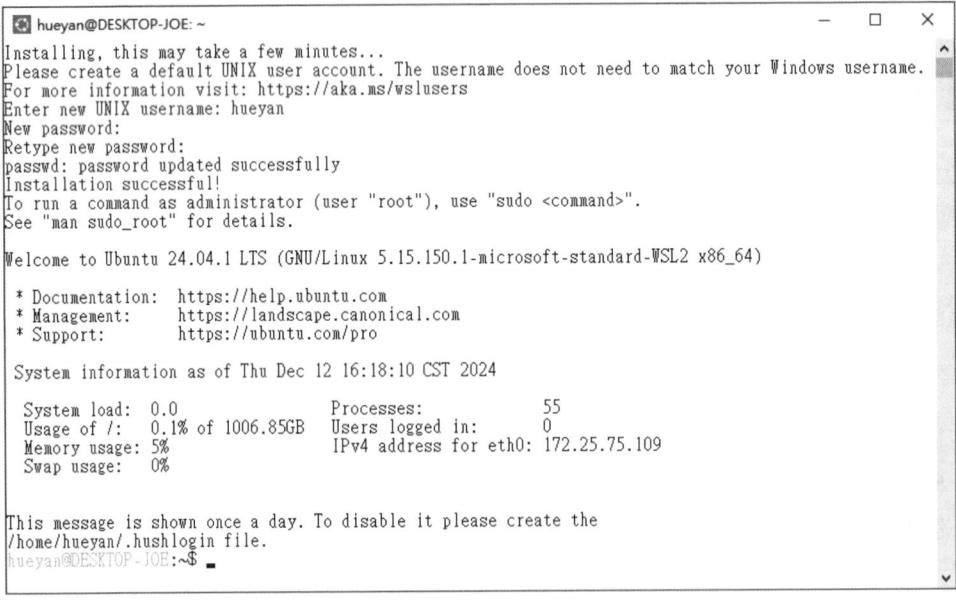

**Step 3** 然後分別在 "New password:" 和 "Retype new password:" 提示文字後輸入 2 次相同的密碼，在本書是使用 a123456，和按 Enter 鍵，即可完成 Linux 子系統的安裝設定，如下圖所示：

上述訊息指出安裝的版本是 Ubuntu 24.04.1 LTS，使用者目錄是位在「/home/hueyan」。

雖然，我們可以直接使用 Ubuntu Terminal 終端機來使用 Linux 子系統 Ubuntu，不過，因為 Windows 終端機與 Windows 作業系統的整合性更好，所以本書是使用 Windows 終端機來操作 Linux 子系統和 Git。

## 查詢 Linux 子系統的狀態與關機

請執行「開始 > 終端機」啟動 Windows 終端機，在路徑前的 PS 是指 PowerShell，首先輸入 wsl 命令查詢 Linux 子系統狀態，如下所示：

> wsl -l -v [Enter]

上述命令的 -l 選項（--list 縮寫）可以列出所有已安裝的 WSL 發行版本，-v 選項（--verbose 縮寫）指定顯示詳細資訊，如下圖所示：

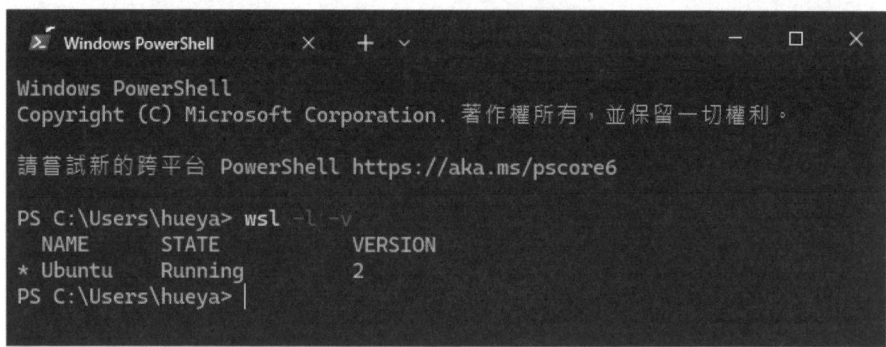

上述命令可以顯示已安裝的 Linux 子系統清單，目前只有 Ubuntu，其狀態是 Running 執行中。Linux 子系統如果沒有關機，就是在背景持續的執行，請使用 wsl 命令加上 --shutdown 選項來關機，如下所示：

> wsl --shutdown [Enter]

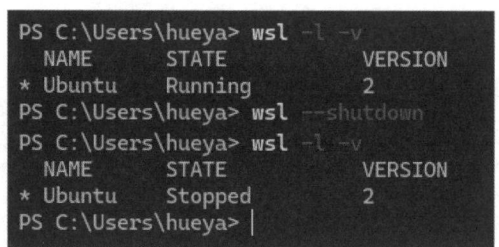

上述圖例在關機後，再次執行 wsl -l -v 命令，可以看到 Ubuntu 發行版的目前狀態成為 Stopped 關機。

1-11

## 💬 啟動進入 Linux 子系統與切換到使用者目錄

在 Windows 終端機的標題列按【+】鈕可以新增標籤頁，每一頁標籤頁都是一個新的終端機。請新增標籤頁後，輸入 wsl 命令，按 Enter 鍵啟動和進入 Linux 子系統，預設切換到掛載 C 槽的使用者目錄「/mnt/c/Users/hueya」(hueya 是 Windows 使用者名稱)，如下所示：

> wsl Enter

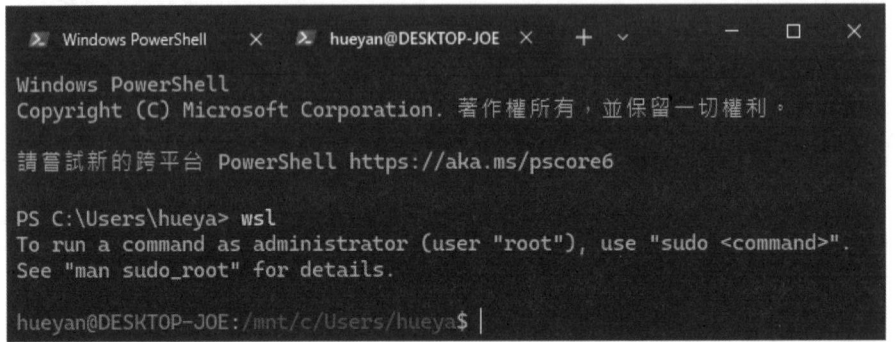

接著，輸入 cd 或 cd ~ 命令後，按 Enter 鍵，可以切換到 Linux 使用者目錄「/home/hueyan」，如下所示：

$ cd Enter

或

$ cd ~ Enter

## 1-4 安裝與檢查 Git 的版本

Git 跨平台支援 Windows、MacOS 和 Linux 作業系統，不論你是使用哪一種作業系統，都可以安裝 Git 來進行專案開發的版本控制，在本書主要是說明 Windows 和 Linux 作業系統的 Git。

### 1-4-1 下載與安裝 Git

在本書是使用 Windows 和 Linux 作業系統來說明 Git，我們可以分別在 Windows 作業系統和 Linux 子系統來安裝 Git。

> **說明**
> 如果是使用 macOS 作業系統的讀者，可以從 Git 官網取得 macOS 作業系統的 Git 安裝方式，其網址：https://git-scm.com/downloads/mac。

#### ◎ 在 Windows 作業系統安裝 Git

Windows 版的 Git 可以在官網免費下載，其 URL 網址如下所示：

**URL** https://git-scm.com/downloads

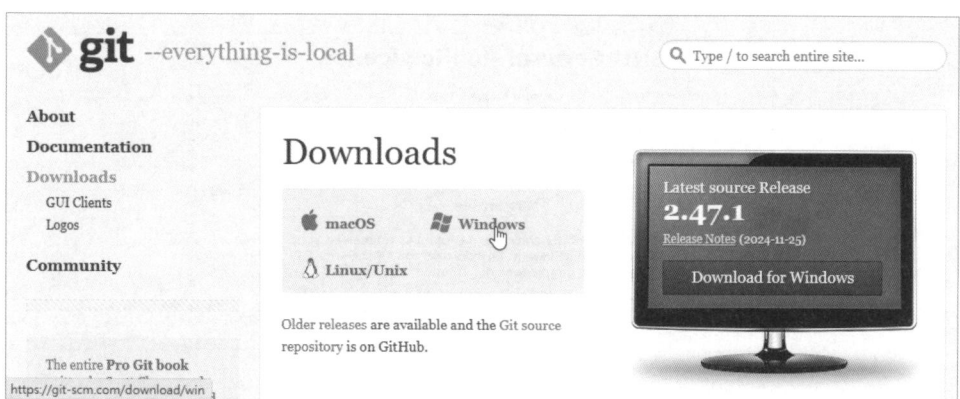

請點選【Windows】後,再點選【Click here to download】下載最新版的 Git,如下圖所示:

在成功下載 Git 安裝程式檔後,本書的下載檔名是【Git-2.47.1-64-bit.exe】,其安裝步驟如下所示:

*Step 1* 請雙擊下載的【Git-2.47.1-64-bit.exe】安裝程式,當看到「使用者帳戶控制」視窗,請按【是】鈕後,可以看到軟體授權書,如果有勾選【Only show new options】,請取消勾選後,再按【Next】鈕。

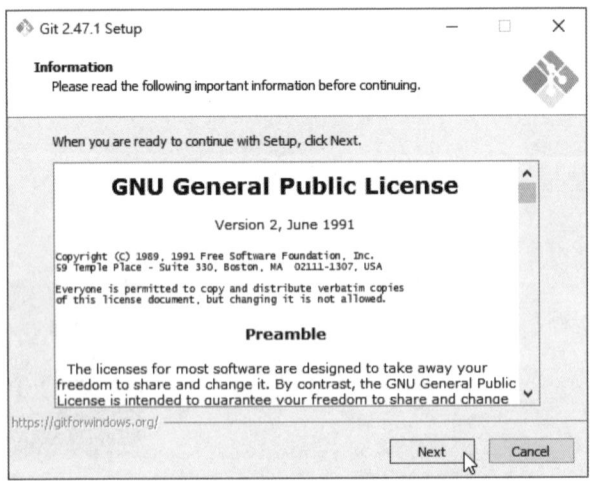

*Step 2* 依序選擇安裝路徑、勾選安裝元件和選擇開始功能表目錄,不用更改,請按 3 次【Next】鈕。

**Step 3** 選擇預設編輯器，請選記事本 Notepad 後，按【Next】鈕。

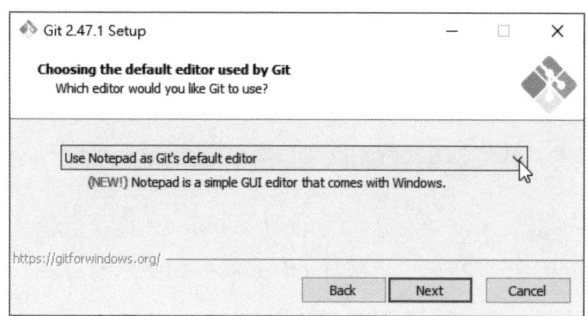

**Step 4** 更改預設分支名稱，因為在之後會更改，請按【Next】鈕。

**Step 5** 依序調整 PATH 環境變數、選擇 SSH 客戶端、HTTPS 的後台加密是使用 OpenSSL，和設定每一行的結束符號（在之後會設定），不用更改，請按 4 次【Next】鈕。

**Step 6** 依序選擇 Bash Shell 的終端機模擬器、預設 git pull 命令的預設行為，和幫助用戶管理認證的工具，不用更改，請按 3 次【Next】鈕。

**Step 7** 在設定額外選項的步驟，不用更改，按【Install】鈕開始安裝。

**Step 8** 等到安裝完成，請按【Finish】鈕完成安裝。

你的第一本 Git 與 GitHub 入門書

上述 Git Bash 就是 Git 內建的終端機，在本書是統一使用 Windows 終端機。

## 💬 在 Linux 作業系統安裝 Git

在本書是在 Windows 的 Linux 子系統安裝 Git，一般來說，Linux 發行版通常都已經安裝 Git，而只有升級問題，在 Linux 子系統升級 Git 的步驟，如下所示：

**Step 1** 請執行「開始 > 終端機」命令啟動 Windows 終端機後，執行 wsl 命令進入 Windows 的 Linux 子系統後，再輸入 cd ~ 切換到使用者目錄，如下所示：

```
> wsl Enter
$ cd ~ Enter
```

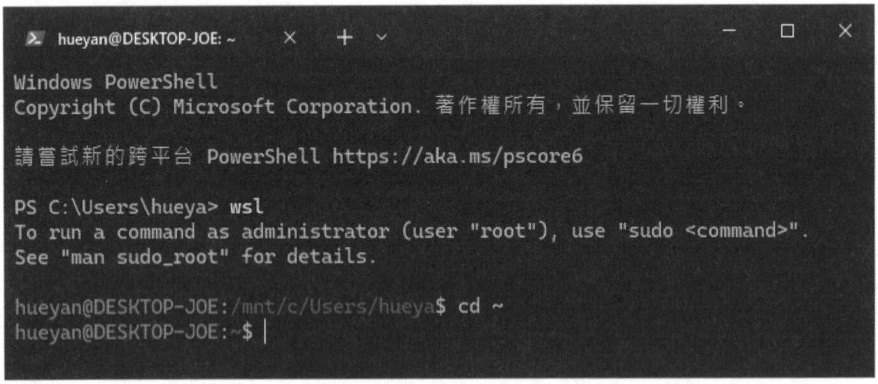

```
hueyan@DESKTOP-JOE: ~

Windows PowerShell
Copyright (C) Microsoft Corporation. 著作權所有，並保留一切權利。

請嘗試新的跨平台 PowerShell https://aka.ms/pscore6

PS C:\Users\hueya> wsl
To run a command as administrator (user "root"), use "sudo <command>".
See "man sudo_root" for details.

hueyan@DESKTOP-JOE:/mnt/c/Users/hueya$ cd ~
hueyan@DESKTOP-JOE:~$
```

**Step 2** 然後輸入 git --version 命令查詢 Git 版本，可以看到目前的版本是 2.43.0，如下所示：

```
$ git --version Enter
```

認識版本控制系統與安裝 Git  **01**

```
hueyan@DESKTOP-JOE: ~

Windows PowerShell
Copyright (C) Microsoft Corporation. 著作權所有，並保留一切權利。

請嘗試新的跨平台 PowerShell https://aka.ms/pscore6

PS C:\Users\hueya> wsl
To run a command as administrator (user "root"), use "sudo <command>".
See "man sudo_root" for details.

hueyan@DESKTOP-JOE:/mnt/c/Users/hueya$ cd ~
hueyan@DESKTOP-JOE:~$ git --version
git version 2.43.0
hueyan@DESKTOP-JOE:~$
```

**Step 3** 請在官網的 Git 下載網頁點選【Linux/Unix】後，就可以查詢在 Linux 作業系統安裝 Git 的命令 apt-get install git，如下圖所示：

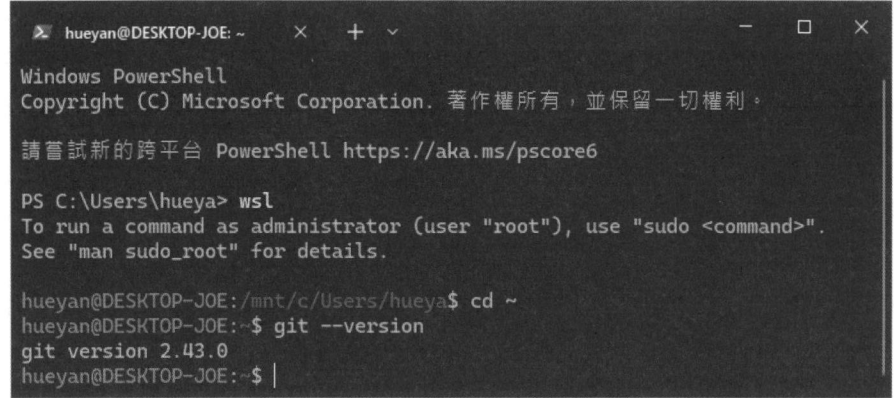

**Step 4** 因為權限問題，我們需要使用 sudo 來執行安裝 Git 的指令，可以看到目前已經是最新版本，如下所示：

```
$ sudo apt-get install git  Enter
```

```
hueyan@DESKTOP-JOE: ~

hueyan@DESKTOP-JOE:~$ sudo apt-get install git
[sudo] password for hueyan:
Reading package lists... Done
Building dependency tree... Done
Reading state information... Done
git is already the newest version (1:2.43.0-1ubuntu7.1).
git set to manually installed.
0 upgraded, 0 newly installed, 0 to remove and 0 not upgraded.
hueyan@DESKTOP-JOE:~$
```

1-17

你的第一本 Git 與 GitHub 入門書

## 1-4-2 檢查 Git 的版本

在上一小節我們已經檢查 Linux 子系統是否有安裝 Git 和顯示 Git 的版本，同理，我們也可以在 Windows 作業系統檢查 Git 的版本。

請執行「開始 > 終端機」命令啟動 Windows 終端機後，輸入下列命令來檢查 Git 的版本，這是 Windows 作業系統安裝的 Git 版本，如下所示：

> git --version Enter

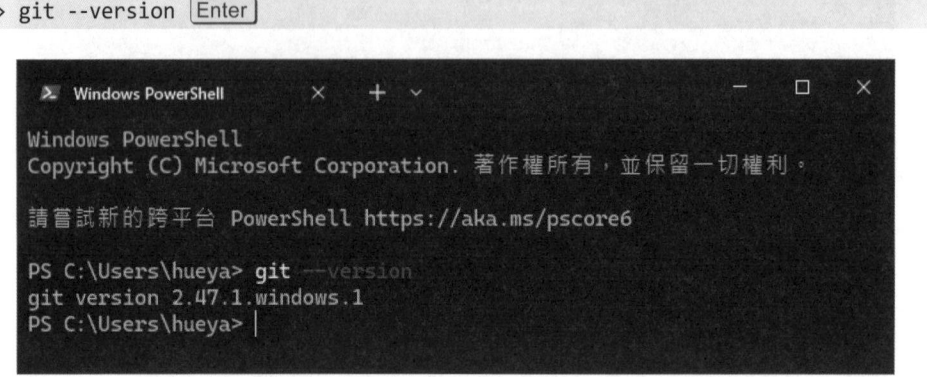

然後，執行「開始 >Git>Git Bash」命令啟動 Git Bash 終端機（這是 Git 內建的終端機），我們一樣可以使用 git --version 命令查詢 Git 的版本，如下圖所示：

## 1-5 設置 Git 的全域設定

當成功安裝 Git 後，在初始 Git 儲存庫之前，需要先設置 Git 的全域設定，主要是一些個人資料設定，以確保每次提交可以包含正確的作者資訊，即使用者名稱和電子郵件地址等。

### 設定 Git 個人資料

Git 每次提交時都會記錄作者資訊，所以一定需要使用 git config 命令，來設定 user.name 和 user.email 兩項個人資料，如下所示：

- **使用者名稱（User Name）**：設定提交記錄的作者名稱，其命令如下所示：

> git config --global user.name "Hueyan Chen" Enter

上述 --global 選項（2 個「-」）是全域設定，之後依序是設定名稱和值，如下圖所示：

```
PS C:\Users\hueya> git config --global user.name "Hueyan Chen"
PS C:\Users\hueya>
```

- **電子郵件（Email Address）**：設定提交記錄顯示的電子郵件地址，其命令如下所示：

> git config --global user.email "hueyan@ms2.hinet.net" Enter

上述 --global 選項是全域設定，之後依序是設定名稱和值，如下圖所示：

```
PS C:\Users\hueya> git config --global user.name "Hueyan Chen"
PS C:\Users\hueya> git config --global user.email "hueyan@ms2.hinet.net"
PS C:\Users\hueya>
```

## 設定 Git 預設分支名稱

在 Git 2.28 之後版本可以設定預設分支名稱（在本書稱為主分支），一般來說，預設分支名稱是 "master" 或 "main"，我們準備設定成和 GitHub 相同的 "main"。請使用下列命令設定預設分支名稱是 "main"，如下所示：

> git config --global init.defaultBranch main ⏎Enter

```
PS C:\Users\hueya> git config --global init.defaultBranch main
PS C:\Users\hueya>
```

當成功設定預設分支名稱後，在初始化建立全新 Git 儲存庫時，就會使用你設定的預設分支名稱來建立。

## 設定 Git 自動轉換結束符號

因為 Windows 和 Linux/Unix 作業系統每一行的結束符號不同，Linux/Unix 是 LF（\n）；Windows 是 CRLF（\r\n）。為了避免結束符號不一致所造成的潛在問題，在 Windows 作業系統可以設定 Git 全域設定，自動轉換每一行的結束符號，如下所示：

> git config --global core.autocrlf true ⏎Enter

```
PS C:\Users\hueya> git config --global core.autocrlf true
PS C:\Users\hueya>
```

當在 Windows 作業系統設定 core.autocrlf 是 true，Git 就會在檔案提交時自動將結束符號轉換為 LF（Linux/Unix 結束符號），取出時轉換為 CRLF（Windows 結束符號），確保跨平台開發時使用一致的結束符號。

## 查詢 Git 的全域設定

在自行設定 Git 全域設定後，我們可以使用相同命令，只需在最後不加上設定值，就可以顯示目前 Git 的全域設定（git config --list 命令可顯示全部設定），首先是預設分支名稱，其命令如下所示：

```
> git config --global init.defaultBranch [Enter]
```

```
PS C:\Users\hueya> git config --global init.defaultBranch
main
PS C:\Users\hueya>
```

上述執行結果可以看到 Git 設置的預設分支名稱 "main"。然後是使用者名稱和電子郵件地址，如下所示：

```
> git config --global user.name [Enter]
> git config --global user.email [Enter]
```

```
PS C:\Users\hueya> git config --global user.name
Hueyan Chen
PS C:\Users\hueya> git config --global user.email
hueyan@ms2.hinet.net
PS C:\Users\hueya>
```

## 1-6 ChatGPT 輔助學習：查詢 Git 命令的使用

在學習和使用 Git 時，我們有三種方式來查詢 Git 命令的使用，如下所示：

- 使用 git help 命令和 --help 選項。
- 查閱 Git 官方網站的線上說明文件。
- 詢問 ChatGPT 關於 Git 命令的使用（建議方式）。

### 使用 git help 命令和 --help 選項

在使用 Git 時，了解如何查詢命令和其功能，不論是對於新手或有經驗的使用者都是十分重要的工作。Git 可以使用 git help 命令來查詢指定 Git 命令的使用，其語法如下所示：

```
git help <命令名稱> [Enter]
```

例如：查詢 git config 命令的用法，在 git help 命令後只需加上 config，不是 git config，其查詢命令如下所示：

> `git help config` Enter

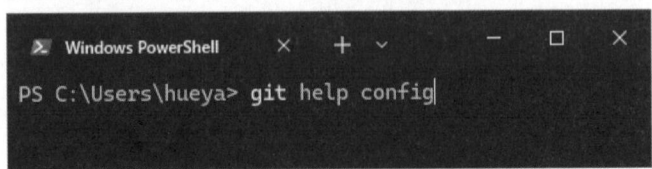

在輸入命令後，按 Enter 鍵，在 Windows 是啟動瀏覽器顯示 Git Manual 使用手冊關於此命令說明的頁面，如下圖所示：

# git-config(1) Manual Page

## NAME

git-config - Get and set repository or global options

## SYNOPSIS

```
git config list [<file-option>] [<display-option>] [--includes]
git config get [<file-option>] [<display-option>] [--includes] [--all] [--regexp] [--value=<value>] [--fixed-value] [--default=<default>] <name>
git config set [<file-option>] [--type=<type>] [--all] [--value=<value>] [--fixed-value] <name> <value>
git config unset [<file-option>] [--all] [--value=<value>] [--fixed-value] <name>
git config rename-section [<file-option>] <old-name> <new-name>
git config remove-section [<file-option>] <name>
git config edit [<file-option>]
git config [<file-option>] --get-colorbool <name> [<stdout-is-tty>]
```

在終端機新增標籤頁和啟動進入 Linux 子系統後，就可以在 Linux 作業系統執行 git help config 命令來顯示 Git Manual 使用手冊的命令說明（按 Q 鍵離開），如下圖所示：

```
GIT-CONFIG(1)              Git Manual              GIT-CONFIG(1)

NAME
       git-config - Get and set repository or global options

SYNOPSIS
       git config [<file-option>] [--type=<type>] [--fixed-value] [--show-or
igin] [--show-scope] [-z|--null] <name> [value] [<value-pattern>]]
       git config [<file-option>] [--type=<type>] --add <name> <value>
       git config [<file-option>] [--type=<type>] [--fixed-value] --replace-
all <name> <value> [<value-pattern>]
       git config [<file-option>] [--type=<type>] [--show-origin] [--show-sc
ope] [-z|--null] [--fixed-value] --get <name> [<value-pattern>]
       git config [<file-option>] [--type=<type>] [--show-origin] [--show-sc
ope] [-z|--null] [--fixed-value] --get-all <name> [<value-pattern>]
       git config [<file-option>] [--type=<type>] [--show-origin] [--show-sc
ope] [-z|--null] [--fixed-value] [--name-only] --get-regexp <name-regex> [<v
alue-pattern>]
       git config [<file-option>] [--type=<type>] [-z|--null] --get-urlmatch
 <name> <URL>
       git config [<file-option>] [--fixed-value] --unset <name> [<value-pat
Manual page git-config(1) line 1 (press h for help or q to quit)
```

我們也可以直接在 Git 命令之後使用 --help 選項來快速查詢命令的用法，其語法如下所示：

```
git < 命令名稱 > --help Enter
```

例如：查詢 git config 命令的使用，如下所示：

```
> git config --help Enter
```

上述命令和 git help config 命令相同。因為 git help 是查詢 Git Manual 使用手冊的命令使用方式，提供的是完整說明，如果是查詢命令的簡短用法，請加上 -h 選項（只有一個「-」），如下所示：

```
> git config -h Enter
```

1-23

你的第一本 Git 與 GitHub 入門書

```
PS C:\Users\hueya> git config -h
usage: git config list [<file-option>] [<display-option>] [--includes]
   or: git config get [<file-option>] [<display-option>] [--includes] [--all] [--rege
xp] [--value=<value>] [--fixed-value] [--default=<default>] <name>
   or: git config set [<file-option>] [--type=<type>] [--all] [--value=<value>] [--fi
xed-value] <name> <value>
   or: git config unset [<file-option>] [--all] [--value=<value>] [--fixed-value] <na
me>
   or: git config rename-section [<file-option>] <old-name> <new-name>
   or: git config remove-section [<file-option>] <name>
   or: git config edit [<file-option>]
   or: git config [<file-option>] --get-colorbool <name> [<stdout-is-tty>]

PS C:\Users\hueya> |
```

## 查閱 Git 官方網站的線上說明文件

我們可以查閱 Git 官方網站的線上說明文件，在 Git 官方文件提供有完整 Git 命令的參考資料，如下所示：

**URL** Git 官方網站的線上說明文件：https://git-scm.com/doc。

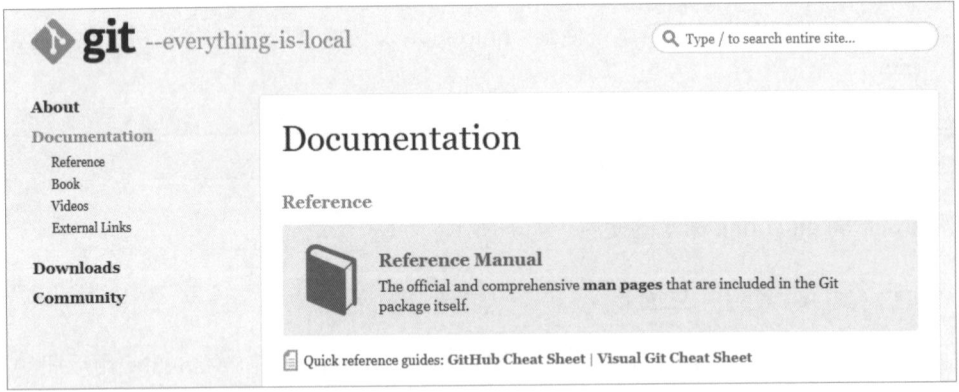

## 詢問 ChatGPT 關於 Git 命令的使用

因為 ChatGPT 就是一位 Git/GitHub 專家，我們可以直接詢問 ChatGPT 指定 Git 命令的使用。ChatGPT 提示詞（ch1-6.txt），如下所示：

## 認識版本控制系統與安裝 Git 01

> **Q 提問**
> 你是 Git 專家，請使用繁體中文說明 git config 命令的使用？

> **A 回答**

ChatGPT 的回答首先是 git config 命令的簡介（完整 ChatGPT 的回答請參閱 ch1-6.pdf），如下圖所示：

---

**`git config` 簡介**

`git config` 是 Git 用於設定與檢視配置的命令。您可以透過這個命令管理 Git 的行為，包括使用者名稱、電子郵件地址、編碼格式、顯示方式等。

**配置層級**

Git 的配置可以分為三個層級，分別是：

1. **系統級 (system)**
   適用於整個系統的所有使用者，儲存在 `/etc/gitconfig` 文件中。需要使用 `--system` 選項進行設定。

2. **使用者級 (global)**
   僅適用於當前使用者，儲存在 `~/.gitconfig` 或 `~/.config/git/config` 中。需要使用 `--global` 選項進行設定。

3. **倉庫級 (local)**
   僅適用於當前 Git 倉庫，儲存在 `.git/config` 文件中，無需額外參數，預設為倉庫級。

---

然後是命令的常見用法，如下圖所示：

---

**常見用法**

以下是幾個常見的 `git config` 用法：

**1. 設定使用者名稱與電子郵件**

在 Git 中，提交（commit）需要記錄作者資訊，可以使用以下命令設定：

```bash
# 設定全域的使用者名稱與電子郵件
git config --global user.name "你的名稱"
git config --global user.email "你的電子郵件"

# 僅針對當前倉庫設定
git config user.name "倉庫專用名稱"
git config user.email "倉庫專用電子郵件"
```

1-25

# CHAPTER 02

# 版本控制的工作流程與終端機命令

- 2-1 認識版本控制的工作流程
- 2-2 Windows 的 MS-DOS 命令
- 2-3 Linux Bash 的終端機命令
- 2-4 ChatGPT 輔助學習：查詢終端機命令的使用

## 2-1 認識版本控制的工作流程

「版本控制的工作流程」（Workflow of Version Control）是協同開發過程非常重要的部分，特別是使用 Git 和 GitHub 等工具進行版本控制時，工作流程（Workflow，或稱 Flow）就是用來規範軟體開發時，小組開發（Teamwork）的多位開發者如何進行合作開發。

### 2-1-1 什麼是 Git 提交和分支

在說明 Git/GitHub 工作流程前，我們需要先了解什麼是 Git 提交和分支。

#### 記錄版本的變更：Git 提交

基本上，軟體開發就是一序列的功能新增和錯誤修正的過程，在 Git 是使用提交（Commit）來記錄專案開發過程中各版本的檔案變更，例如：公司有一個網站開發專案，你負責建立 index.html 首頁的 HTML 網頁，其過程如下圖所示：

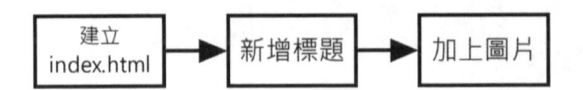

```
建立 index.html → 新增標題 → 加上圖片
```

上述開發過程的每一個階段，當完成後就是一個 Git 提交，Git 提交就是將檔案變更保存到儲存庫的過程。簡單來說，提交就是記錄一個目前狀態的快照（Snapshot），以便將來可以回溯和管理這些檔案變更的記錄。事實上，Git 提交就是在備份你目前程式開發工作進度的每一個版本。

以上述開發過程為例，你可以在 Git 建立 3 個提交的檔案變更記錄，即 M1～M3，分別代表完成上述開發過程特定進度的記錄，main 是 Git 預設主要開發過程名稱（這就是一個分支，本書稱為主分支，在舊版 Git 稱為 master），如下圖所示：

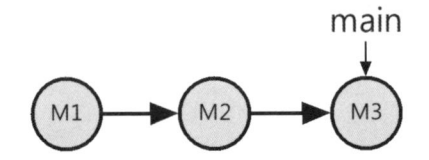

```
                    main
                     ↓
  M1 → M2 → M3
```

當你在 Git 執行提交時，你就是在說：「工作完成了一定的進度，把當前這個狀態記錄下來，我可能會想要回到這個狀態。」，而且，每一次提交就是將一個包括所有檔案變更的快照存入 Git 儲存庫。

## 多功能並行開發：Git 分支

當軟體是小組多人進行開發，或需要並行開發多種功能和錯誤修正時，我們就需要使用 Git 分支（Branch）來管理不同功能和錯誤修正的開發。

例如：你負責在 Web 網站開發專案開發 index.html 首頁的 main 主分支，在建立 M1 提交後，因為需要新增 about.html 關於頁面，同事小張負責此頁面的開發，小張就是從 main 主分支建立 about 分支，然後在 about 分支開發 about.html 頁面，這兩位開發者是並行在 2 個分支開發所需的功能，且互不干擾，其過程如下圖所示：

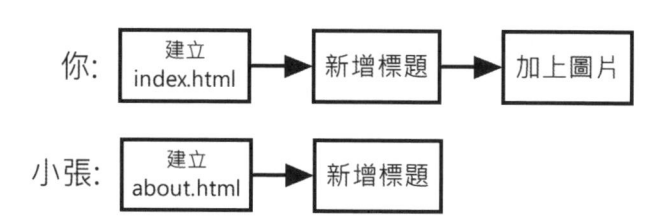

```
你：  [建立 index.html] → [新增標題] → [加上圖片]

小張： [建立 about.html] → [新增標題]
```

當小張完成 about.html 頁面的開發後，即經過 A1～A2 提交，就可以合併 about 分支回到 main 主分支，即 M4 提交，目前的開發專案已經建立 index.html 和 about.html 兩頁頁面，如下圖所示：

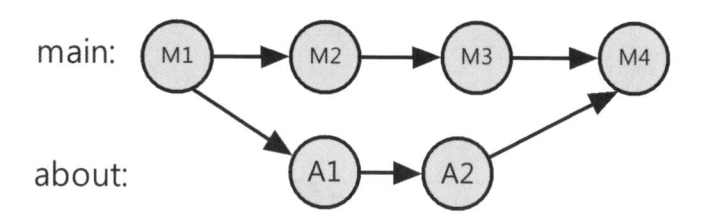

```
main:  M1 → M2 → M3 → M4
         ↘         ↗
          A1 → A2
about:
```

Git 分支依據其存在的時間，可以分為兩種，即長期分支和短期分支，其說明如下所示：

- **長期分支**：在整個專案開發過程中都會存活的分支，例如：main 主分支。
- **短期分支**：這些分支是在開發過程中，針對特定功能或錯誤修正所建立的分支，在完成新功能開發和錯誤修正後，這些分支在合併後就可以刪除，這是一些短期存在的分支，例如：about 分支。

## 2-1-2 Git Flow 與 GitHub Flow 工作流程

Git Flow 與 GitHub Flow 工作流程就是一種分支策略，開發專案透過建立不同分支的規劃來幫助小組進行協同開發。簡單的說，分支策略就是一種管理程式碼版本的方法，在多人協同開發的情況下，分支策略可以幫助團隊更有效的協同工作，避免程式碼衝突和降低合併風險。

## Git Flow 工作流程

Git Flow 工作流程是一種經典的分支策略，這也是一種比較複雜的分支策略，我們一共需要使用 main、develop、feature、hotfix 和 release 共 5 種分支來進行專案開發，如下圖所示：

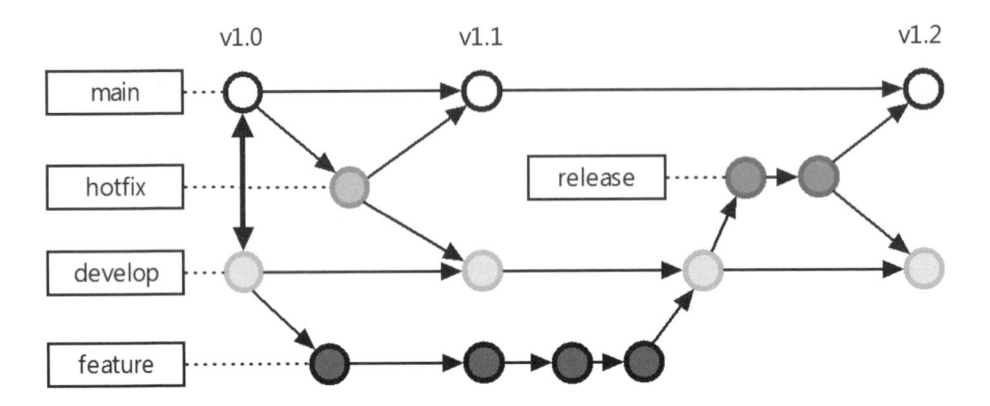

上述 Git Flow 工作流程需要維持 2 個長期存在的主分支和開發分支，其說明如下所示：

- 主分支（**main**）：此分支是用來儲存釋出版本的程式碼，使用標籤標示版本。

- 開發分支（**develop**）：此分支開始是和 main 主分支相同，這是用來儲存持續開發中的程式碼，也就是即將準備釋出的程式碼。

然後，在 Git Flow 工作流程是使用一些短期存在，即完成開發即可刪除的分支來執行功能開發、錯誤修正，和測試最後釋出的版本，其說明如下所示：

- 功能分支（**feature**）：當有新功能需開發，就是從 develop 分支來分出，此分支主要是用來新增程式功能，當開發完成，就會合併回 develop 分支。

- 錯誤修正分支（**hotfix**）：當程式出現錯誤，這些緊急的錯誤修復問題是從 main 分支來分出，在分支完成修正後，需合併回 main 分支和 develop 分支，之所以也需要合併回 develop 分支，因為 develop 分支也有和 main 主分支相同的錯誤，所以需要一併修正。

- **發佈分支（release）**：準備釋出程式碼，我們是從 develop 分支來分出，然後使用此分支進行發佈前的最後除錯與測試，在完成後也需合併回 main 主分支和 develop 分支，之所以需要合併回 main 主分支，因為合併結果就是釋出的下一個版本。

## GitHub Flow 工作流程

GitHub Flow 工作流程主要是針對 GitHub 儲存庫，這是一種簡化版 Git Flow 工作流程的分支策略，整個分支策略只會維持一個 main 主分支的長期分支，並沒有 Git Flow 工作流程的 develop 分支。

GitHub Flow 工作流程的主要目的是讓團隊能夠在不干擾 main 主分支的情況下，來進行開發、測試和部署，換句話說，所有新功能和錯誤修正分支，都是從 main 主分支分出的短期分支來進行開發，如下圖所示：

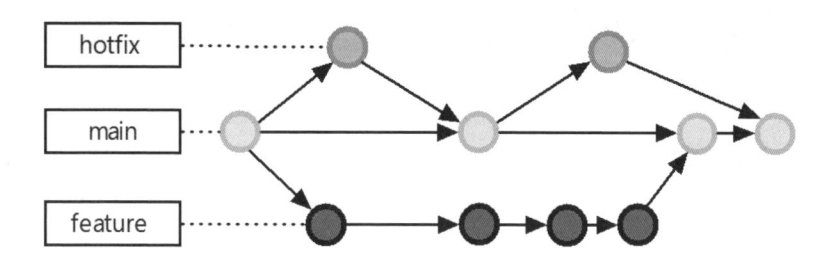

上述圖例的所有新功能 feature 或錯誤修正 hotfix 分支都是從 main 主分支來分出，在完成後合併回 main 主分支。GitHub Flow 工作流程的基本步驟（詳見第 8-3 節的說明），如下所示：

**Step 1** 建立分支：從 main 主分支建立一個新分支，用來進行新功能開發、修正錯誤或程式改進。

**Step 2** 開發功能：在新分支進行程式開發，我們需要新增或修改程式碼來實現新功能或修復程式問題。

**Step 3** 提交變更：當完成後，在本機 Git 儲存庫提交變更，並且推送至遠端 GitHub 儲存庫。

*Step 4* 發起提取請求（Pull Request）：當分支開發完成後，就從該分支發起提取請求，請求將這些修改的程式碼合併回主分支，在此過程中，開發團隊成員可以針對這些程式碼的變更進行程式碼審查，提出建議或修改要求。

*Step 5* 進行程式碼審查（Code Review）：團隊成員針對提取請求進行程式碼審查，確保程式碼符合規範且測試正確，這通常需要進行很多輪的討論，直到達成共識為止。

*Step 6* 合併程式碼：當提取請求獲得批准後，此分支的程式碼就可以合併回主分支，表示所有測試都通過，而且程式碼確認沒有問題。

*Step 7* 部署應用：在 main 主分支的變更就會自動觸發部署流程，將最新版本的程式碼部署到客戶的執行環境。

## 2-2 Windows 的 MS-DOS 命令

Git 是一個命令列工具，在使用前我們需要先熟悉 Windows 作業系統的 MS-DOS 命令和 Linux 的終端機命令，在這一節是 Windows 作業系統的 MS-DOS 命令（不區分英文大小寫），我們可以使用 clear 命令清除終端機的顯示內容，如下所示：

> clear [Enter]

> **說明**
>
> 因為 Windows 終端機是使用 PowerShell 來執行本節的 MS-DOS 指令，PowerShell 並沒有完全支援 MS-DOS 命令和部分選項，所以，在這一節主要是說明 PowerShell 支援的 MS-DOS 命令。

### 顯示目前的工作目錄

在 Windows 終端機顯示目前的工作目錄是預設功能，自動就會在每一行提示符號的開頭自動顯示。MS-DOS 並沒有顯示工作目錄的命令，當執行 cd 命令不附加任何路徑時，在提示符號前的路徑就是目前的工作目錄，可以視為就是在顯示目前工作目錄的命令，如下所示：

> cd [Enter]

```
PS C:\Users\hueya> cd
PS C:\Users\hueya>
```

### 💬 mkdir 命令：建立新目錄

mkdir 命令可以建立新目錄，例如：建立名為 Joe 的目錄，如下所示：

> mkdir Joe [Enter]

上述命令可以在目前 Windows 使用者的工作目錄下，建立名為 Joe 的新目錄，如下圖所示：

```
PS C:\Users\hueya> mkdir Joe

    目錄: C:\Users\hueya

Mode                 LastWriteTime         Length Name
----                 -------------         ------ ----
d-----          2024/12/23   上午 11:29            Joe

PS C:\Users\hueya>
```

### 💬 cd 命令：切換目錄

cd 命令的全名是 Change Directory，在 cd 命令後加上欲切換目錄的路徑，就是切換到指定目錄，例如：Joe 目錄，目錄名稱並不區分大小寫，但建議仍以正確大小寫來輸入，如下所示：

> cd Joe [Enter]

```
PS C:\Users\hueya> cd Joe
PS C:\Users\hueya\Joe>
```

2-7

我們可以使用「..」是回到上一層目錄;「.」是目前目錄;「\」是切換到根目錄,如下所示:

> cd .. Enter

> cd . Enter

> cd \ Enter

```
PS C:\Users\hueya> cd Joe
PS C:\Users\hueya\Joe> cd .
PS C:\Users\hueya\Joe> cd
PS C:\Users\hueya>
```

## 💬 echo 命令:建立文字檔案

我們可以使用 echo 命令來建立一個空的文字檔案,因為在之後是 "" 空字串,「>」是重導輸出運算子,可以將 echo 的輸出內容(在此是空字串)寫入 file.txt 檔案,如下所示:

> echo "" > file.txt Enter

```
PS C:\Users\hueya\Joe> echo "" > file.txt
PS C:\Users\hueya\Joe>
```

如果在 echo 命令之後不是 "" 空字串,就是將字串寫入之後的文字檔案,如下所示:

> echo "This is a book" > file1.txt Enter

```
PS C:\Users\hueya\Joe> echo "" > file.txt
PS C:\Users\hueya\Joe> echo "This is a book" > file1.txt
PS C:\Users\hueya\Joe>
```

## type 命令：顯示文字檔案的內容

MS-DOS 的 type 命令（也可用 cat 命令）可以顯示文字檔案的內容，這是直接輸出到控制台來顯示。例如：顯示上一小節建立的 file1.txt 檔案，如下所示：

> type file1.txt [Enter]

```
PS C:\Users\hueya\Joe> echo "" > file.txt
PS C:\Users\hueya\Joe> echo "This is a book" > file1.txt
PS C:\Users\hueya\Joe> type file1.txt
This is a book
PS C:\Users\hueya\Joe>
```

## dir 命令：顯示檔案和目錄資訊

在 MS-DOS 是使用 dir 命令來顯示目前目錄的檔案和目錄清單，首先請切換到 Joe 目錄，然後顯示此目錄下的檔案和目錄資訊，如下所示：

> cd Joe [Enter]
> dir [Enter]

```
PS C:\Users\hueya> cd Joe
PS C:\Users\hueya\Joe> dir

    目錄: C:\Users\hueya\Joe

Mode                LastWriteTime         Length Name
----                -------------         ------ ----
-a----        2024/12/23  下午 02:57            6 file.txt
-a----        2024/12/23  下午 02:59           34 file1.txt

PS C:\Users\hueya\Joe>
```

上述圖例只顯示檔案和目錄名稱的詳細資訊清單。我們可以使用萬用字元「*」，即加上 *.txt，顯示所有副檔名是 .txt 的檔案，如下所示：

> dir *.txt [Enter]

## 💬 del 或 erase 命令：刪除檔案

我們可以使用 del 或 erase 命令來刪除檔案，例如：刪除之前建立的 file.txt 和 file1.txt，如下所示：

> del file.txt Enter

或

> erase file1.txt Enter

```
PS C:\Users\hueya\Joe> del file.txt
PS C:\Users\hueya\Joe> erase file1.txt
PS C:\Users\hueya\Joe> dir
PS C:\Users\hueya\Joe>
```

上述執行結果在執行 dir 命令後，可以看到已經沒有檔案。刪除所有檔案是使用萬用字元「*」，*.* 代表所有檔案，如下所示：

> del *.* Enter

## 💬 rmdir 命令：刪除目錄

對應 mkdir 命令是新建目錄，rmdir 命令就是刪除空目錄，目前我們已經切換到 Joe 目錄，請先建立 temp 新目錄，然後馬上使用 rmdir 命令刪除新建立的空目錄，如下所示：

> mkdir temp Enter
> rmdir temp Enter
> dir Enter

```
PS C:\Users\hueya\Joe> mkdir temp

    目錄: C:\Users\hueya\Joe

Mode                 LastWriteTime         Length Name
----                 -------------         ------ ----
d-----         2024/12/23   下午 03:21            temp

PS C:\Users\hueya\Joe> rmdir temp
PS C:\Users\hueya\Joe> dir
PS C:\Users\hueya\Joe>
```

上述 temp 是新建的空目錄，如果不是空目錄，MS-DOS 的 rmdir 命令需搭配「/s」選項，但是，因為 PowerShell 並不支援「/s」選項，請使用 Remove-Item 命令，如下所示：

```
> mkdir temp Enter
> echo "" > temp/file.txt Enter
> Remove-Item -Path "temp" -Recurse -Force Enter
```

上述命令建立 temp 子目錄後，在子目錄建立 file.txt 檔案，即可使用 Remove-Item 命令刪除選項 -Path 的目錄或檔案，-Recurse 和 -Force 是強迫遞迴刪除非空目錄，如下圖所示：

```
PS C:\Users\hueya\Joe> mkdir temp

    目錄: C:\Users\hueya\Joe

Mode                 LastWriteTime     Length Name
----                 -------------     ------ ----
d-----         2024/12/23  下午 03:34         temp

PS C:\Users\hueya\Joe> echo "" > temp/file.txt
PS C:\Users\hueya\Joe> Remove-Item -Path "temp" -Recurse -Force
PS C:\Users\hueya\Joe>
```

## 💬 copy 命令：複製檔案

我們可以使用 copy 命令來複製檔案，目前已經切換到 Joe 目錄，如下所示：

```
> echo "" > file.txt Enter
> copy file.txt file2.txt Enter
> dir Enter
```

2-11

上述命令首先建立 file.txt 檔案，然後複製建立 file2.txt 檔案，可以看到目錄下共有 2 個檔案，如下圖所示：

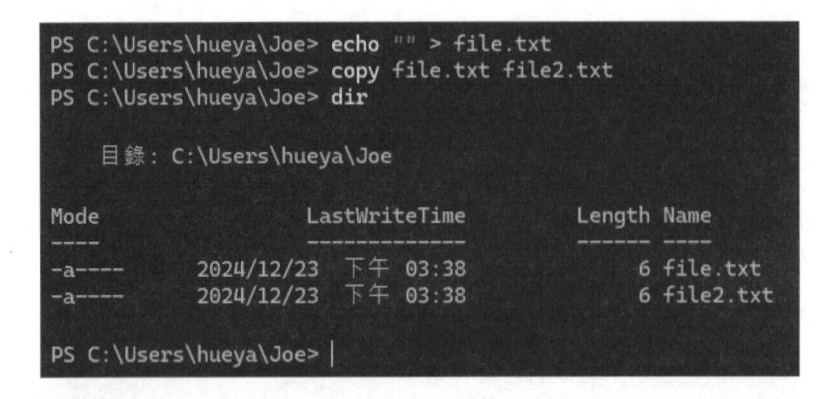

```
PS C:\Users\hueya\Joe> echo "" > file.txt
PS C:\Users\hueya\Joe> copy file.txt file2.txt
PS C:\Users\hueya\Joe> dir

    目錄: C:\Users\hueya\Joe

Mode                 LastWriteTime         Length Name
----                 -------------         ------ ----
-a----        2024/12/23   下午 03:38              6 file.txt
-a----        2024/12/23   下午 03:38              6 file2.txt

PS C:\Users\hueya\Joe>
```

## 💬 ren 命令：更名檔案或目錄

我們可以使用 ren 命令來更改檔案或目錄名稱，例如：將 file2.txt 改為 file3.txt，如下所示：

```
> ren file2.txt file3.txt [Enter]
> dir [Enter]
```

上述命令首先將 file2.txt 檔案更名成 file3.txt，可以看到目錄下的檔案名稱已經更改，如下圖所示：

```
PS C:\Users\hueya\Joe> ren file2.txt file3.txt
PS C:\Users\hueya\Joe> dir

    目錄: C:\Users\hueya\Joe

Mode                 LastWriteTime         Length Name
----                 -------------         ------ ----
-a----        2024/12/23   下午 03:38              6 file.txt
-a----        2024/12/23   下午 03:38              6 file3.txt

PS C:\Users\hueya\Joe>
```

## 💬 move 命令：移動檔案

如果需要移動檔案，我們可以使用 move 命令，移動檔案到指定目錄，首先建立 temp 子目錄，然後，將 file.txt 移動檔案到 temp 子目錄，如下所示：

> mkdir temp [Enter]
> move file.txt temp [Enter]

```
PS C:\Users\hueya\Joe> mkdir temp

    目錄: C:\Users\hueya\Joe

Mode                 LastWriteTime         Length Name
----                 -------------         ------ ----
d-----         2024/12/23   下午 03:48            temp

PS C:\Users\hueya\Joe> move file.txt temp
PS C:\Users\hueya\Joe>
```

## 💬 xcopy 命令：複製目錄

我們可以使用 xcopy 命令複製整個目錄，例如：上一小節建立的 temp 目錄有一個移動過來的 file.txt 檔案，如下所示：

> dir temp [Enter]

```
PS C:\Users\hueya\Joe> dir temp

    目錄: C:\Users\hueya\Joe\temp

Mode                 LastWriteTime         Length Name
----                 -------------         ------ ----
-a----         2024/12/23   下午 03:38            6 file.txt

PS C:\Users\hueya\Joe>
```

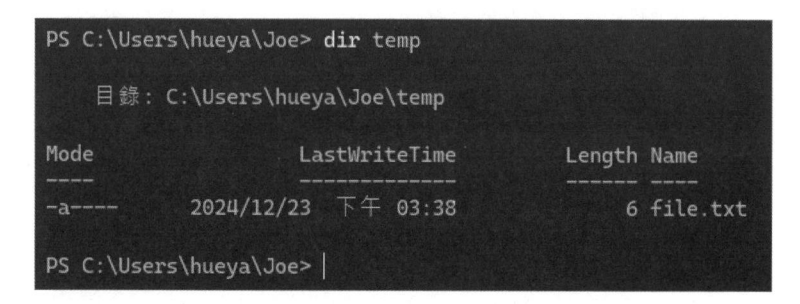

現在，我們準備將 temp 子目錄複製成 backup 子目錄，如下所示：

> xcopy temp backup [Enter]
> dir backup [Enter]

2-13

上述 xcopy 的 backup 子目錄並不存在，所以出現一個選項，可以選擇目的地是檔案或目錄，請輸入 D 是目錄後，可以看到 backup 子目錄下的檔案清單，如下圖所示：

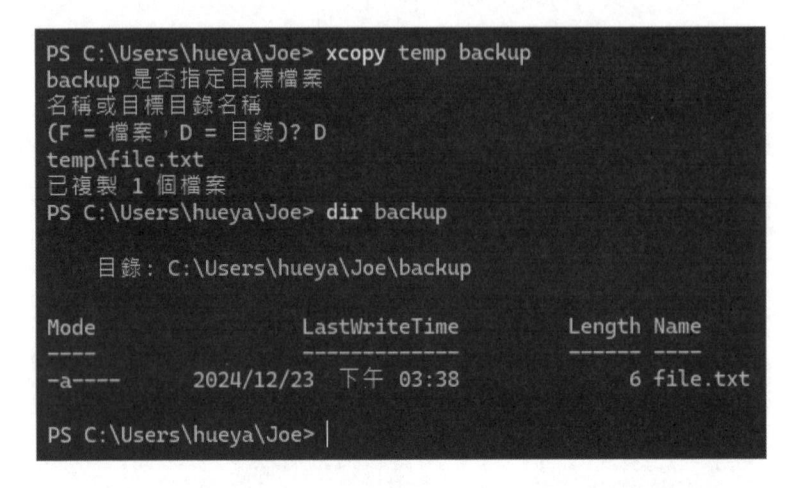

```
PS C:\Users\hueya\Joe> xcopy temp backup
backup 是否指定目標檔案
名稱或目標目錄名稱
(F = 檔案，D = 目錄)? D
temp\file.txt
已複製 1 個檔案
PS C:\Users\hueya\Joe> dir backup

    目錄: C:\Users\hueya\Joe\backup

Mode                 LastWriteTime         Length Name
----                 -------------         ------ ----
-a----         2024/12/23   下午 03:38          6 file.txt

PS C:\Users\hueya\Joe>
```

## 2-3 Linux Bash 的終端機命令

Linux Bash（Bourne Again Shell）是一種 Linux 作業系統的命令語言直譯器，我們在終端機下達的命令就是 Linux Bash 命令。

基本上，Linux Bash 檔案系統命令是用來處理作業系統檔案和目錄的相關命令，可以建立目錄，複製、搬移和刪除檔案或目錄。首先請使用下列命令進入 WSL 的 Linux 子系統和使用者目錄，如下所示：

```
> wsl Enter
$ cd ~ Enter
```

然後，使用 clear 命令清除終端機的顯示內容，如下所示：

```
$ clear Enter
```

## 💬 pwd 命令：顯示目前的工作目錄

pwd 命令可以顯示目前的工作目錄（Working Directory），如下所示：

```
$ pwd Enter
```

上述命令可以顯示目前的工作目錄「/home/hueyan」，因為預設的登入使用者名稱是 hueyan，如下圖所示：

```
hueyan@DESKTOP-JOE:~$ pwd
/home/hueyan
hueyan@DESKTOP-JOE:~$
```

## 💬 touch 命令：建立文字檔案

我們可以使用 touch 命令建立名為 file.txt 的文字檔案，如下所示：

```
$ touch file.txt Enter
```

```
hueyan@DESKTOP-JOE:~$ touch file.txt
hueyan@DESKTOP-JOE:~$
```

## 💬 ls 命令：顯示檔案和目錄資訊

ls 命令是 list 簡寫，可以顯示目前工作目錄的檔案和目錄清單，如下所示：

```
$ ls Enter
```

上述命令可以顯示目前工作目錄「/home/hueyan」下的檔案和目錄清單，file.txt 就是 touch 命令建立的文字檔案，如下圖所示：

```
hueyan@DESKTOP-JOE:~$ ls
file.txt
hueyan@DESKTOP-JOE:~$
```

2-15

上述圖例只顯示檔案和目錄名稱清單，我們可以加上 -l（小寫字母 L），可以顯示檔案 / 目錄詳細資訊的權限、擁有者、尺寸、日期和最後修改日期等資訊，如下所示：

```
$ ls -l Enter
```

上述命令在輸入 ls 後，空一格，再輸入 -l 選項，可以顯示目前工作目錄「/home/hueyan」下檔案和目錄的詳細資訊，如下圖所示：

```
hueyan@DESKTOP-JOE:~$ ls -l
total 0
-rw-r--r-- 1 hueyan hueyan 0 Dec 23 10:29 file.txt
hueyan@DESKTOP-JOE:~$
```

在 ls 命令只需加上 -a 選項，就可以顯示完整的檔案和目錄資訊，包含以「.」開頭的隱藏文件檔案，如下所示：

```
$ ls -l -a Enter
```

```
hueyan@DESKTOP-JOE:~$ ls -l -a
total 32
drwxr-x--- 4 hueyan hueyan 4096 Dec 23 10:29 .
drwxr-xr-x 3 root   root   4096 Dec 12 16:18 ..
-rw------- 1 hueyan hueyan  118 Dec 23 10:05 .bash_history
-rw-r--r-- 1 hueyan hueyan  220 Dec 12 16:18 .bash_logout
-rw-r--r-- 1 hueyan hueyan 3771 Dec 12 16:18 .bashrc
drwx------ 2 hueyan hueyan 4096 Dec 12 16:18 .cache
drwxr-xr-x 2 hueyan hueyan 4096 Dec 23 09:55 .landscape
-rw-r--r-- 1 hueyan hueyan    0 Dec 23 10:05 .lesshsQ
-rw-r--r-- 1 hueyan hueyan    0 Dec 23 09:55 .motd_shown
-rw-r--r-- 1 hueyan hueyan  807 Dec 12 16:18 .profile
-rw-r--r-- 1 hueyan hueyan    0 Dec 12 16:40 .sudo_as_admin_successful
-rw-r--r-- 1 hueyan hueyan    0 Dec 23 10:29 file.txt
hueyan@DESKTOP-JOE:~$
```

如果沒有指明路徑，預設是顯示目前的工作目錄，我們也可以自行加上路徑選項，顯示指定路徑的檔案和目錄資訊（如果指定檔案名稱，就是顯示此檔案的資訊），如下所示：

```
$ ls -l /etc Enter
```

上述命令顯示「/etc」目錄下的檔案和目錄的詳細資訊，如下圖所示：

```
hueyan@DESKTOP-JOE:~$ ls -l /etc
total 788
drwxr-xr-x 2 root root     4096 Sep 28 04:14 PackageKit
drwxr-xr-x 7 root root     4096 Sep 28 04:14 X11
-rw-r--r-- 1 root root     3444 Jul  6  2023 adduser.conf
drwxr-xr-x 2 root root     4096 Sep 28 04:14 alternatives
drwxr-xr-x 2 root root     4096 Sep 28 04:14 apparmor
drwxr-xr-x 9 root root     4096 Sep 28 04:14 apparmor.d
drwxr-xr-x 3 root root     4096 Sep 28 04:14 apport
drwxr-xr-x 8 root root     4096 Sep 28 04:14 apt
-rw-r--r-- 1 root root     2319 Mar 31  2024 bash.bashrc
-rw-r--r-- 1 root root       45 Jan 25  2020 bash_completion
drwxr-xr-x 2 root root     4096 Sep 28 04:14 bash_completion.d
-rw-r--r-- 1 root root      367 Aug  2  2022 bindresvport.blacklist
drwxr-xr-x 2 root root     4096 Apr 19  2024 binfmt.d
```

## 💬 mkdir 命令：建立新目錄

mkdir 命令可以建立新目錄（當建立多層目錄的路徑時，請加上 -p 選項確保中間目錄不存在時，自動建立中間目錄），例如：建立名為 Joe 的目錄，如下所示：

$ mkdir Joe [Enter]

上述命令可以在「/home/hueyan」目錄下，建立名為 Joe 的新目錄，如下圖所示：

```
hueyan@DESKTOP-JOE:~$ mkdir Joe
hueyan@DESKTOP-JOE:~$ ls -l
total 4
drwxr-xr-x 2 hueyan hueyan 4096 Dec 23 10:35 Joe
-rw-r--r-- 1 hueyan hueyan    0 Dec 23 10:29 file.txt
hueyan@DESKTOP-JOE:~$
```

## 💬 cd 命令：切換目錄

cd 命令的全名是 Change Directory，可以切換我們建立的 Joe 目錄，請注意！Linux 的目錄名稱區分英文大小寫，請輸入 Joe；不是 joe，如下所示：

$ cd Joe [Enter]

2-17

上述命令因為目前工作目錄是「/home/hueyan」，可以切換到「/home/hueyan/Joe」目錄。我們可以使用「~」代表切換到目前使用者的根目錄，「..」是回到上一層目錄，「.」是目前目錄，如下所示：

```
$ cd ~    Enter
$ cd ..   Enter
$ cd .    Enter
```

### 💻 rm 命令：刪除檔案

rm 命令可以刪除之後檔案路徑的檔案。我們可以使用 rm 命令刪除 file.txt 檔案（加上 -r 選項可以遞歸刪除指定目錄下的全部檔案，rm * 命令是刪除目錄下的全部檔案），如下所示：

```
$ rm file.txt   Enter
```

上述命令因為目前工作目錄是「/home/hueyan」，可以刪除此目錄下的 file.txt 檔案。請注意！rm 命令並沒有真的刪除檔案，只是標記檔案空間成為可用的空間。

### 💻 rmdir 命令：刪除目錄

rmdir 命令可以刪除沒有檔案的空目錄，在之後就是欲刪除的目錄名稱，請注意！我們需要將整個目錄中的檔案都刪除後，才能使用 rmdir 命令來刪除空目錄，如下所示：

```
$ rmdir Joe   Enter
```

因為 rmdir 命令只能刪除空目錄，如果需要刪除目錄下的所有檔案和子目錄（不是空目錄），請使用 sudo rm 命令，如下所示：

```
sudo rm -rf Demo   Enter
```

上述命令需要使用 -rf 選項，-r 是遞迴；-f 是強制，之後是刪除的目錄，以此例可以刪除名為 Demo 的目錄，在輸入使用者密碼後，就可以遞迴強制刪除目錄下的所有檔案和子目錄。

## cp 命令：複製檔案與目錄

cp 命令可以複製指定檔案，之後的第 1 個是欲複製的來源檔案名稱；第 2 個是複製新增的目的檔案名稱，可以是不同的檔名。例如：先使用 touch 命令建立名為 file.txt 檔案後，複製 file.txt 檔案（來源）成為 file2.txt 檔案（目的），如下所示：

```
$ touch file.txt Enter
$ cp file.txt file2.txt Enter
```

上述命令可以在目前工作目錄「/home/hueyan」之下複製一個新檔案，所以共有 2 個檔案 file.txt 和 file2.txt，如下圖所示：

```
hueyan@DESKTOP-JOE:~$ touch file.txt
hueyan@DESKTOP-JOE:~$ cp file.txt file2.txt
hueyan@DESKTOP-JOE:~$ ls
file.txt   file2.txt
hueyan@DESKTOP-JOE:~$
```

cp 命令不只可以複製到同一個目錄，也可以複製到其他目錄，如同移動一個新檔案到其他目錄，請先建立名為 Documents 目錄後，再複製 file.txt 檔案成為 Documents 目錄下的 file2.txt，如下所示：

```
$ mkdir Documents Enter
$ cp file.txt Documents/file2.txt Enter
```

當執行上述 cp 命令後，我們可以在「/home/hueyan/Documents」目錄新增一個名為 file2.txt 的檔案，如下圖所示：

```
hueyan@DESKTOP-JOE:~$ mkdir Documents
hueyan@DESKTOP-JOE:~$ cp file.txt Documents/file2.txt
hueyan@DESKTOP-JOE:~$ ls Documents
file2.txt
hueyan@DESKTOP-JOE:~$
```

cp 命令不只可以複製檔案，只需加上 -r 或 -R 選項，還可以複製整個目錄下的所有檔案（包含子目錄），例如：首先建立 test 目錄後，在此目錄新增 test.txt 文字檔案，然後再建立 tmp 子目錄（即「test/tmp」），和在此子目錄新增 test2.txt 檔案，最後執行 cp 命令複製 test 目錄到 backup 目錄，如下所示：

```
$ mkdir test  Enter
$ touch test/test.txt  Enter
$ mkdir test/tmp  Enter
$ touch test/tmp/test2.txt  Enter
$ cp -r test backup  Enter
```

上述命令因為有 -r 選項,所以執行結果不只複製 test 目錄的檔案,連 test/tmp 子目錄的檔案也會一併複製到 backup 目錄,如下圖所示:

```
hueyan@DESKTOP-JOE:~$ mkdir test
hueyan@DESKTOP-JOE:~$ touch test/test.txt
hueyan@DESKTOP-JOE:~$ mkdir test/tmp
hueyan@DESKTOP-JOE:~$ touch test/tmp/test2.txt
hueyan@DESKTOP-JOE:~$ cp -r test backup
hueyan@DESKTOP-JOE:~$ ls backup
test.txt  tmp
hueyan@DESKTOP-JOE:~$
```

### mv 命令:移動檔案或替檔案更名

mv 命令可以移動指定檔案至指定的目錄,之後第 1 個是欲移動的檔案名稱;第 2 個是移動檔案目的地的目錄,例如:將之前 file.txt 檔案移至「/home/hueyan/Documents」目錄,如下所示:

```
$ mv file.txt /home/hueyan/Documents  Enter
```

上述命令可以將檔案 file.txt 移到「/home/hueyan/Documents」目錄,目前在「/home/hueyan/Documents」目錄下共有 2 個檔案(file2.txt 是 cp 命令複製的檔案),如下圖所示:

```
hueyan@DESKTOP-JOE:~$ mv file.txt /home/hueyan/Documents
hueyan@DESKTOP-JOE:~$ ls Documents
file.txt  file2.txt
hueyan@DESKTOP-JOE:~$
```

mv 命令除了移動檔案到指定目錄，如果第 2 個不是目錄，而是檔案名稱時，就是替檔案更名，例如：將「/home/hueyan」目錄的 file2.txt 檔案更名為 file3.txt，如下所示：

```
$ mv file2.txt file3.txt Enter
```

```
hueyan@DESKTOP-JOE:~$ ls
Documents  backup  file2.txt  test
hueyan@DESKTOP-JOE:~$ mv file2.txt file3.txt
hueyan@DESKTOP-JOE:~$ ls
Documents  backup  file3.txt  test
hueyan@DESKTOP-JOE:~$
```

## 2-4 ChatGPT 輔助學習：查詢終端機命令的使用

ChatGPT 是你使用 MS-DOS 和 Linux Bash 命令的最佳幫手，我們可以直接詢問 ChatGPT 關於指定命令的語法和使用說明。

### 查詢 MS-DOS 命令的使用

我們可以直接詢問 ChatGPT 指定 MS-DOS 命令的使用。ChatGPT 提示詞（ch2-4.txt），如下所示：

> **Q 提問**
>
> 你是 MS-DOS 專家，請使用繁體中文說明 echo 命令的使用？

## A 回答

ChatGPT 的回答首先說明什麼是 ECHO 命令（完整 ChatGPT 的回答請參閱 ch2-4.pdf），如下圖所示：

> **MS-DOS 中的 `ECHO` 命令**
>
> `ECHO` 是 MS-DOS 中用來顯示文字或控制命令回顯的指令。以下是 `ECHO` 命令的詳細說明與範例。

然後，說明基本功能的使用，如下圖所示：

**基本功能**
1. **顯示文字**：

   使用 `ECHO` 可以在命令提示字元視窗中顯示特定的訊息。

   ```dos
   ECHO 這是一段範例文字
   ```

   輸出結果：

   ```
   這是一段範例文字
   ```

最後，說明常見用法的範例，如下圖所示：

**常見用法範例**
1. **建立簡單的提示訊息**

   ```dos
   @ECHO OFF
   ECHO 歡迎使用此批次檔！
   ECHO 程式執行中，請稍候...
   ```

   執行結果：

   ```
   歡迎使用此批次檔！
   程式執行中，請稍候...
   ```

## 查詢 Linux Bash 命令的使用

我們一樣可以詢問 ChatGPT 指定 Linux Bash 命令的使用。ChatGPT 提示詞（ch2-4a.txt），如下所示：

> **Q 提問**
>
> 你是 Linux Bash 專家，請使用繁體中文說明 touch 命令的使用？

> **A 回答**
>
> ChatGPT 的回答首先說明什麼是 touch 命令和基本語法（完整 ChatGPT 的回答請參閱 ch2-4a.pdf），如下圖所示：

### Linux `touch` 指令使用說明

`touch` 是 Linux 中一個非常實用的命令，主要用於以下兩個用途：

1. 建立新的空檔案
2. 更新檔案的時間戳記（Access、Modify、Change 時間）

以下是詳細的用法與範例說明：

#### 基本語法

```bash
touch [選項] 檔案名稱
```

然後，說明常見功能和範例，如下圖所示：

### 常見功能與範例

#### 1. 建立新的空檔案

如果檔案不存在，`touch` 會建立一個新的空白檔案：

```bash
touch myfile.txt
```

執行後，會在當前目錄下建立名為 `myfile.txt` 的檔案。

2-23

P A R T

# 2

# 本機 Git 儲存庫

CHAPTER 03　記錄版本的變更：初始與使用 Git 儲存庫

CHAPTER 04　多功能並行開發：Git 的分支與合併

# CHAPTER 03

# 記錄版本的變更：
# 初始與使用 Git 儲存庫

- 3-1 Git 版本控制的基本流程
- 3-2 初始 Git 儲存庫
- 3-3 完成第一次 Git 版本控制的流程
- 3-4 加入暫存區與提交檔案
- 3-5 追蹤檔案版本與檢視版本歷史
- 3-6 ChatGPT 輔助學習：詢問 Git 操作命令的差異

## 3-1 Git 版本控制的基本流程

Git 的主要工作是幫助開發者追蹤工作目錄的檔案變更，即詳細記錄原始程式碼每一個版本到底是改了哪些檔案和哪些地方的程式碼。

### 3-1-1 Git 管理檔案的狀態

Git 是使用索引（Index）記錄管理檔案的狀態，這就是執行 git status 命令顯示的檔案狀態。基本上，Git 管理的檔案會因為三種操作而轉換其檔案狀態，即：編輯工作目錄的檔案、加入暫存區和提交至本機儲存庫，如下圖所示：

| 工作目錄 | 暫存區 | 本機儲存庫 |
|---|---|---|
| 編輯 | 加入 | 提交 |

上述工作目錄（Working Directory）包含專案所有原始程式碼檔案和目錄結構，也就是說，開發者就是在此目錄新增、編輯、刪除和更名檔案，而所有 Git 命令的操作也都是在此目錄下完成。

暫存區（Staging Area）是用來暫存新增或修改過的檔案，這些檔案是準備提交至本機儲存庫（Local Repository）來建立新版本。本機儲存庫（Repository）就是儲存原始程式碼檔案歷史版本的版本庫，詳細記錄開發專案的版本變更。

基本上，在工作目錄檔案以 Git 追蹤檔案的角度來說，可以區分成兩大類：Git 未追蹤和已經被 Git 追蹤變更的檔案。

### 工作目錄 Git 未追蹤檔案的狀態：一種狀態

在工作目錄所有新增的檔案，其檔案的初始狀態都是「未追蹤」狀態，無論你如何修改這些檔案，Git 都不會理會其變更，只會告知檔案是未追蹤狀態，因為這些檔案並不是 Git 管理的目標檔案，如下所示：

- 未追蹤（Untracked）：新增到工作目錄中的檔案，但 Git 還沒有開始追蹤的檔案，我們需要將檔案加入暫存區，Git 才會開始追蹤檔案，檔案狀態也會從「未追蹤」轉換成「已暫存」狀態。

### 工作目錄被 Git 追蹤檔案的狀態：四種狀態

再次強調，Git 只會管理工作目錄有被追蹤的檔案，工作目錄的檔案一定需要加入暫存區或已經提交到儲存庫的檔案，Git 才會追蹤這些檔案的變更。在工作目錄被 Git 追蹤的檔案有四種狀態，如下所示：

- 已修改（Modified）：這些檔案是工作目錄被追蹤且有修改的檔案，但是這些變更檔案尚未加入暫存區，也就是說，Git 知道檔案內容有變動，但這些變動還沒有被暫存下來，準備提交至儲存庫。

記錄版本的變更：初始與使用 Git 儲存庫 **03**

> **說明**
>
> 請注意！這些已修改檔案並不是新增至工作目錄的未追蹤檔案，因為檔案如果沒有被追蹤，Git 就不會知道檔案有變更，所以這些「已修改」狀態的檔案一定是被 Git 追蹤的檔案，「已修改」狀態就是指這些被 Git 追蹤的檔案有修改，不是指哪些 Git 未追蹤的檔案有修改。

- **已暫存（Staged）**：當檔案轉換成「已暫存」狀態，就表示這些變更檔案已經加入暫存區，準備在下一次提交包含這些變更檔案，此時有 2 種情況，如下所示：

  - **工作目錄被追蹤且有修改的檔案**：從「已修改」狀態變成「已暫存」狀態，因為檔案已提交過，所以就是檔案的最新版本。

  - **工作目錄未追蹤的檔案**：從「未追蹤」狀態變成「已暫存」狀態，因為檔案是準備第 1 次提交，所以這就是檔案的第一版。

- **已提交（Committed）**：已提交表示這些檔案的變更已經存入本機 Git 儲存庫，檔案變更已經記錄到 Git 儲存庫的歷史版本。

- **未修改（Unmodified）**：因為每一次提交後檔案不是一定都會修改，對於哪些沒有任何修改的檔案，就是「未修改」狀態，表示工作目錄的檔案與最後一次提交時的內容是相同的，也就是說，從最後一次提交以來，這些檔案並沒有任何更改。

## 3-1-2 Git 版本控制的基本流程與命令

Git 版本控制的基本流程，首先需要在工作目錄使用 git init 命令初始一個全新的 Git 儲存庫，也就是建立 Git 專案。

當成功建立本機 Git 儲存庫後，對於工作目錄全新（「未追蹤」檔案）或編輯修改過的追蹤檔案（「已修改」檔案），我們都需要使用 git add 命令將檔案加入暫存區（Staging Area）成為「已暫存」狀態（這些檔案就是此版本需提交的檔案），因為這些檔案有修改，我們需要使用 git commit 命令提交到本機 Git 儲存庫（建立此版本的檔案快照），和更新版本變更的歷史記錄，如下圖所示：

3-3

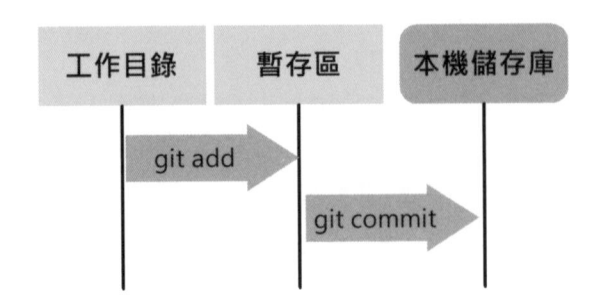

上述檔案狀態的轉換過程，如下所示：

- 新增檔案至工作目錄，檔案的狀態是「未追蹤」。
- 修改 Git 已追蹤的檔案，檔案的狀態變成「已修改」。
- 使用 git add 命令將「未追蹤」和「已修改」狀態的檔案加入暫存區，檔案狀態變成「已暫存」。
- 使用 git commit 將暫存區的變更提交到 Git 儲存庫，檔案狀態變成「已提交」。
- 從最後一次提交（Commit）後都沒有變更過的檔案，檔案狀態是「未修改」。

Git 儲存庫基本操作的主要命令，其簡單說明如下表所示：

| git 命令 | 說明 |
| --- | --- |
| git init | 在工作目錄初始一個全新的 Git 儲存庫，可以開始追蹤工作目錄的檔案 |
| git add | 將檔案加入追蹤清單的暫存區，Git 就會追蹤檔案是否有編輯修改 |
| git commit | 將更改檔案提交至 Git 儲存庫，並且建立此版本檔案歷史記錄的檔案快照 |
| git status | 顯示工作目錄的檔案狀態，可以是沒有追蹤的檔案、有修改或準備提交的追蹤檔案，即「已暫存」狀態的檔案 |
| git diff | 檢查兩個版本之間的差異，可以檢查工作目錄與暫存區之間的差異、暫存區與最後一次提交之間的差異、兩個提交之間的差異和某個檔案在不同提交之間的差異 |
| git log | 查詢 Git 提交的歷史記錄，即版本的歷史記錄 |

## 3-2 初始 Git 儲存庫

基本上，我們使用 Git 進行版本控制的第一步是建立工作目錄，然後在工作目錄初始 Git 儲存庫，例如：在硬碟 D: 建立「repos/website」的工作目錄後，在此工作目錄初始 Git 儲存庫，其步驟如下所示：

**Step 1** 請啟動 Windows 終端機，輸入 D: 切換到 D:\ 根目錄，其命令列命令如下所示：

> D: [Enter]

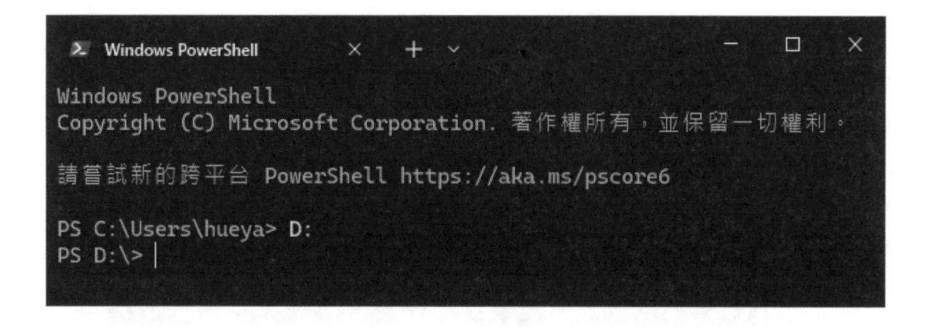

```
Windows PowerShell
Copyright (C) Microsoft Corporation. 著作權所有，並保留一切權利。

請嘗試新的跨平台 PowerShell https://aka.ms/pscore6

PS C:\Users\hueya> D:
PS D:\>
```

**說明**

若電腦沒有 D: 槽，請輸入 cd \ 命令切換到 C: 槽的根目錄，如下所示：

> cd \ [Enter]

```
PS C:\Users\hueya> cd \
PS C:\>
```

**Step 2** 使用 mkdir 命令建立 repos 資料夾作為工作目錄的根目錄，和用 cd 命令切換到此目錄，如下所示：

> mkdir repos [Enter]
> cd repos [Enter]

```
PS D:\> mkdir repos

    目錄: D:\

Mode                LastWriteTime         Length Name
----                -------------         ------ ----
d-----        2024/12/24   下午 02:23             repos

PS D:\> cd repos
PS D:\repos>
```

**Step 3** 再使用 mkdir 命令建立專案的資料夾，即 website 工作目錄，和用 cd 命令切換到此工作目錄，如下所示：

```
> mkdir website  Enter
> cd website  Enter
```

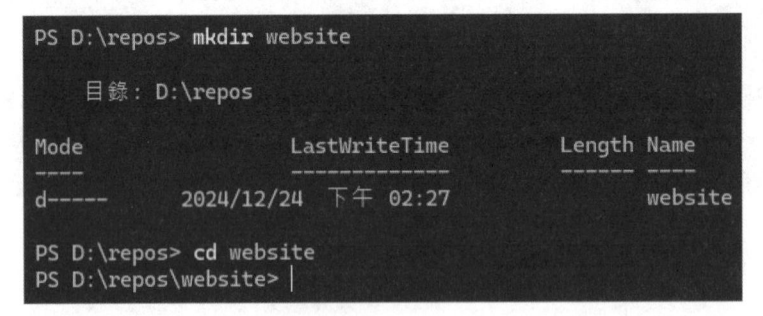

```
PS D:\repos> mkdir website

    目錄: D:\repos

Mode                LastWriteTime         Length Name
----                -------------         ------ ----
d-----        2024/12/24   下午 02:27             website

PS D:\repos> cd website
PS D:\repos\website>
```

**Step 4** 使用 git init 命令初始一個空的 Git 儲存庫，如下所示：

```
> git init  Enter
```

```
PS D:\repos\website> git init
Initialized empty Git repository in D:/repos/website/.git/
PS D:\repos\website>
```

**Step 5** 確認 Git 儲存庫的狀態，請使用 git status 命令查詢 Git 儲存庫的狀態，如下所示：

```
> git status  Enter
```

```
PS D:\repos\website> git status
On branch main

No commits yet

nothing to commit (create/copy files and use "git add" to track)
PS D:\repos\website>
```

上述訊息 On branch main 表示目前是在 main 主分支，此 Git 儲存庫目前尚未有任何提交 No commits yet。

當成功建立 Git 儲存庫後，在工作目錄就會建立名為「.git」的目錄，在此目錄下的內容就是 Git 儲存庫（其進一步說明請參閱第 9 章），如下圖所示：

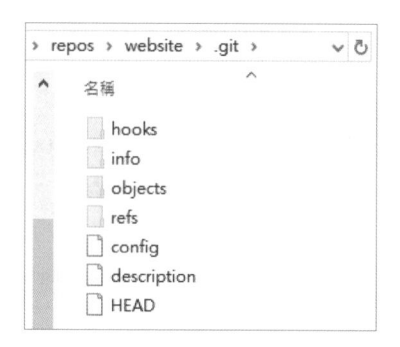

## 3-3 完成第一次 Git 版本控制的流程

在書附範例的「ch03\website」目錄提供 index.html 檔案，這是一頁筆者 fChart 工具的說明網頁，其執行結果如下圖所示：

在這一節我們準備從新增 index.html 檔案開始,完成第一次 Git 版本控制的整個流程。

## 在工作目錄新增檔案

HTML 檔案 index.html 是一般文字檔案,你可以使用記事本,或其他程式碼編輯器來建立此檔案,其步驟如下所示:

**Step 1** 請複製「ch03\website」的 index.html 檔案至「D:\repos\website」工作目錄,或自行啟動編輯器來新增建立 HTML 檔案 index.html,其內容如下所示:

```html
<!doctype html>
<html>
<head>
    <meta charset="utf-8" />
    <meta http-equiv="Content-type" content="text/html; charset=utf-8"/>
</head>
<body>
<div>
    <h1>fChart程式設計教學工具簡介</h1>
    <p>fChart是一套真正可以使用「流程圖」引導程式設計
    教學的「完整」學習工具,可以幫助初學者透過流程圖
    學習程式邏輯和輕鬆進入「Coding」世界。</p>
</div>
</body>
</html>
```

**Step 2** 在「D:\repos\website」工作目錄執行 dir 命令,可以看到我們新增的檔案,目前的檔案狀態是「未追蹤」,如下所示:

```
> dir Enter
```

```
PS D:\repos\website> dir

    目錄: D:\repos\website

Mode                 LastWriteTime         Length Name
----                 -------------         ------ ----
-a----         2024/12/24  下午 02:41          437 index.html

PS D:\repos\website>
```

*Step 3* 使用 git status 命令檢查狀態，可以看到 Git 偵測到一個「未追蹤」狀態的檔案，即紅色的 index.html，如下所示：

> git status [Enter]

```
PS D:\repos\website> git status
On branch main

No commits yet

Untracked files:
  (use "git add <file>..." to include in what will be committed)
        index.html

nothing added to commit but untracked files present (use "git add
" to track)
PS D:\repos\website>
```

## 將檔案加入暫存區

在成功新增檔案至工作目錄後，我們需要將檔案加入暫存區成為 Git 追蹤的檔案（「已暫存」狀態），其步驟如下所示：

*Step 1* 請使用 git add 命令將之後 index.html 檔案加入暫存區，如下所示：

> git add index.html [Enter]

```
PS D:\repos\website> git add index.html
PS D:\repos\website>
```

3-9

**Step 2** 在成功加入暫存區後，可以再次使用 git status 命令檢查狀態，在 Changes to be committed 的綠色行顯示暫存一個新檔案 new file: index.html（「已暫存」狀態），如下所示：

\> git status [Enter]

```
PS D:\repos\website> git status
On branch main

No commits yet

Changes to be committed:
  (use "git rm --cached <file>..." to unstage)
        new file:   index.html

PS D:\repos\website>
```

### 提交檔案

在將檔案加入暫存區後，就可以提交檔案，在提交時需要加上提交訊息，其長度一般來說不超過 72 個字元，其步驟如下所示：

**Step 1** 請使用 git commit 命令提交檔案，-m 選項是提交訊息（如果沒有提交訊息，就會啟動預設編輯器來編輯提交訊息），如下所示：

\> git commit -m "Add index.html" [Enter]

```
PS D:\repos\website> git commit -m "Add index.html"
[main (root-commit) 1bb9598] Add index.html
 1 file changed, 15 insertions(+)
 create mode 100644 index.html
PS D:\repos\website>
```

**Step 2** 在成功提交後，使用 git status 命令檢查狀態，可以看到 nothing to commit, working tree clean，這個訊息表示目前工作目錄的所有檔案和目錄都與最後一次提交時的狀態一致，並沒有任何變更檔案需要提交，如下所示：

\> git status [Enter]

```
PS D:\repos\website> git status
On branch main
nothing to commit, working tree clean
PS D:\repos\website>
```

### 查詢提交記錄

在成功提交後，就可以使用 git log 命令查詢詳細的提交記錄，目前只有一筆提交記錄，如下所示：

> git log `Enter`

```
PS D:\repos\website> git log
commit 1bb9598241d826c7c310e4d9e6634d59a4a0b82b (HEAD -> main)
Author: Hueyan Chen <hueyan@ms2.hinet.net>
Date:   Tue Dec 24 15:31:09 2024 +0800

    Add index.html
PS D:\repos\website>
```

上述 commit 之後的字串是 Git 使用 SHA-1（哈希值）編碼的唯一識別碼，代表此次的提交，在之後的 HEAD 是一個指標，指向目前所在分支的最新提交，以此例就是 main 主分支，在之下是作者和提交日期/時間，最後是提交訊息。

請注意！如果有多次提交，提交記錄就會很長，git log 命令就會進入查閱模式，請按 Q 鍵離開查閱模式，就可以回到命令列。

## 3-4 加入暫存區與提交檔案

一般來說，在專案的工作目錄下，檔案的修改和新增有多種情況，針對不同情況 Git 提供有相關命令和選項，方便我們將變更檔案加入暫存區，和快速提交檔案來建立新版本。

## 3-4-1 修改追蹤檔案內容加入暫存區

Git 的「暫存區」（Staging）是一個提交前的緩衝區域，可以讓我們在提交檔案至本機儲存庫之前，暫時儲存檔案的修改內容來再次確認變更內容沒有問題，其主要目的如下所示：

- **分段提交檔案的變更**：因為有暫存區，開發者可以選擇只提交部分有修改的檔案，而不是一次就將所有變更檔案都提交，提供開發者更靈活的版本控制。

- **在提交前再次確認變更內容**：暫存區可以讓開發者再次檢查修改內容是否符合預期，確保提交內容沒有問題，可以減少錯誤提交的機率，我們可以使用 git diff --staged 命令檢查已暫存檔案的變更，以便核對即將提交的檔案內容是否正確。

在第 3-3 節是新增 index.html 檔案來加入暫存區，這一節我們準備修改 index.html 檔案後再加入暫存區，請注意！因為 index.html 檔案已經加入過暫存區和提交過，所以，index.html 檔案是一個被 Git 追蹤的檔案，其步驟如下所示：

*Step 1* 請輸入 notepad index.html 命令啟動【記事本】開啟 index.html 檔案，然後在 <head> 標籤中插入 <title> 標籤，如下所示：

```
<!doctype html>
<html>
<head>
    <title>fChart程式設計教學工具簡介</title>
    <meta charset="utf-8" />
    <meta http-equiv="Content-type" content="text/html; charset=utf-8"/>
</head>
...
```

*Step 2* 在儲存後，就可以使用 git status 命令檢查狀態，可以看到紅色行顯示修改檔案 index.html（並沒有加入暫存區），檔案狀態是「已修改」，如下所示：

```
> git status Enter
```

```
PS D:\repos\website> git status
On branch main
Changes not staged for commit:
  (use "git add <file>..." to update what will be committed)
  (use "git restore <file>..." to discard changes in working directory)
        modified:   index.html

no changes added to commit (use "git add" and/or "git commit -a")
PS D:\repos\website>
```

*Step 3* 請執行 git add 命令將之後的 index.html 檔案加入暫存區，和使用 git status 命令檢查狀態，如下所示：

> git add index.html [Enter]

> git status [Enter]

```
PS D:\repos\website> git add index.html
PS D:\repos\website> git status
On branch main
Changes to be committed:
  (use "git restore --staged <file>..." to unstage)
        modified:   index.html

PS D:\repos\website>
```

上述圖例可以看到暫存區有綠色行的修改檔案：index.html，檔案狀態是「已暫存」。

## 3-4-2 比對檔案變更和重設暫存區

在第 3-4-1 節我們已經將修改的追蹤檔案加入暫存區，在提交前，可以先比對暫存區檔案的變更內容，在重設暫存區後，還可以比對 Git 追蹤檔案的變更。

### 💬 比對暫存區的檔案變更

Git 是使用 git diff 命令比對檔案的差異，--staged 選項是比對最後一次提交和暫存區檔案之間的差異，如下所示：

> git diff --staged [Enter]

```
PS D:\repos\website> git diff --staged
diff --git a/index.html b/index.html
index a6ffd3f..21403d4 100644
--- a/index.html
+++ b/index.html
@@ -1,6 +1,7 @@
 <!doctype html>
 <html>
 <head>
+    <title>fChart程式設計教學工具簡介</title>
     <meta charset="utf-8" />
     <meta http-equiv="Content-type" content="text/html; charset=utf-8"/>
 </head>
PS D:\repos\website>
```

在上述「diff --」開頭之後是比對的 2 個檔案,「---」開頭的檔案是最後一次提交的 index.html 檔案;「+++」開頭是加入暫存區的 index.html 檔案,在之下是比對內容,可以看到「+」號開頭的綠色行,「+」是新增,即新增的 <title> 標籤(在之後如果有紅色小方框,表示有多餘的空白字元),在檔案內容上方的「@@ ~ @@」是用來標示差在哪裡,如下所示:

```
@@ -1,6 +1,7 @@
```

上述 -1,6 的「-」是指最後一次提交的 index.html 檔案,1,6 是指第 1~6 行,已經修改成 +1,7 的「+」是暫存區修改的 index.html 檔案,1,7 是第 1~7 行,即下列顯示的 1~7 行,簡單的説,就是將原來的 1~6 行修改成暫存區的 1~7 行。

### 從暫存區移除檔案和重設暫存區

如果不小心將錯誤檔案加入暫存區,我們可以使用 git reset 命令,將之後的指定檔案從暫存區移除,例如:從暫存區移除 index.html 檔案,如下所示:

```
> git reset index.html Enter
> git status Enter
```

```
PS D:\repos\website> git reset index.html
Unstaged changes after reset:
M       index.html
PS D:\repos\website> git status
On branch main
Changes not staged for commit:
  (use "git add <file>..." to update what will be committed)
  (use "git restore <file>..." to discard changes in working directory)
        modified:   index.html

no changes added to commit (use "git add" and/or "git commit -a")
PS D:\repos\website>
```

上述圖例在執行 git status 命令後,可以看到 index.html 檔案的狀態從「已暫存」變成「已修改」。

如果想清除所有加入暫存區的檔案(從暫存區移除所有檔案),請使用 get reset 命令重設暫存區,和保留工作目錄的所有修改,如下所示:

> git reset Enter

### 比對被 Git 追蹤檔案的變更

現在,index.html 檔案狀態已經從「已暫存」變成「已修改」,此時,再次執行 git diff 命令,就是比對最後一次提交和工作目錄檔案之間的差異,如下所示:

> git diff Enter

```
PS D:\repos\website> git diff
diff --git a/index.html b/index.html
index a6ffd3f..21403d4 100644
--- a/index.html
+++ b/index.html
@@ -1,6 +1,7 @@
 <!doctype html>
 <html>
 <head>
+    <title>fChart程式設計教學工具簡介</title>
     <meta charset="utf-8" />
     <meta http-equiv="Content-type" content="text/html; charset=utf-8"/>
 </head>
PS D:\repos\website>
```

3-15

## 3-4-3 將多個新增和修改檔案加入暫存區

請從書附範例「ch03\website」目錄複製 style.css 和 README.md 二個檔案至工作目錄「D:\repos\website」，然後執行 dir 命令，可以看到現在有 3 個檔案，如下圖所示：

```
PS D:\repos\website> dir

    目錄: D:\repos\website

Mode                 LastWriteTime         Length Name
----                 -------------         ------ ----
-a----         2024/12/24  下午 07:36         509 index.html
-a----         2024/12/7   下午 04:30         416 README.md
-a----         2024/12/7   下午 04:25         161 style.css

PS D:\repos\website>
```

上述圖例的 3 個檔案，README.md 和 style.css 是新增檔案，index.html 因為在第 3-4-2 節已經從暫存區移除，所以此檔案是被 Git 追蹤的「已修改」檔案。

### 將工作目錄的所有未追蹤和修改檔案加入暫存區

如果在工作目錄新增和修改了多個檔案，我們並不用一一加入暫存區，可以一次就將所有變更檔案加入暫存區，請在 git add 命令後加上「.」（也可以使用 git add -A 命令），如下所示：

```
> git add .  Enter
> git status  Enter
```

```
PS D:\repos\website> git add .
PS D:\repos\website> git status
On branch main
Changes to be committed:
  (use "git restore --staged <file>..." to unstage)
        new file:   README.md
        modified:   index.html
        new file:   style.css

PS D:\repos\website>
```

上述圖例在執行 git status 命令後，可以看到暫存區有 3 個檔案，index.html 是修改檔案，剩下 2 個是新增檔案，這 3 個檔案的狀態都成為「已暫存」。

### 🔹 將工作目錄所有被追蹤且修改和刪除的檔案加入暫存區

首先，請執行 git reset 命令重設暫存區，將 3 個檔案都撤銷退回工作目錄後，再依序使用 git add 和 git commit 命令，將 README.md 加入暫存區和提交（這是第二次提交），如下所示：

> git reset `Enter`
> git add README.md `Enter`
> git commit -m "Add README.md" `Enter`

```
PS D:\repos\website> git reset
Unstaged changes after reset:
M       index.html
PS D:\repos\website> git add README.md
PS D:\repos\website> git commit -m "Add README.md"
[main 1369123] Add README.md
 1 file changed, 20 insertions(+)
 create mode 100644 README.md
PS D:\repos\website>
```

現在，README.md 已經提交，index.html 退回工作目錄，成為被 Git 追蹤的「已修改」檔案，style.css 是「未追蹤」檔案。接著，使用 git log 命令查詢詳細的提交記錄，可以看到有 2 次提交，如下所示：

> git log `Enter`

```
PS D:\repos\website> git log
commit 13691234ce1075ed9c4280cc0627788a7f9e09d6 (HEAD -> main)
Author: Hueyan Chen <hueyan@ms2.hinet.net>
Date:   Tue Dec 24 20:43:55 2024 +0800

    Add README.md

commit 1bb9598241d826c7c310e4d9e6634d59a4a0b82b
Author: Hueyan Chen <hueyan@ms2.hinet.net>
Date:   Tue Dec 24 15:31:09 2024 +0800

    Add index.html
PS D:\repos\website>
```

目前已經在工作目錄測試過新增和編輯檔案，還剩下刪除檔案操作，我們準備先使用 git rm 命令在工作目錄刪除被追蹤檔案 README.md 後（類似 Linux 的 rm 命令），再使用 git add 命令，這次是改用 -u 選項（小寫 u）將工作目錄所有修改和刪除的被追蹤檔案加入暫存區（不含未追蹤的 style.css 檔案），如下所示：

> git rm README.md  Enter
> git add -u  Enter
> git status  Enter

```
PS D:\repos\website> git rm README.md
rm 'README.md'
PS D:\repos\website> git add -u
PS D:\repos\website> git status
On branch main
Changes to be committed:
  (use "git restore --staged <file>..." to unstage)
        deleted:    README.md
        modified:   index.html

Untracked files:
  (use "git add <file>..." to include in what will be committed)
        style.css

PS D:\repos\website>
```

上述圖例執行 git status 命令後，可以看到暫存區有 2 個檔案，index.html 是修改檔案，README.md 是刪除檔案，最後的 style.css 是新增的「未追蹤」檔案。

## 3-4-4 查詢被追蹤檔案和停止追蹤檔案

請繼續第 3-4-3 節，我們準備先重設暫存區和使用 git restore 命令來回存 README.md 檔案，即取消刪除 README.md 檔案，如下所示：

> git reset  Enter
> git restore README.md  Enter

```
PS D:\repos\website> git reset
Unstaged changes after reset:
D       README.md
M       index.html
PS D:\repos\website> git restore README.md
PS D:\repos\website>
```

3-18

## 查詢被 Git 追蹤的檔案清單

在 Git 可以使用 git ls-files 命令查詢目前 Git 儲存庫所有被 Git 追蹤的檔案,共有 index.html 和 README.md 兩個檔案,如下所示:

> git ls-files [Enter]

```
PS D:\repos\website> git ls-files
README.md
index.html
PS D:\repos\website>
```

## 停止被 Git 追蹤的檔案

如果不想讓 Git 追蹤指定檔案,我們可以使用 git rm --cached 命令,將檔案從 Git 儲存庫的索引移除,但是仍然保留在工作目錄,Git 將不再追蹤這個檔案的變更,如下所示:

> git rm --cached README.md [Enter]
> git status [Enter]

```
PS D:\repos\website> git rm --cached README.md
rm 'README.md'
PS D:\repos\website> git status
On branch main
Changes to be committed:
  (use "git restore --staged <file>..." to unstage)
        deleted:    README.md

Changes not staged for commit:
  (use "git add <file>..." to update what will be committed)
  (use "git restore <file>..." to discard changes in working directory)
        modified:   index.html

Untracked files:
  (use "git add <file>..." to include in what will be committed)
        README.md
        style.css

PS D:\repos\website>
```

上述 style.css 和 README.md 檔案的狀態都成為「未追蹤」檔案。

## 3-4-5 分次提交有多處修改的追蹤檔案

如果在同一檔案有多處修改，因為可能有部分修改尚未定案，我們可以分成多次來提交檔案，只提交已經確認修改的地方。

### 💬 回復到指定的提交

我們準備回復提交到 "Add README.md" 提交訊息的第 2 次提交，其步驟如下所示：

**Step 1** 使用 git log 命令取得指定提交的 SHA-1 編碼字串，如下所示：

> git log Enter

```
PS D:\repos\website> git log
commit 13691234ce1075ed9c4280cc0627788a7f9e09d6 (HEAD -> main)
Author: Hueyan Chen <hueyan@ms2.hinet.net>
Date:   Tue Dec 24 20:43:55 2024 +0800

    Add README.md

commit 1bb9598241d826c7c310e4d9e6634d59a4a0b82b
Author: Hueyan Chen <hueyan@ms2.hinet.net>
Date:   Tue Dec 24 15:31:09 2024 +0800

    Add index.html
PS D:\repos\website>
```

**Step 2** 請選取 commit 後的 SHA-1 編碼字串（也可以只用前 7 碼），按 Ctrl + C 鍵複製至剪貼簿，即可用 git reset --hard 命令來回復到此提交，如下所示：

> git reset --hard 13691234ce1075ed9c4280cc0627788a7f9e09d6 Enter

```
PS D:\repos\website> git reset --hard 13691234ce1075ed9c4280cc0627788a7f9e09d6
HEAD is now at 1369123 Add README.md
PS D:\repos\website>
```

因為在第 3-4-1 節修改 index.html 後，只有加入暫存區，而且在之後各節都沒有提交過此檔案，所以當回復提交後，index.html 也會回復成第 3-3 節的狀態，並沒有新增 <title> 標籤。

## 分次提交有多處修改的追蹤檔案

如果在同一檔案有多處修改，我們可以逐步將修改加入暫存區，每一次只提交部分的修改內容，其步驟如下所示：

**Step 1** 請執行 notepad index.html 命令啟動【記事本】開啟 index.html 檔案，在 <head> 標籤中插入 <title> 標籤和 <style> 標籤，共修改了 2 個地方，如下所示：

```html
<!doctype html>
<html>
<head>
    <title>fChart程式設計教學工具簡介</title>
    <meta charset="utf-8" />
    <meta http-equiv="Content-type" content="text/html; charset=utf-8" />
    <link rel="stylesheet" type="text/css" href="style.css">
</head>
...
```

**Step 2** 在儲存後執行 git diff 命令，可以看到 2 處修改，如下圖所示：

```
PS D:\repos\website> git diff
diff --git a/index.html b/index.html
index a6ffd3f..ee37af7 100644
--- a/index.html
+++ b/index.html
@@ -1,8 +1,10 @@
 <!doctype html>
 <html>
 <head>
+    <title>fChart程式設計教學工具簡介</title>
     <meta charset="utf-8" />
     <meta http-equiv="Content-type" content="text/html; charset=utf-8" />
+    <link rel="stylesheet" type="text/css" href="style.css">
 </head>
 <body>
 <div>
PS D:\repos\website>
```

**Step 3** 在使用 git add 命令將檔案加入暫存區時，請使用 -p 選項來分次加入暫存區，我們準備只加入 <title> 標籤的修改，如下所示：

```
> git add -p index.html Enter
```

```
PS D:\repos\website> git add -p index.html
diff --git a/index.html b/index.html
index a6ffd3f..ee37af7 100644
--- a/index.html
+++ b/index.html
@@ -1,8 +1,10 @@
 <!doctype html>
 <html>
 <head>
+    <title>fChart程式設計教學工具簡介</title>
     <meta charset="utf-8" />
     <meta http-equiv="Content-type" content="text/html; charset=utf-8"/>
+    <link rel="stylesheet" type="text/css" href="style.css">
 </head>
 <body>
 <div>
(1/1) Stage this hunk [y,n,q,a,d,s,e,p,?]? s
```

上述 (1/1) Stage this hunk [y,n,q,a,d,s,e,p,?] 表示有一個「hunk」（一段變更）需處理，y,n,q,a,d,s,e,p,? 是選項字母，其說明如下所示：

- y（yes）：將這段變更加入暫存區。

- n（no）：不將這段變更加入暫存區。

- q（quit）：停止操作，保留已經暫存的變更。

- a（all）：將所有變更加入暫存區（即每段變更都選 y）。

- d（done）：停止操作且放棄後續變更（即每段變更都選 n）。

- s（split）：將此段變更次細分，可以進一步再來逐段處理。

- e（edit）：手動編輯此段變更。

- p（peruse）：顯示此段變更，可以讓你再次檢視內容。

**Step 4** 請輸入 s，按 Enter 鍵，可以看到再次細分，首先看到的是 <title> 標籤，請輸入 y，按 Enter 鍵加入此段修改。

```
(1/1) Stage this hunk [y,n,q,a,d,s,e,p,?]? s
Split into 2 hunks.
@@ -1,5 +1,6 @@
 <!doctype html>
 <html>
 <head>
+    <title>fChart程式設計教學工具簡介</title>
     <meta charset="utf-8" />
     <meta http-equiv="Content-type" content="text/html; charset=utf-8"/>
(1/2) Stage this hunk [y,n,q,a,d,j,J,g,/,e,p,?]? y
```

**Step 5** 然後看到 <style> 標籤，請輸入 n，按 Enter 鍵不加入此段修改。

```
(1/2) Stage this hunk [y,n,q,a,d,j,J,g,/,e,p,?]? y
@@ -4,5 +5,6 @@
     <meta charset="utf-8" />
     <meta http-equiv="Content-type" content="text/html; charset=utf-8"/>
+    <link rel="stylesheet" type="text/css" href="style.css">
 </head>
 <body>
 <div>
(2/2) Stage this hunk [y,n,q,a,d,K,g,/,e,p,?]? n
```

**Step 6** 再次執行 git status 命令，可以看到 index.html 同時有 2 個狀態「已修改」和「已暫存」，如下圖所示：

```
PS D:\repos\website> git status
On branch main
Changes to be committed:
  (use "git restore --staged <file>..." to unstage)
        modified:   index.html

Changes not staged for commit:
  (use "git add <file>..." to update what will be committed)
  (use "git restore <file>..." to discard changes in working directory)
        modified:   index.html

Untracked files:
  (use "git add <file>..." to include in what will be committed)
        style.css

PS D:\repos\website>
```

**Step 7** 使用 git commit 命令提交檔案，-m 選項是提交訊息，如下所示：

> git commit -m "Add HTML title text" Enter

```
PS D:\repos\website> git commit -m "Add HTML title text"
[main 2c340f2] Add HTML title text
 1 file changed, 1 insertion(+)
PS D:\repos\website>
```

**Step 8** 在成功提交後，使用 git log 命令查詢詳細的提交記錄，目前共有 3 次提交，如下所示：

> git log Enter

```
PS D:\repos\website> git log
commit 2c340f2568579dc7e58112450b4aa503478ea980 (HEAD -> main)
Author: Hueyan Chen <hueyan@ms2.hinet.net>
Date:   Wed Dec 25 10:32:23 2024 +0800

    Add HTML title text

commit 13691234ce1075ed9c4280cc0627788a7f9e09d6
Author: Hueyan Chen <hueyan@ms2.hinet.net>
Date:   Tue Dec 24 20:43:55 2024 +0800

    Add README.md

commit 1bb9598241d826c7c310e4d9e6634d59a4a0b82b
Author: Hueyan Chen <hueyan@ms2.hinet.net>
Date:   Tue Dec 24 15:31:09 2024 +0800

    Add index.html
PS D:\repos\website>
```

## 3-4-6 不加入暫存區直接提交檔案

Git 可以不先將檔案加入暫存區，直接提交已修改的檔案，幫助我們在某些情況下，更快速的提交修改過的檔案。例如：在第 3-4-5 節只提交 <title> 標籤的修改，執行 git status 命令，可以看到 index.html 仍然是「已修改」狀態，如下圖所示：

```
PS D:\repos\website> git status
On branch main
Changes not staged for commit:
  (use "git add <file>..." to update what will be committed)
  (use "git restore <file>..." to discard changes in working directory)
        modified:   index.html

Untracked files:
  (use "git add <file>..." to include in what will be committed)
        style.css

no changes added to commit (use "git add" and/or "git commit -a")
PS D:\repos\website>
```

我們可以使用 git commit -a 命令，使用 -a 選項不加入暫存區直接提交已修改的 index.html 檔案，-m 選項是提交訊息（-a -m 可合併簡寫成 -am 選項），如下所示：

> git commit -a -m "Add CSS styles" Enter

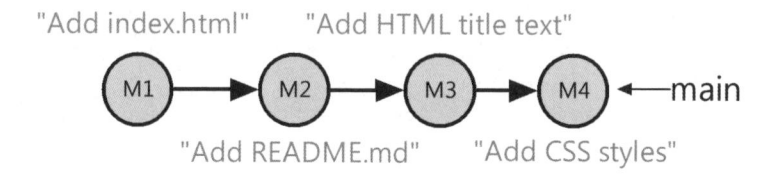

```
PS D:\repos\website> git commit -a -m "Add CSS styles"
[main 74a24cb] Add CSS styles
 1 file changed, 1 insertion(+)
PS D:\repos\website>
```

目前我們已經有 4 次提交，如下圖所示：

"Add index.html"    "Add HTML title text"

M1 → M2 → M3 → M4 ← main

"Add README.md"    "Add CSS styles"

## 3-5 檢視版本歷史和比對版本差異

我們可以使用 git log 命令檢視版本的歷史記錄，和 git diff 命令來比對各版本之間的差異。

## 查詢版本歷史的提交記錄

Git 是使用 git log 命令查詢版本歷史的提交記錄，如果加上 --oneline 選項，可以簡化顯示成一行一次提交，如下所示：

> git log --oneline Enter

```
PS D:\repos\website> git log --oneline
74a24cb (HEAD -> main) Add CSS styles
2c340f2 Add HTML title text
1369123 Add README.md
1bb9598 Add index.html
PS D:\repos\website>
```

在 git log 命令加上 -n，n 是最近幾筆，例如：前 2 筆提交記錄，如下所示：

> git log -2 Enter

```
PS D:\repos\website> git log -2
commit 74a24cba91868fad7ae3bc80aaedf7ddab85a0a2 (HEAD -> main)
Author: Hueyan Chen <hueyan@ms2.hinet.net>
Date:   Wed Dec 25 10:43:29 2024 +0800

    Add CSS styles

commit 2c340f2568579dc7e58112450b4aa503478ea980
Author: Hueyan Chen <hueyan@ms2.hinet.net>
Date:   Wed Dec 25 10:32:23 2024 +0800

    Add HTML title text
PS D:\repos\website>
```

## 檢視特定提交版本的內容

我們可以使用 git show 命令檢視特定版本內容，之後是指定提交的 SHA-1 編碼字串（沒有，就是最後一次提交的版本），如下所示：

> git show 74a24cba91868fad7ae3bc80aaedf7ddab85a0a2 Enter

```
PS D:\repos\website> git show 74a24cba91868fad7ae3bc80aaedf7ddab85a0a2
commit 74a24cba91868fad7ae3bc80aaedf7ddab85a0a2 (HEAD -> main)
Author: Hueyan Chen <hueyan@ms2.hinet.net>
Date:   Wed Dec 25 10:43:29 2024 +0800

    Add CSS styles

diff --git a/index.html b/index.html
index a740482..ee37af7 100644
--- a/index.html
+++ b/index.html
@@ -4,6 +4,7 @@
    <title>fChart程式設計教學工具簡介</title>
    <meta charset="utf-8" />
    <meta http-equiv="Content-type" content="text/html; charset=utf-8"/>
+   <link rel="stylesheet" type="text/css" href="style.css">
 </head>
 <body>
 <div>
PS D:\repos\website>
```

## 比對不同提交版本之間的差異

在 Git 可以使用 git diff 命令比對兩個版本之間的差異，在之後是欲比對 2 個提交的 SHA-1 編碼字串，第 1 個是比較舊版的提交，第 2 個是比較新版的提交，如下所示：

> git diff 2c340f2568579dc7e58112450b4aa503478ea980 74a24cba91868fad7ae3bc80aaedf7ddab85a0a2 Enter

```
PS D:\repos\website> git diff 2c340f2568579dc7e58112450b4aa503478ea980 74a24cba91868fad7ae3bc80aaedf7ddab85a0a2
diff --git a/index.html b/index.html
index a740482..ee37af7 100644
--- a/index.html
+++ b/index.html
@@ -4,6 +4,7 @@
    <title>fChart程式設計教學工具簡介</title>
    <meta charset="utf-8" />
    <meta http-equiv="Content-type" content="text/html; charset=utf-8"/>
+   <link rel="stylesheet" type="text/css" href="style.css">
 </head>
 <body>
 <div>
PS D:\repos\website>
```

在上述「diff --」開頭之後是比對的 2 個檔案,「---」開頭的檔案是比較舊版本的檔案;「+++」開頭是比較新版本的檔案,-4,6 是從舊版的 4~6 行修改成新版的 4~7 行,在之下就是比對內容,如下所示:

- 「+」開頭的綠色行是從舊版至新版所新增的內容。

- 「-」開頭的紅色行是從舊版至新版被刪除的內容。

## 3-6 ChatGPT 輔助學習:詢問 Git 操作命令的差異

在第 1-6 節是詢問 ChatGPT 指定 Git 命令的使用,現在,我們對於 Git 版本控制的操作已經有一定的了解,因為有一些 Git 命令和 Linux 命令很相似,或同一種操作有多種命令可以使用,此時,我們就可以詢問 ChatGPT 這些命令之間的差異。

### 比對類似寫法不同命令之間的差異

在 Git 有 git rm 和 git mv 命令,這和第 2-3 節 Linux Bash 的 rm 和 mv 命令的差異。ChatGPT 提示詞(ch3-6.txt),如下所示:

> **Q 提問**
>
> 你是 Git 和 Linux 專家,請使用繁體中文和 200 個字,說明 git rm 和 rm 命令之間的差異。

記錄版本的變更：初始與使用 Git 儲存庫 **03**

**A 回答**

ChatGPT 的回答首先說明 git rm 命令，如下圖所示：

> `git rm` 和 `rm` 是兩個在不同上下文中使用的命令，主要差異如下：
>
> 1. `git rm`
>    - 用於 Git 版本控制系統中，從 Git 儲存庫的追蹤中移除檔案，並且可以選擇同時從工作目錄中刪除檔案。
>    - 移除後，檔案的變更會被記錄到下一次的 commit 中。
>    - 常用選項：
>      - `--cached`：只停止追蹤檔案，不刪除工作目錄中的檔案。
>      - `-f`：強制刪除受版本控制且有未提交變更的檔案。

然後，說明 rm 命令，如下圖所示：

> 2. `rm`
>    - 是 Linux 系統中的一般命令，用於從檔案系統中永久刪除檔案或目錄。
>    - 不涉及版本控制，也不會影響 Git 的追蹤狀態。
>    - 常用選項：
>      - `-r`：遞迴刪除目錄及其內容。
>      - `-f`：強制刪除檔案或目錄，忽略不存在的錯誤。
>
> **總結**：`git rm` 是為 Git 而設計的工具，影響版本控制；`rm` 是一般檔案系統操作工具，無法與 Git 整合。

ChatGPT 提示詞 ch3-6a.txt 是比較 git mv 和 mv 命令。

## 比較相同操作不同命令之間的差異

Git 可以使用 git reset 和 git rm 命令，將指定檔案從暫存區移除，如下所示：

```
git reset README.md
git rm --cached README.md
```

3-29

我們可以詢問 ChatGPT 上述 2 個命令之間的差異。ChatGPT 提示詞（ch3-6b.txt），如下所示：

> **Q 提問**
>
> 你是 Git 專家，請使用繁體中文和 500 個字，說明 git reset README.md 和 git rm --cached README.md 命令之間的差異。

> **A 回答**
>
> ChatGPT 的回答首先說明 git reset README.md 命令（完整 ChatGPT 的回答請參閱 ch3-6b.pdf），如下圖所示：
>
> ```
> git reset README.md
> ```
> - 功能：
>   - 將檔案從暫存區（Staging Area）移回工作目錄（Working Directory），但保留檔案本身的內容和版本控制的歷史。
>   - 這個命令僅影響檔案的「暫存狀態」，不會刪除檔案。
> - 使用場景：
>   - 當你將檔案（如 `README.md`）新增到暫存區（使用 `git add`）後，但後來發現需要修改或取消此次變更時，可以用這個命令將檔案從暫存區移回工作目錄，讓它回到「已修改但未暫存」的狀態。
>
> 然後，說明 git rm --cached README.md 命令，如下圖所示：
>
> ```
> git rm --cached README.md
> ```
> - 功能：
>   - 將檔案從暫存區移除，並從版本控制中解除追蹤（Untrack），但保留檔案在本地檔案系統中的實體。
>   - 下次執行 `git status` 時，該檔案會顯示為「未追蹤檔案」。
> - 使用場景：
>   - 當你不希望某檔案（如 `README.md`）再繼續受版本控制管理時，可以使用此命令解除對該檔案的追蹤。
>   - 常見於意外將應該忽略的檔案（例如 `.log` 或敏感資料）新增到版本控制中時。

# CHAPTER 04

## 多功能並行開發：Git 的分支與合併

▶ 4-1 Git 分支與合併的基本流程
▶ 4-2 建立、檢視與切換 Git 分支
▶ 4-3 在 Git 分支進行多功能並行開發
▶ 4-4 Git 分支合併的基本操作
▶ 4-5 刪除 Git 分支
▶ 4-6 ChatGPT 輔助學習：解決分支合併的衝突問題

## 4-1 Git 分支與合併的基本流程

Git 分支（Branch）就是從 Git 儲存庫的提交版本中分出一個新版本，以方便小組開發進行不同功能的並行開發，例如：當你正在開發 Web 網站的一個新功能，尚未開發完成和提交，突然客戶發現了一個錯誤，此時，就可以建立一個錯誤修正的 Git 分支來處理錯誤，如此，就不會影響到 main 主分支的開發進度。

一般來說，在專案開發使用 Git 分支的主要目的，如下所示：

- **隔離開發工作**：Git 分支允許開發者在不影響 main 主分支的情況下進行其他新功能或錯誤修正的開發。

- **提高協同開發效率**：多人團隊可以同時在不同分支進行並行開發工作，避免相互干擾。

- **管理不同版本**：使用分支策略處理軟體開發的版本控制，例如：分割成開發中版本與釋出版本，即第 2 章 Git Flow 工作流程。

## Git 分支與合併的基本流程

我們準備在 Git 儲存庫從 main 主分支建立名為 feature-about 分支，用來進行新功能的開發，即建立 about.html 頁面，如下圖所示：

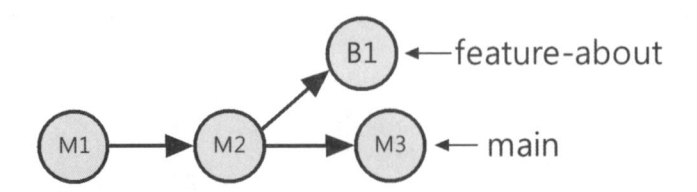

上述圖例 M1～M3 和 B1 是提交至 Git 儲存庫的版本，main 是主分支，在 Git 的分支事實上只是一個輕量級指標，指向此版本演進的鏈結串列（Linked List），在 M2 時新增 feature-about 分支後，就可以指派 2 位開發者獨立開發 main 和 feature-about 分支來並行開發，彼此能夠獨立修改和提交，而不會影響彼此分支的開發，例如：M3 是 main 主分支的提交版本，B1 是 feature-about 分支的提交版本。

當完成 feature-about 分支的新功能開發，即建立 B1～B2 提交後，就可以合併（Merge）這兩個分支，將 feature-about 分支的 B2 合併回 main 主分支，如下圖所示：

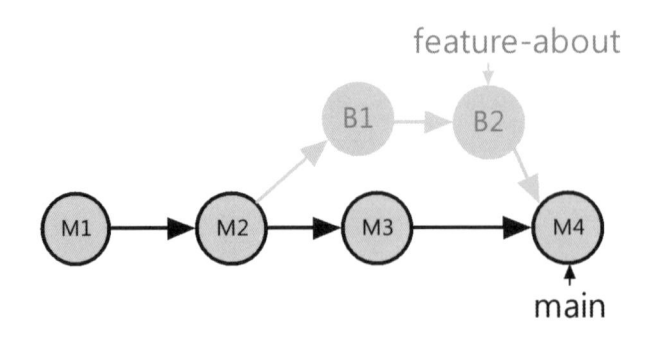

上述圖例可以看出 B2 和 M3 合併建立 main 主分支的 M4 版本，因為已經將開發成果合併至 main 主分支，就可以刪除 feature-about 分支。

多功能並行開發：Git 的分支與合併 **04**

問題是當多人並行開發的 2 個分支修改了同一檔案的或同一段程式碼時，此時在合併分支時，同一檔案就有 2 種不同的內容，產生了合併衝突，所以，除了新增、合併和刪除分支，我們還需要處理合併衝突問題。Git 分支與合併的基本流程，如下圖所示：

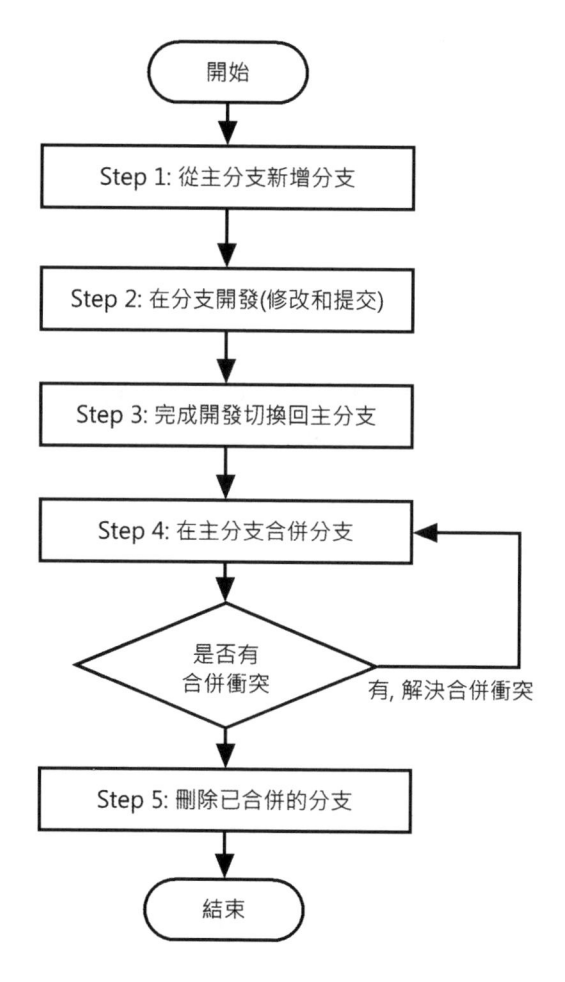

```
                    開始
                     │
                     ▼
         ┌───────────────────────────┐
         │ Step 1: 從主分支新增分支    │
         └───────────────────────────┘
                     │
                     ▼
         ┌───────────────────────────┐
         │ Step 2: 在分支開發(修改和提交)│
         └───────────────────────────┘
                     │
                     ▼
         ┌───────────────────────────┐
         │ Step 3: 完成開發切換回主分支 │
         └───────────────────────────┘
                     │
                     ▼
         ┌───────────────────────────┐ ◄─────┐
         │ Step 4: 在主分支合併分支    │      │
         └───────────────────────────┘      │
                     │                      │
                     ▼                      │
                  ╱是否有╲  有, 解決合併衝突 │
                 ╱ 合併衝突 ╲────────────────┘
                  ╲       ╱
                   ╲     ╱
                     │
                     ▼
         ┌───────────────────────────┐
         │ Step 5: 刪除已合併的分支    │
         └───────────────────────────┘
                     │
                     ▼
                    結束
```

上述流程是以 main 主分支為例來建立分支，事實上，我們可以從任何現存的 Git 分支來建立新分支。

## Git 分支與合併的相關命令

Git 分支與合併的主要命令，其簡單說明如下表所示：

| git 命令 | 說明 |
| --- | --- |
| git checkout | 在參數加上分支名稱，就是切換到此分支，加上 -b 選項，就是建立新分支且切換到新分支 |
| git branch | 沒有參數是顯示 Git 儲存庫目前建立的分支清單，在之後加上參數的分支名稱就是新增分支 |
| git merge | 合併 2 個分支的檔案變更 |

基本上，Git 可以使用兩種命令來建立分支，即：git checkout -b 命令或 git branch 命令加上分支名稱來建立分支。

## 4-2 建立、檢視與切換 Git 分支

現在，我們準備依據第 4-1 節的分支與合併流程來建立 feature-about 分支、切換到分支，和檢視目前 Git 儲存庫已經建立的分支。

### 4-2-1 建立本章的 Git 儲存庫

首先，我們需要建立 main 主分支的內容，你也可以繼續第 3 章的 main 主分支（不過，提交的次數會不同），或將第 3 章的工作目錄更名 website3 後，使用下列步驟來重建本章測試所需的工作目錄和 main 主分支，如下所示：

## 步驟一：建立工作目錄與初始 Git 儲存庫

首先，我們需要建立工作目錄「D:\repos\website」和初始 Git 儲存庫，如下所示：

> D: [Enter]
> mkdir repos [Enter]
> cd repos [Enter]
> mkdir website [Enter]

多功能並行開發：Git 的分支與合併 **04**

```
> cd website Enter
> git init Enter
```

### 💬 步驟二：新增 index.html 進行第一次提交

請複製書附範例「ch04\website」的 index.html 檔案至「D:\repos\website」工作目錄，如下圖所示：

```
> repos > website
  名稱
    .git
    index.html
```

然後，將 index.html 加入暫存區後，執行第 1 次提交，如下所示：

```
> git add index.html Enter
> git commit -m "Initialize repository" Enter
```

### 💬 步驟三：新增 README.md 進行第二次提交

請複製書附範例「ch04\website」的 README.md 和 style.css 共 2 個檔案至「D:\repos\website」工作目錄，如下圖所示：

```
> repos > website >
  名稱
    .git
    index.html
    README.md
    style.css
```

然後，將 README.md 加入暫存區後，執行第 2 次提交，如下所示：

```
> git add README.md Enter
> git commit -m "Add README.md" Enter
```

4-5

請執行 git status 命令查詢目前狀態，可以看到有一個「未追蹤」檔案 style.css，如下圖所示：

```
PS D:\repos\website> git status
On branch main
Untracked files:
  (use "git add <file>..." to include in what will be committed)
        style.css

nothing added to commit but untracked files present (use "git add" to track)
PS D:\repos\website>
```

請執行 git log 命令，可以看到目前有 2 次提交，如下圖所示：

```
PS D:\repos\website> git log
commit cc27b87989463ec31a535277c167edec3d42534d (HEAD -> main)
Author: Hueyan Chen <hueyan@ms2.hinet.net>
Date:   Thu Dec 26 10:09:37 2024 +0800

    Add README.md

commit 8988074f8abbf3d35176b1b8e527c0d1419e5aa6
Author: Hueyan Chen <hueyan@ms2.hinet.net>
Date:   Thu Dec 26 10:03:05 2024 +0800

    Initialize repository
PS D:\repos\website>
```

目前 main 主分支的圖例，HEAD 指標是指向此分支的最新提交，如下圖所示：

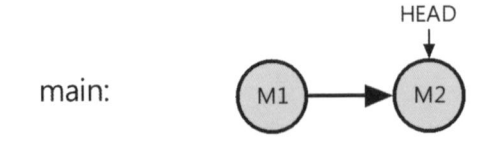

## 4-2-2 建立、切換和檢視分支

在成功建立本章的 Git 儲存庫後，我們就可以從 main 主分支建立 feature-about 分支與切換到 feature-about 分支，然後，再建立一個 feature-test 分支後，就可以檢視 Git 儲存庫已經建立的分支清單。

4-6

## 建立 feature-about 分支

Git 提供 2 個命令來建立分支，我們首先使用 git branch 命令來建立分支，在之後是新分支的名稱，這是準備建立 about.html 頁面的新功能分支，如下所示：

```
> git branch feature-about [Enter]
> git status [Enter]
```

```
PS D:\repos\website> git branch feature-about
PS D:\repos\website> git status
On branch main
Untracked files:
  (use "git add <file>..." to include in what will be committed)
        style.css

nothing added to commit but untracked files present (use "git add" to track)
PS D:\repos\website>
```

在成功建立 feature-about 分支後，執行 git status 命令顯示狀態，可以看到 On branch main，目前我們仍然是在 main 主分支，如下圖所示：

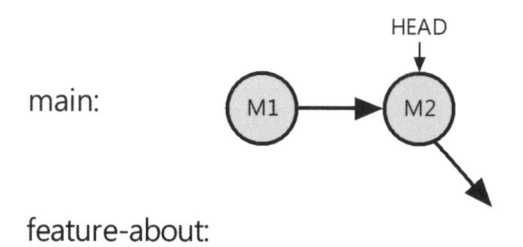

main:  M1 → M2 ← HEAD

feature-about:

上述圖例因為 feature-about 分支尚未有任何提交，HEAD 仍然是指向 main 主分支的 M2 提交。

## 切換到 feature-about 分支

Git 是使用 git checkout 命令來切換分支，在之後是欲切換的分支名稱，例如：feature-about 分支，如下所示：

```
> git checkout feature-about [Enter]
> git status [Enter]
```

```
PS D:\repos\website> git checkout feature-about
Switched to branch 'feature-about'
PS D:\repos\website> git status
On branch feature-about
Untracked files:
  (use "git add <file>..." to include in what will be committed)
        style.css

nothing added to commit but untracked files present (use "git add" to track)
PS D:\repos\website>
```

上述 git status 命令的狀態可以看到 On branch feature-about，已經切換到 feature-about 分支，目前狀態一樣有「未追蹤」檔案 style.css。

### 建立 feature-test 分支

在 Git 的 git checkout 命令除了切換分支，也可以建立分支且馬上切換到新分支，這是使用 -b 選項來建立分支，例如：從 main 主分支建立測試新功能的 feature-test 分支，如下所示：

> git checkout main [Enter]
> git checkout -b feature-test [Enter]
> git status [Enter]

上述命令首先切換回 main 主分支後，使用 git checkout -b 命令建立 feature-test 分支，如下圖所示：

```
PS D:\repos\website> git checkout main
Switched to branch 'main'
PS D:\repos\website> git checkout -b feature-test
Switched to a new branch 'feature-test'
PS D:\repos\website> git status
On branch feature-test
Untracked files:
  (use "git add <file>..." to include in what will be committed)
        style.css

nothing added to commit but untracked files present (use "git add" to track)
PS D:\repos\website>
```

上述 git status 命令的狀態可以看到 On branch feature-test，已經切換到 feature-test 分支，目前狀態一樣也有「未追蹤」檔案 style.css。

### 💬 檢視 Git 儲存庫已建立的分支清單

如果在 git branch 命令之後沒有加上參數，就是顯示目前 Git 儲存庫已經建立的分支清單，如下所示：

> git branch [Enter]

```
PS D:\repos\website> git branch
  feature-about
* feature-test
  main
PS D:\repos\website>
```

上述「*」開頭的綠色分支就是目前所在的 feature-test 分支，main 是預設分支，也稱為主分支。

## 4-2-3 在 Windows 終端機顯示 Git 分支名稱

本書使用的 Windows 終端機預設是使用 PowerShell，我們可以建立名為 Microsoft.PowerShell_profile.ps1 的指令碼檔案，直接在 Windows 終端機的提示文字顯示 Git 分支名稱，其步驟如下所示：

**Step 1** 請啟動 Windows 終端機，在標籤頁輸入下列命令，就可以開啟或建立 Microsoft.PowerShell_profile.ps1 檔案，如下所示：

> notepad $PROFILE [Enter]

```
PS D:\repos\website> notepad $PROFILE
```

**Step 2** 如果此指令碼檔案不存在，可以看到一個訊息視窗，請按【是】鈕建立此檔案。

**Step 3** 在【記事本】編輯 PowerShell 指令碼，其內容就是「ch04」目錄下同名 Microsoft.PowerShell_profile.ps1 檔案的內容，如下圖所示：

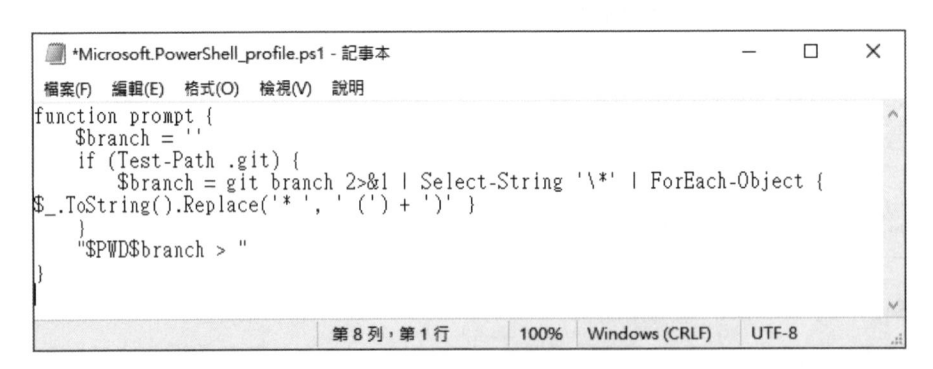

**Step 4** 請執行「檔案 > 儲存檔案」命令儲存檔案後，因為 PowerShell 的預設執行策略是拒絕執行指令碼，我們需要將執行策略改為 RemoteSigned，允許執行本地指令碼，但執行遠端指令碼需要有簽章，更改執行策略的命令，如下所示：

> Set-ExecutionPolicy RemoteSigned -Scope CurrentUser [Enter]

> 說明
>
> PowerShell 支援多種執行策略，我們可以查詢 PowerShell 目前的執行策略，其命令如下所示：
>
> > Get-ExecutionPolicy [Enter]

*Step 5* 請重新啟動 Windows 終端機和切換到工作目錄,就可以在提示文字後看到目前 Git 分支的名稱 (feature-test),在路徑前也沒有 PS,如下圖所示:

```
C:\Users\hueya > D:
D:\ > cd repos
D:\repos > cd website
D:\repos\website (feature-test) >
```

## 4-3 在 Git 分支進行多功能並行開發

目前本機 Git 儲存庫共有 3 個分支,我們準備在 main 主分支和第 4-2-2 節建立的 feature-about 分支進行多功能的並行開發,因為是使用分支進行開發,所以在 main 主分支的修改並不會影響到 feature-about 分支,同理,feature-about 分支的修改也不會影響到 main 主分支,如下所示:

- **main 分支**:在 index.html 加上 <hr> 標籤的水平線。
- **feature-about 分支**:建立 about.html 檔案和輸入網頁內容。

### 💬 切換到 main 主分支來進行功能開發

在成功切換到 main 主分支後,就可以開啟 index.html 來加上 <hr> 標籤的水平線,其步驟如下所示:

*Step 1* 請使用 git checkout 命令切換到 main 主分支,如下所示:

> git checkout main [Enter]

```
D:\repos\website (feature-test) > git checkout main
Switched to branch 'main'
D:\repos\website (main) >
```

4-11

**Step 2** 輸入 notepad index.html 命令啟動【記事本】開啟 index.html，請在 <h1> 標籤下新增一個 <hr> 標籤，如下所示：

```
...
<div>
    <h1>fChart程式設計教學工具簡介</h1>
    <hr>
    <p>fChart是一套真正可以使用「流程圖」引導程式設計
    教學的「完整」學習工具，可以幫助初學者透過流程圖
    學習程式邏輯和輕鬆進入「Coding」世界。</p>
</div>
...
```

**Step 3** 在儲存變更後，將 index.html 加入暫存區，即可提交，如下所示：

> git add index.html [Enter]
> git commit -m "Add hr tag" [Enter]

```
D:\repos\website (main) > git add index.html
D:\repos\website (main) > git commit -m "Add hr tag"
[main b0746ef] Add hr tag
 1 file changed, 1 insertion(+)
D:\repos\website (main) >
```

然後，執行 git log 命令來查詢提交記錄，如下所示：

> git log [Enter]

```
D:\repos\website (main) > git log
commit b0746ef8b36ba586c17b9976617f941c0fa591c9 (HEAD -> main)
Author: Hueyan Chen <hueyan@ms2.hinet.net>
Date:   Thu Dec 26 14:34:22 2024 +0800

    Add hr tag

commit cc27b87989463ec31a535277c167edec3d42534d (feature-test, feature-about)
Author: Hueyan Chen <hueyan@ms2.hinet.net>
Date:   Thu Dec 26 10:09:37 2024 +0800

    Add README.md
```

```
commit 8988074f8abbf3d35176b1b8e527c0d1419e5aa6
Author: Hueyan Chen <hueyan@ms2.hinet.net>
Date:    Thu Dec 26 10:03:05 2024 +0800

    Initialize repository
D:\repos\website (main) > |
```

上述 main 主分支有新提交,所以 HEAD 指標是指向最新提交,在第 2 個提交後的括號有 feature-test 和 feature-about,因為這 2 個分支就是從此提交所分出建立的分支。當提交記錄很長時,git log 命令就會進入查閱模式,請按 Q 鍵離開查閱模式。

目前 main 和 feature-about 分支的結構圖,在 main 主分支已經新增了 M3 提交,如下圖所示:

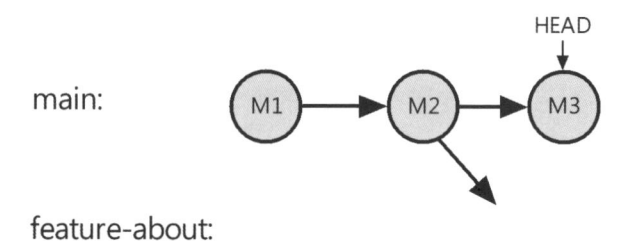

## 切換到 feature-about 分支

當成功切換到 feature-about 分支後,可以發現上一小節 main 分支所作的修改已經不存在,因為當 Git 切換分支後,Git 同時就會回存 feature-about 分支的 index.html 檔案內容,自動修改成 feature-about 分支的目錄結構和檔案內容,如下所示:

> git checkout feature-about Enter
> type index.html Enter

```
D:\repos\website (main) > git checkout feature-about
Switched to branch 'feature-about'
D:\repos\website (feature-about) > type index.html
<!doctype html>
<html>
<head>
    <title>fChart蠟◆?閱剛??◆飛損瓦◆蜴n?</title>
```

```
    <meta charset="utf-8" />
    <meta http-equiv="Content-type" content="text/html; charset=utf-8"/>
    <link rel="stylesheet" type="text/css" href="style.css">
</head>
<body>
<div>
    <h1>fChart蠟◆?閱剛??◆飛摜亙◆蜴n?</h1>
    <p>fChart?具?慄◆?覺◆?噉乩蝠?具◆?蠟◆??◆?搬◆?搭◆身閱?
    ?◆飛?◆◆??氫◆飛蝶◆極?瘀??具�註搞怠◆?◆飛?◆◆?瘀 ???
    摯貊?蠟◆??◆摩?◆?摐◆屑◆?◆oding?◆??◆?/p>
</div>
</body>
</html>
```

上述 type 命令可以顯示檔案內容（中文內容因編碼會顯示亂碼），可以看到 <h1> 標籤下是 <p> 標籤，沒有新增的 <hr> 標籤。

### 💬 在 feature-about 分支進行功能開發

現在，我們可以在 feature-about 分支進行功能開發，首先複製 index.html 成為 about.html 後，加入暫存區和提交，其步驟如下所示：

**Step 1** 目前已經在 feature-about 分支，請使用 copy 命令將 index.html 複製成 about.html（Linux Bash 是用 cp 命令），如下所示：

> copy index.html about.html [Enter]

```
D:\repos\website (feature-about) > copy index.html about.html
D:\repos\website (feature-about) > |
```

**Step 2** 將 about.html 加入暫存區，即可提交，如下所示：

> git add about.html [Enter]
> git commit -m "Add About page" [Enter]

```
D:\repos\website (feature-about) > git add about.html
D:\repos\website (feature-about) > git commit -m "Add About page"
[feature-about 29028f2] Add About page
 1 file changed, 17 insertions(+)
 create mode 100644 about.html
D:\repos\website (feature-about) > |
```

目前 main 和 feature-about 分支的結構圖，在 feature-about 分支已經新增 B1 提交，如下圖所示：

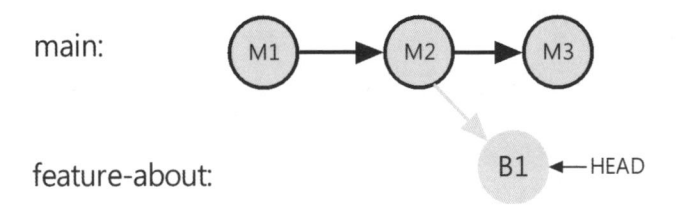

```
main:          M1 ──► M2 ──► M3
                         ╲
feature-about:            B1  ◄── HEAD
```

**Step 3** 請參考「ch04\website」目錄的同名 about.html 內容來修改工作目錄的 about.html 內容，並且儲存（也可直接複製取代 about.html）。

**Step 4** 再次將 about.html 加入暫存區，和提交，如下所示：

```
> git add about.html  Enter
> git commit -m "Modify About page"  Enter
```

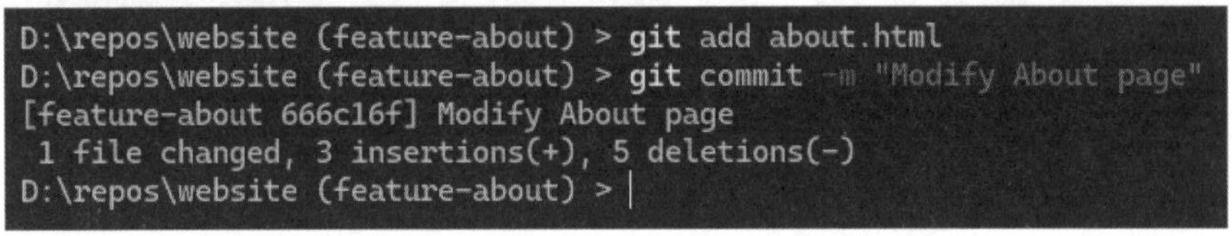

```
D:\repos\website (feature-about) > git add about.html
D:\repos\website (feature-about) > git commit -m "Modify About page"
[feature-about 666c16f] Modify About page
 1 file changed, 3 insertions(+), 5 deletions(-)
D:\repos\website (feature-about) > |
```

目前 main 和 feature-about 分支的結構圖，在 feature-about 分支已經新增 B1 和 B2 提交，如下圖所示：

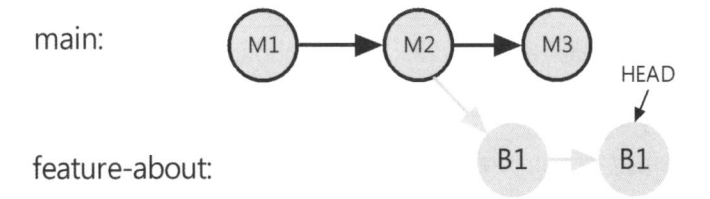

```
main:          M1 ──► M2 ──► M3
                         ╲                HEAD
feature-about:            B1 ──► B1
```

### 💬 切換到 main 主分支

當成功切換到 main 主分支，可以發現上一小節 feature-about 分支新增和修改的 about.html 已經不存在，因為 Git 已經回存 main 主分支的目錄結構和檔案內容，如下所示：

```
> git checkout main Enter
> dir Enter
```

```
D:\repos\website (feature-about) > git checkout main
Switched to branch 'main'
D:\repos\website (main) > dir

    目錄: D:\repos\website

Mode                 LastWriteTime         Length Name
----                 -------------         ------ ----
-a----        2024/12/26   下午 03:14          578 index.html
-a----        2024/12/24   下午 08:26          436 README.md
-a----        2024/12/7    下午 04:25          161 style.css

D:\repos\website (main) >
```

## 4-4　Git 分支合併的基本操作

在這一節我們就會將完成開發的 feature-about 功能分支，合併回 main 主分支，可以確保主分支始終保持最新且穩定的程式碼內容。

### 4-4-1　沒有產生衝突的分支合併

在第 4-3 節我們已經分別在 main 主分支和 feature-about 分支完成並行的功能開發，因為這 2 個分支是分別修改 index.html 和 about.html 檔案，這些修改並非同一檔案，所以不會產生合併衝突。

現在，我們就可以將 feature-about 功能分支合併回 main 主分支，其步驟如下所示：

**Step 1**　目前是在 feature-about 分支，將 feature-about 功能分支合併回 main 主分支，需要先切換到 main 主分支，如下所示：

```
> git checkout main Enter
```

## 多功能並行開發：Git 的分支與合併　04

```
D:\repos\website (feature-about) > git checkout main
Switched to branch 'main'
D:\repos\website (main) >
```

**Step 2** 執行 git merge 命令將功能分支合併回主分支，因為沒有衝突，Git 就會自動完成合併，-m 是合併提交訊息（如果沒有合併提交訊息，就會啟動預設編輯器來讓你編輯合併提交訊息），如下所示：

> git merge feature-about -m "Merge branch feature-about into main" Enter

```
D:\repos\website (main) > git merge feature-about -m "Merge branch feature-about into main"
Merge made by the 'ort' strategy.
 about.html | 15 +++++++++++++++
 1 file changed, 15 insertions(+)
 create mode 100644 about.html
D:\repos\website (main) >
```

**Step 3** 在成功合併後，使用 git log 命令查詢提交記錄，請加上 --oneline 選項，使用一行一個提交來精簡顯示提交記錄，如下所示：

> git log --oneline Enter

```
D:\repos\website (main) > git log --oneline
87dc588 (HEAD -> main) Merge branch feature-about into main
666c16f (feature-about) Modify About page
29028f2 Add About page
b0746ef Add hr tag
cc27b87 (feature-test) Add README.md
8988074 Initialize repository
D:\repos\website (main) >
```

上述圖例合併 feature-about 分支的 2 個提交，和建立 main 主分支的 M4 提交，這是合併提交，如下圖所示：

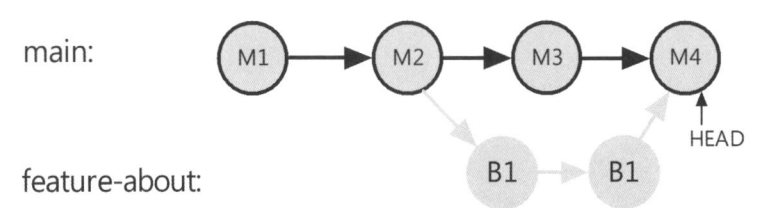

main:　　M1 → M2 → M3 → M4
　　　　　　　　　　　　　　　↑
　　　　　　　　　　　　　　　HEAD

feature-about:　　　　B1 → B1

4-17

## 4-4-2 產生衝突的分支合併

目前開發小組的 2 位成員都準備在 index.html 新增連接 fChart 官方網站的超連接，因為 fChart 官方網址有兩個，如下所示：

```
https://fchart.github.io
http://fchart.is-best.net
```

小陳是在 main 主分支新增 <a> 標籤連接第 1 個網址；小張是建立 feature-link 分支後，在 index.html 新增 <a> 標籤連接第 2 個網址。

### 💬 建立 feature-link 分支修改 index.html 且提交

成員小張是從 main 主分支建立 feature-link 分支後，修改 index.html 加入 fChart 官網的超連接，其步驟如下所示：

**Step 1**　請切換到 main 主分支後，建立 feature-link 分支和切換到此分支，如下所示：

```
> git checkout main Enter
> git checkout -b feature-link Enter
```

```
D:\repos\website (main) > git checkout main
Already on 'main'
D:\repos\website (main) > git checkout -b feature-link
Switched to a new branch 'feature-link'
D:\repos\website (feature-link) > |
```

**Step 2**　輸入 notepad index.html 命令啟動【記事本】開啟 index.html，在第 1 個 <p> 標籤下新增 <a> 標籤連接第 2 個網址，如下所示：

```
...
<div>
    <h1>fChart程式設計教學工具簡介</h1>
    <hr>
    <p>fChart是一套真正可以使用「流程圖」引導程式設計
```

4-18

## 多功能並行開發：Git 的分支與合併  04

```
        教學的「完整」學習工具，可以幫助初學者透過流程圖
        學習程式邏輯和輕鬆進入「Coding」世界。</p>
        <a href="http://fchart.is-best.net">更多資訊...</a>
    </div>
    ...
```

**Step 3** 在儲存變更後，將 index.html 加入暫存區，即可提交，如下所示：

> git add index.html [Enter]
> git commit -m "Add a tag" [Enter]

```
D:\repos\website (feature-link) > git add index.html
D:\repos\website (feature-link) > git commit -m "Add a tag"
[feature-link 3c9b9f5] Add a tag
 1 file changed, 2 insertions(+), 1 deletion(-)
D:\repos\website (feature-link) >
```

### 💬 在 main 主分支修改 index.html 且提交

因為 index.html 檔案已經在 feature-link 分支修改且提交，成員小陳在 main 主分支也修改同一個 index.html 檔案，而且是在同一部分新增 <a> 標籤，只是網址不同，其步驟如下所示：

**Step 1** 首先使用 git checkout 命令切換到 main 主分支，如下所示：

> git checkout main [Enter]

**Step 2** 輸入 notepad index.html 命令啟動【記事本】開啟 index.html，在第 1 個 <p> 標籤下新增 <a> 標籤連接第 1 個網址，如下所示：

```
...
<div>
    <h1>fChart程式設計教學工具簡介</h1>
    <hr>
    <p>fChart是一套真正可以使用「流程圖」引導程式設計
    教學的「完整」學習工具，可以幫助初學者透過流程圖
```

4-19

```
              學習程式邏輯和輕鬆進入「Coding」世界。</p>
    <a href="https://fchart.github.io">更多資訊...</a>
</div>
...
```

**Step 3** 在儲存變更後,將 index.html 加入暫存區,即可提交,如下所示:

```
> git add index.html  Enter
> git commit -m "Add a tag"  Enter
```

```
D:\repos\website (main) > git add index.html
D:\repos\website (main) > git commit -m "Add a tag"
[main 70dd297] Add a tag
 1 file changed, 2 insertions(+), 1 deletion(-)
D:\repos\website (main) >
```

## 💬 合併 feature-link 分支到 main 分支

因為主分支和功能分支都是對同一個 index.html 檔案的同一部分新增了不同的 <a> 標籤,所以就會產生合併衝突,其合併步驟如下所示:

**Step 1** 目前是在 main 主分支,請執行 git merge 命令將功能分支合併到主分支,-m 是合併提交訊息(如果沒有合併提交訊息,就會啟動預設編輯器來編輯合併提交訊息),如下所示:

```
> git merge feature-link -m "Merge branch feature-link into main"  Enter
```

```
D:\repos\website (main) > git merge feature-link -m "Merge branch feature-link into main"
Auto-merging index.html
CONFLICT (content): Merge conflict in index.html
Automatic merge failed; fix conflicts and then commit the result.
D:\repos\website (main) >
```

上述 COFLICT 訊息指出 index.html 檔案遇到合併衝突,所以顯示自動合併失敗 Automatic merge failed。

*Step 2* 當發生合併衝突，Git 就會自動在衝突檔案 index.html 標註有衝突部分的標籤碼或程式碼，如下圖所示：

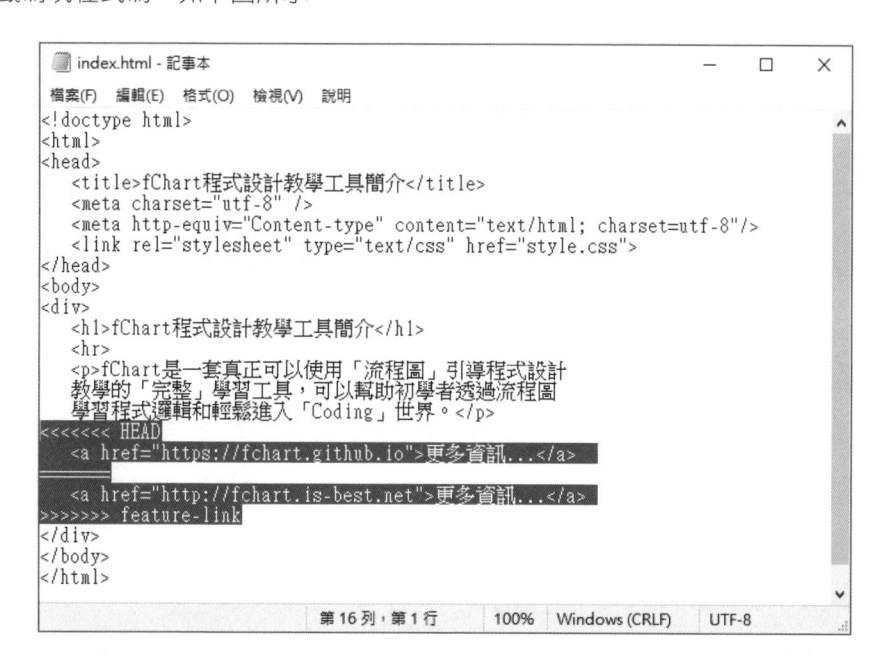

```
<!doctype html>
<html>
<head>
    <title>fChart程式設計教學工具簡介</title>
    <meta charset="utf-8" />
    <meta http-equiv="Content-type" content="text/html; charset=utf-8"/>
    <link rel="stylesheet" type="text/css" href="style.css">
</head>
<body>
<div>
    <h1>fChart程式設計教學工具簡介</h1>
    <hr>
    <p>fChart是一套真正可以使用「流程圖」引導程式設計
教學的「完整」學習工具，可以幫助初學者透過流程圖
學習程式邏輯和輕鬆進入「Coding」世界。</p>
<<<<<<< HEAD
    <a href="https://fchart.github.io">更多資訊...</a>
=======
    <a href="http://fchart.is-best.net">更多資訊...</a>
>>>>>>> feature-link
</div>
</body>
</html>
```

*Step 3* 請手動解決衝突保留正確內容，並移除 `<<<<<<<`、`=======` 和 `>>>>>>>` 標記。原始內容（上方是 main 主分支；下方是 feature-link 分支）如下所示：

```
<<<<<<< HEAD
    <a href="https://fchart.github.io">更多資訊...</a>
=======
    <a href="http://fchart.is-best.net">更多資訊...</a>
>>>>>>> feature-link
```

修改後的內容是保留第 1 個 <a> 標籤，如下所示：

```
    <a href="https://fchart.github.io">更多資訊...</a>
```

**Step 4** 在完成修改且儲存檔案後，就可以再次加入暫存區和提交，這次是提交已經解決合併衝突的版本，如下所示：

```
> git add index.html  Enter
> git commit -m "Resolve merge conflict in index.html"  Enter
```

```
D:\repos\website (main) > git add index.html
D:\repos\website (main) > git commit -m "Resolve merge conflict in index.html"
[main 7a1124e] Resolve merge conflict in index.html
D:\repos\website (main) >
```

## 💬 檢查合併後的分支狀態

在合併完成後，就可以再次使用 git log 命令來檢查分支是否已經成功合併，除了使用 --oneline 選項外，還可以加上 --graph 選項來顯示圖形化的分支合併路徑，如下所示：

```
> git log --oneline --graph  Enter
```

```
D:\repos\website (main) > git log --oneline --graph
*   7a1124e (HEAD -> main) Resolve merge conflict in index.html
|\
| * 3c9b9f5 (feature-link) Add a tag
* | 70dd297 Add a tag
|/
*   87dc588 Merge branch feature-about into main
|\
| * 666c16f (feature-about) Modify About page
| * 29028f2 Add About page
* b0746ef Add hr tag
|
* cc27b87 (feature-test) Add README.md
* 8988074 Initialize repository
D:\repos\website (main) >
```

上述圖例在提交清單的前方就是路徑圖，可以看到 feature-link 分支已經成功合併回 main 主分支。

4-22

## 4-5 刪除 Git 分支

當 Git 功能分支或錯誤修正分支已經成功合併回 main 主分支後，這些分支就可以刪除掉，請注意！我們不能刪除 main 預設分支。

### 📩 列出已合併至目前分支的 Git 分支

請使用 git branch --merged 命令列出所有已合併到目前分支的 Git 分支，目前是在 main 主分支，如下所示：

> git branch --merged  Enter

```
D:\repos\website (main) > git branch --merged
  feature-about
  feature-link
  feature-test
* main
D:\repos\website (main) >
```

上述 feature-about 和 feature-link 已經合併回 main 主分支，feature-test 因為尚未有任何提交，根本不會有合併問題。

### 📩 刪除已合併的 Git 分支

Git 是使用 git branch -d 命令（小寫的 d）來刪除已經合併的分支，例如：刪除 feature-about 分支，目前是在 main 主分支，如下所示：

> git branch -d feature-about  Enter

```
D:\repos\website (main) > git branch -d feature-about
Deleted branch feature-about (was 666c16f).
D:\repos\website (main) >
```

4-23

## 刪除未合併的 Git 分支

如果是沒有合併的 Git 分支，我們仍然可以強制刪除此分支。請切換到 feature-test 分支後，使用 echo 命令新增 test.html 檔案，即可加入暫存區和提交，如下所示：

```
> git checkout feature-test Enter
> echo "This is a book." > test.html Enter
> git add test.html Enter
> git commit -m "Add Test page" Enter
```

```
D:\repos\website (main) > git checkout feature-test
Switched to branch 'feature-test'
D:\repos\website (feature-test) > echo "This is a book." > test.html
D:\repos\website (feature-test) > git add test.html
D:\repos\website (feature-test) > git commit -m "Add Test page"
[feature-test 98bab46] Add Test page
 1 file changed, 0 insertions(+), 0 deletions(-)
 create mode 100644 test.html
D:\repos\website (feature-test) >
```

上述 feature-test 分支只有提交，並沒有合併回 main 主分支，我們需要使用 git branch -D 命令（大寫的 D）來強制刪除 feature-test 分支，如下所示：

```
> git checkout main Enter
> git branch -D feature-test Enter
```

```
D:\repos\website (feature-test) > git checkout main
Switched to branch 'main'
D:\repos\website (main) > git branch -D feature-test
Deleted branch feature-test (was 98bab46).
D:\repos\website (main) >
```

上述命令會直接強制刪除此分支，無論是否已經合併，同時在工作目錄會刪除新增的 test.html 檔案。

# 4-6 ChatGPT 輔助學習：解決分支合併的衝突問題

Git 的合併衝突在第 4-4-2 節是修改同一檔案的同一段程式碼，我們準備請 ChatGPT 舉出實例來幫助我們了解多人修改同一檔案不同地方程式碼時，是否會產生合併衝突。ChatGPT 提示詞（ch4-6.txt），如下所示：

> **Q 提問**
>
> 你是 Git 專家，請使用繁體中文和 PowerShell 命令舉一個修改 index.html 的完整範例，可以在 2 個分支修改 index.html 的不同地方，用來說明如何解決多人修改同一檔案不同地方程式碼的合併衝突問題。

> **A 回答**
>
> ChatGPT 的回答首先建立範例專案後，在 main 主分支建立 index.html 檔案並提交，然後建立 2 個分支分別修改 index.html 來模擬合併衝突，共建立 feature-branch-1 和 feature-branch-2 二個分支（完整 ChatGPT 的回答請參閱 ch4-6.pdf），如下所示：
>
> - 在 main 主分支建立 index.html 後，加入暫存區和提交，如下所示：
>
> ```
> <html>
> <body>
>     <h1>主分支的標題</h1>
> </body>
> </html>
> ```
>
> - 在 feature-branch-1 分支修改 index.html 的 <h1> 標籤內容後，加入暫存區和提交，如下所示：
>
> ```
> <html>
> <body>
>     <h1>分支1的標題</h1>
> </body>
> </html>
> ```

- 在 feature-branch-2 分支修改 index.html 新增 <p> 標籤內容後，加入暫存區和提交，請注意！ChatGPT 回答的 PowerShell 命令有誤，<p> 標籤是插入在 <h1> 標籤之前（ChatGPT 提示詞：ch4-6a.txt 可以寫出正確的 PowerShell 命令），如下所示：

```
<html>
<body>
  <h1>主分支的標題</h1>
  <p>這是分支2新增的段落。</p>
</body>
</html>
```

- 因為 feature-branch-2 分支是新增 <p> 標籤，修改地方和 main 主分支不同，所以合併分支並不會有合併衝突，但是，feature-branch-1 分支是修改 index.html 的 <h1> 標籤內容，合併就會有衝突，可以看到產生衝突的地方，如下圖所示：

> **查看衝突內容**
>
> 打開 `index.html`，可以看到衝突的標記：
>
> ```
> html
> <html>
> <body>
>   <<<<<<< HEAD
>   <h1>主分支的標題</h1>
>   <p>這是分支2新增的段落。</p>
>   =======
>   <h1>分支1的標題</h1>
>   >>>>>>> feature-branch-1
> </body>
> </html>
> ```

請手動編輯 index.html 解決衝突後，就可以提交已經解決合併衝突的版本。

# PART 3

# 共享儲存庫與
# 遠端 GitHub 儲存庫

CHAPTER 05　建立共享儲存庫與遠端 GitHub 儲存庫

CHAPTER 06　Git/GitHub 儲存庫的同步與備份

# CHAPTER 05

# 建立共享儲存庫與遠端 GitHub 儲存庫

- ▶ 5-1 建立共享儲存庫
- ▶ 5-2 註冊 GitHub 帳戶
- ▶ 5-3 下載與安裝 GitHub Desktop 桌面工具
- ▶ 5-4 建立 GitHub 儲存庫
- ▶ 5-5 複製 GitHub 儲存庫到工作電腦
- ▶ 5-6 ChatGPT 輔助學習：用 GitHub Fork 學習程式開發

## 5-1 建立共享儲存庫

Git 的「裸儲存庫」（Bare Repository）可以用來建立共享儲存庫，基本上，共享儲存庫的操作和 GitHub 儲存庫並沒有什麼不同。

### 5-1-1 認識 Git 的裸儲存庫

裸儲存庫是一種特殊類型的儲存庫，在第 3-2 節我們是在工作目錄建立 Git 儲存庫，裸儲存庫並沒有工作目錄的檔案，只包含 Git 提交的版本控制資料，一般來說，裸儲存庫是用來建立集中管理和共享開發專案的版本控制，幫助我們建立共享儲存庫，其說明如下所示：

- 共享儲存庫（Shared Repository）：儲存庫是作為版本資料共享，特別適用在團隊合作開發的專案，可以確保團隊成員都能夠輕鬆的提取（Pull）和推送（Push）程式碼的變更。

事實上，GitHub 儲存庫就是一個遠端的共享儲存庫，我們可以使用 git push 命令推送本機儲存庫的更新到遠端儲存庫，git pull 命令從遠端儲存庫提取資料來更新本機儲存庫，如下圖所示：

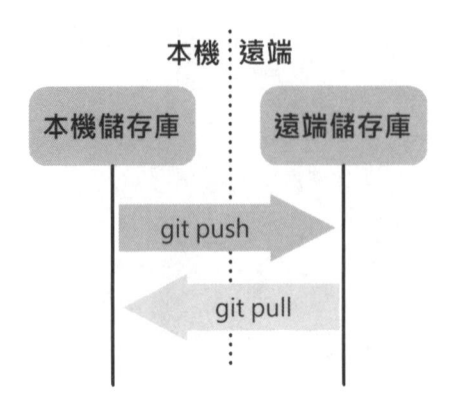

```
        本機 : 遠端
    ┌─────────┐ : ┌─────────┐
    │本機儲存庫│ : │遠端儲存庫│
    └─────────┘ : └─────────┘
         │    git push    │
         │ ──────────────→│
         │    git pull    │
         │←────────────── │
```

上述 git push 和 git pull 命令可以同步本機和遠端儲存庫的 Git 版本控制資料。

## 5-1-2 在 WSL 的 Linux 子系統建立共享儲存庫

我們準備在第 1-3 節 WSL 建立的 Linux 子系統，使用 Git 裸儲存庫（Bare Repository）來建立一個共享儲存庫。

### 建立共享儲存庫

首先請啟動 Windows 終端機進入 WSL 的 Linux 子系統和切換到使用者目錄，其命令如下所示：

```
> wsl  Enter
$ cd ~  Enter
```

因為是在 Linux 作業系統的 Git 建立共享儲存庫，我們需要設定 Git 預設分支名稱是 main（在第 1 章是設定 Windows 的 Git），如下所示：

```
$ git config --global init.defaultBranch main  Enter
```

5-2

## 建立共享儲存庫與遠端 GitHub 儲存庫　05

```
hueyan@DESKTOP-JOE:~$ git config --global init.defaultBranch main
hueyan@DESKTOP-JOE:~$
```

現在，我們就可以建立 Git 裸儲存庫的共享儲存庫，一般來說，裸儲存庫會在目錄名稱加上 .git，這是裸儲存庫約定俗成的命名方式，用來明確區分這是裸儲存庫，而不是工作目錄儲存庫（Working Directory Repository），如下所示：

```
$ mkdir -p ~/path/to/repo.git  Enter
$ cd ~/path/to/repo.git  Enter
$ git init --bare  Enter
```

上述命令首先建立裸儲存庫的目錄「~/path/to/repo.git」，然後切換到此目錄後，就可以使用 git init 命令加上 --bare 選項來初始裸儲存庫，如下圖所示：

```
hueyan@DESKTOP-JOE:~$ mkdir -p ~/path/to/repo.git
hueyan@DESKTOP-JOE:~$ cd ~/path/to/repo.git
hueyan@DESKTOP-JOE:~/path/to/repo.git$ git init --bare
Initialized empty Git repository in /home/hueyan/path/to/repo.git/
hueyan@DESKTOP-JOE:~/path/to/repo.git$
```

上述「~/path/to/repo.git」目錄內容，就是工作目錄初始 Git 儲存庫建立的「.git」子目錄。

### 在本機 Git 儲存庫新增遠端儲存庫

對於在 Windows 工作目錄的本機 Git 儲存庫，我們可以將上一小節在 WSL 建立的共享儲存庫設定成遠端儲存庫，然後將 main 主分支推送到遠端儲存庫。

請在 Windows 電腦重新建立本章工作目錄和 main 主分支，首先將第 4 章的工作目錄更名為 website4 後，解壓縮「ch05\website.zip」的檔案至「D:\repos\website」目錄，即可建立本章的本機 Git 儲存庫。

因為是 Windows 的 Linux 子系統，Windows 電腦可以直接存取 Linux 子系統的使用者目錄，即「/home/< 使用者名稱 >」，例如：共享儲存庫的「~/path/to/repo.git」目錄，可以使用下列 Windows 路徑來存取，如下所示：

```
\\wsl$\Ubuntu\home\hueyan\path\to\repo.git
```

上述 hueyan 是 Linux 子系統的使用者名稱。在 Windows 電腦的本機 Git 儲存庫需要先設定上述路徑是安全目錄 safe.directory 的全域設定後，才可以在本機 Git 儲存庫使用 git remote add 命令新增遠端儲存庫，如下所示：

```
> git config --global --add safe.directory '\\wsl$\Ubuntu\home\hueyan\path\
  to\repo.git' Enter
> git remote add origin \\wsl$\Ubuntu\home\hueyan\path\to\repo.git Enter
> git push origin main Enter
```

上述 git remote add 命令可以新增遠端儲存庫，和命名為 origin，然後使用 git push 命令將本機儲存庫的 main 主分支推送到遠端儲存庫 origin，即位在 Linux 子系統的共享儲存庫，如下圖所示：

```
D:\repos\website (main) > git config --global --add safe.directory
'\\wsl$\Ubuntu\home\hueyan\path\to\repo.git'
D:\repos\website (main) > git remote add origin \\wsl$\Ubuntu\home\
hueyan\path\to\repo.git
D:\repos\website (main) > git push origin main
Enumerating objects: 26, done.
Counting objects: 100% (26/26), done.
Delta compression using up to 6 threads
Compressing objects: 100% (25/25), done.
Writing objects: 100% (26/26), 3.21 KiB | 657.00 KiB/s, done.
Total 26 (delta 10), reused 0 (delta 0), pack-reused 0 (from 0)
To \\wsl$\Ubuntu\home\hueyan\path\to\repo.git
 * [new branch]      main -> main
D:\repos\website (main) >
```

現在，在 Windows 工作目錄的本機 Git 儲存庫，就可以使用 Git 命令來複製、提取和推送程式碼到共享儲存庫。

## 5-1-3 複製共享儲存庫到工作電腦

在第 5-1-2 節我們已經在 Linux 子系統建立共享儲存庫，和推送本機 Git 儲存庫的 main 分支到共享儲存庫。現在，我們可以反過來，複製共享儲存庫到 Windows 電腦的工作目錄來建立本機 Git 儲存庫，共享儲存庫的存取可以使用自動掛載的

Windows 路徑或 SSH 連線，基於安全考量，建議採用 SSH 連線來操作共享儲存庫。

這一節我們準備在「D:\repos」目錄下建立【user1】和【user2】兩位使用者目錄後，複製共享儲存庫 repo.git 到這 2 個使用者目錄，可以建立「D:\repos\user1\repo」和「D:\repos\user2\repo」工作目錄的 2 個本機 Git 儲存庫。

### 💬 方法一：使用自動掛載的 Windows 路徑

首先，我們需要啟動 Windows 終端機切換到「D:\repos」目錄，然後建立【user1】目錄和切換到此目錄，如下所示：

```
> mkdir user1 Enter
> cd user1 Enter
```

```
D:\repos > mkdir user1

    目錄: D:\repos

Mode                 LastWriteTime         Length Name
----                 -------------         ------ ----
d-----         2024/12/27  下午 08:17               user1

D:\repos > cd user1
D:\repos\user1 >
```

然後，使用 git clone 命令從遠端儲存庫複製一個完整的副本到本機的 Windows 電腦，在之後是存取 WSL 共享儲存庫的路徑，如下所示：

```
> git clone \\wsl$\Ubuntu\home\hueyan\path\to\repo.git Enter
```

上述命令會下載遠端儲存庫（共享儲存庫）的所有內容，包括歷史記錄和分支至 repo 子目錄，如下圖所示：

```
D:\repos\user1 > git clone \\wsl$\Ubuntu\home\hueyan\path\to\repo.git
Cloning into 'repo'...
done.
D:\repos\user1 >
```

請切換到 repo 子目錄，可以看到這是本機 Git 儲存庫，如下所示：

```
> cd repo Enter
```

```
D:\repos\user1 > cd repo
D:\repos\user1\repo (main) >
```

然後，執行 git remote -v 命令，可以顯示本機 Git 儲存庫設定的遠端儲存庫和 URL（以此例是路徑），如下所示：

```
> git remote -v Enter
```

上述命令可以列出每一個遠端儲存庫的名稱和對應的取回（fetch）和推送（push）的 URL，如下圖所示：

```
D:\repos\user1\repo (main) > git remote -v
origin  \\wsl$\Ubuntu\home\hueyan\path\to\repo.git (fetch)
origin  \\wsl$\Ubuntu\home\hueyan\path\to\repo.git (push)
D:\repos\user1\repo (main) >
```

## 💬 方法二：使用 SSH（Secure Shell）連線

因為 WSL 的 Linux 子系統並沒有安裝 OpenSSH 伺服器，我們需要先在 WSL 安裝和啟用 SSH 服務後，才能使用 SSH 連線來複製共享儲存庫到 Windows 電腦，其步驟如下所示：

**Step 1** 在 WSL 的 Linux 子系統更新套件管理資料庫和安裝 OpenSSH 伺服器，如下所示：

```
$ sudo apt update Enter
$ sudo apt install openssh-server Enter
```

**Step 2** 啟用 SSH 服務和確認 SSH 服務狀態是執行中 running，如下所示：

```
$ sudo service ssh start Enter
$ service ssh status Enter
```

```
hueyan@DESKTOP-JOE:~$ sudo service ssh start
hueyan@DESKTOP-JOE:~$ service ssh status
● ssh.service - OpenBSD Secure Shell server
     Loaded: loaded (/usr/lib/systemd/system/ssh.service; disabled; preset: enabled)
     Active: active (running) since Fri 2024-12-27 22:14:19 CST; 1min 15s ago
TriggeredBy: ● ssh.socket
       Docs: man:sshd(8)
             man:sshd_config(5)
    Process: 989 ExecStartPre=/usr/sbin/sshd -t (code=exited, status=0/SUCCESS)
   Main PID: 991 (sshd)
      Tasks: 1 (limit: 9494)
     Memory: 1.2M
        CPU: ()
     CGroup: /system.slice/ssh.service
             └─991 "sshd: /usr/sbin/sshd -D [listener] 0 of 10-100 startups"

Dec 27 22:14:19 DESKTOP-JOE systemd[1]: Starting ssh.service - OpenBSD Secure Shell server...
Dec 27 22:14:19 DESKTOP-JOE sshd[991]: Server listening on :: port 22.
Dec 27 22:14:19 DESKTOP-JOE systemd[1]: Started ssh.service - OpenBSD Secure Shell server.
hueyan@DESKTOP-JOE:~$
```

**Step 3** 因為 SSH 是使用 IP 位址建立連線，請使用 hostname -I 命令（大寫 I），取得 Linux 子系統的 IP 地址：172.25.75.109，如下所示：

```
$ hostname -I  Enter
```

```
hueyan@DESKTOP-JOE:~$ hostname -I
172.25.75.109
hueyan@DESKTOP-JOE:~$
```

**Step 4** 請在 Windows 終端機新增標籤頁，先切換到「D:\repos」目錄後，建立【user2】目錄和切換到此目錄，如下所示：

```
> mkdir user2  Enter
> cd user2  Enter
```

```
D:\repos > mkdir user2

    目錄: D:\repos

Mode                 LastWriteTime         Length Name
----                 -------------         ------ ----
d-----         2024/12/27   下午 10:22            user2

D:\repos > cd user2
D:\repos\user2 >
```

**Step 5** 在 Windows 電腦使用 SSH 連線來複製共享儲存庫，如下所示：

> `> git clone ssh://hueyan@172.25.75.109/home/hueyan/path/to/repo.git` Enter

上述命令是使用 ssh:// 開頭的 SSH 連線，其 URL 網址如下所示：

> `ssh://hueyan@172.25.75.109/home/hueyan/path/to/repo.git`

上述 hueyan 是 Linux 使用者名稱，在「@」之後是 IP 位址 172.25.75.109，和共享儲存庫的路徑「/home/hueyan/path/to/repo.git」，在輸入登入密碼後，就可以複製共享儲存庫，如下圖所示：

```
D:\repos\user2 > git clone ssh://hueyan@172.25.75.109/home/hueyan/path/to/repo.git
Cloning into 'repo'...
hueyan@172.25.75.109's password:
remote: Enumerating objects: 26, done.
remote: Counting objects: 100% (26/26), done.
remote: Compressing objects: 100% (25/25), done.
remote: Total 26 (delta 10), reused 0 (delta 0), pack-reused 0
Receiving objects: 100% (26/26), done.
Resolving deltas: 100% (10/10), done.
D:\repos\user2 >
```

**Step 6** 請切換到 repo 子目錄，執行 git remote -v 命令顯示本機 Git 儲存庫設定的遠端儲存庫和 URL，如下所示：

> `> cd repo` Enter
>
> `> git remote -v` Enter

```
D:\repos\user2 > cd repo
D:\repos\user2\repo (main) > git remote -v
origin  ssh://hueyan@172.25.75.109/home/hueyan/path/to/repo.git (fetch)
origin  ssh://hueyan@172.25.75.109/home/hueyan/path/to/repo.git (push)
D:\repos\user2\repo (main) >
```

## 5-1-4 推送與提取共享儲存庫

當成功複製共享儲存庫到 Windows 電腦後，我們就可以如同操作任何 Git 儲存庫一般，在 Windows 電腦複製的 Git 儲存庫進行程式開發，然後推送或提取共享儲存庫，來同步更新程式碼的內容。

建立共享儲存庫與遠端 GitHub 儲存庫　**05**

例如：在「D:\repos\user1\repo」的 Git 儲存庫新增 test.html 檔案和推送到共享儲存庫後，在「D:\repos\user2\repo」的 Git 儲存庫提取更新這些變更。

### 💬 從本機 Git 儲存庫推送到共享儲存庫

我們準備在「D:\repos\user1\repo」的 Git 儲存庫新增 test.html 檔案，和推送到共享儲存庫，其步驟如下所示：

**Step 1**　請啟動 Windows 終端機，切換到使用者 user1 的本機 Git 儲存庫的目錄，其命令如下所示：

```
> cd D:\repos\user1\repo [Enter]
```

**Step 2**　使用 echo 命令新增 test.html 檔案，如下所示：

```
> echo "This is a test.html file" > test.html [Enter]
```

```
D:\repos\user1\repo (main) > echo "This is a test.html file" > test.html
D:\repos\user1\repo (main) >
```

**Step 3**　將 test.html 加入暫存區和提交，如下所示：

```
> git add test.html [Enter]
> git commit -m "Add test.html" [Enter]
```

```
D:\repos\user1\repo (main) > git add test.html
D:\repos\user1\repo (main) > git commit -m "Add test.html"
[main 24cf9b6] Add test.html
 1 file changed, 0 insertions(+), 0 deletions(-)
 create mode 100644 test.html
D:\repos\user1\repo (main) >
```

**Step 4**　將變更推送到共享儲存庫，使用的是 git push 命令，origin 是遠端儲存庫名稱，我們推送的是 main 主分支，如下所示：

```
> git push origin main [Enter]
```

5-9

```
D:\repos\user1\repo (main) > git push origin main
Enumerating objects: 4, done.
Counting objects: 100% (4/4), done.
Delta compression using up to 6 threads
Compressing objects: 100% (3/3), done.
Writing objects: 100% (3/3), 315 bytes | 315.00 KiB/s, done.
Total 3 (delta 1), reused 0 (delta 0), pack-reused 0 (from 0)
To \\wsl$\Ubuntu\home\hueyan\path\to\repo.git
   f335ef7..24cf9b6  main -> main
D:\repos\user1\repo (main) >
```

## 從共享儲存庫提取更新到本機 Git 儲存庫

在上一小節，我們已經更新共享儲存庫，因為開發者有 2 位，使用者 user2 的 Git 儲存庫「D:\repos\user2\repo」可以透過提取來更新這些變更，其步驟如下所示：

**Step 1** 請啟動 Windows 終端機，切換到使用者 user2 的本機 Git 儲存庫的目錄，其命令如下所示：

```
> cd D:\repos\user2\repo Enter
```

**Step 2** 使用 get pull 命令，從 origin 遠端儲存庫提取 main 主分支的最新變更，如下所示：

```
> git pull origin main Enter
```

因為是使用 SSH 連線，執行上述命令需要輸入使用者密碼，可以看到取得的更新資料共有一次提交和 test.html 檔案，如下圖所示：

```
D:\repos\user2\repo (main) > git pull origin main
hueyan@172.25.75.109's password:
remote: Enumerating objects: 4, done.
remote: Counting objects: 100% (4/4), done.
remote: Compressing objects: 100% (3/3), done.
remote: Total 3 (delta 1), reused 0 (delta 0), pack-reused 0
Unpacking objects: 100% (3/3), 295 bytes | 1024 bytes/s, done.
From ssh://172.25.75.109/home/hueyan/path/to/repo
 * branch            main       -> FETCH_HEAD
   f335ef7..24cf9b6  main       -> origin/main
Updating f335ef7..24cf9b6
Fast-forward
 test.html | Bin 0 -> 54 bytes
 1 file changed, 0 insertions(+), 0 deletions(-)
 create mode 100644 test.html
D:\repos\user2\repo (main) >
```

接著，可以執行 git log 命令和 dir 命令來檢視 Git 儲存庫的變更。如果是執行 git status 命令，可以看到 Your branch is up to date with 'origin/main'.，已經更新至最新，如下圖所示：

```
D:\repos\user2\repo (main) > git status
On branch main
Your branch is up to date with 'origin/main'.

nothing to commit, working tree clean
D:\repos\user2\repo (main) >
```

## 5-2 註冊 GitHub 帳戶

Git 是一種分散式版本控制系統，也是目前程式開發者最廣泛使用的版本控制系統之一。GitHub 簡單的說，就是 Git 的雲端版本，可以讓我們建立類似共享儲存庫的遠端儲存庫。

GitHub 帳戶可以免費註冊，我們只需準備一個電子郵件地址，就可以上網申請 GitHub 帳戶，其註冊申請步驟如下所示：

**Step 1** 請啟動瀏覽器開啟 https://github.com 的 GitHub 網站首頁，按右上角【Sign up】鈕註冊帳戶（【Sign in】鈕是登入 GitHub）。

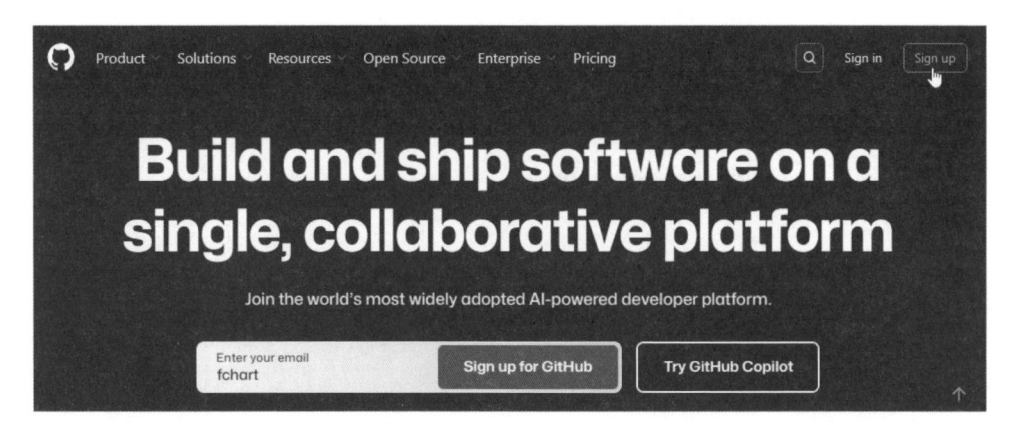

***Step 2*** 請輸入電子郵件地址（Email）、密碼（Password，長度至少 15 個字元，或 8 個字元內含 1 個數字和 1 個小寫英文字母），和使用者名稱（Username），以此例是 website4Git 後，按【Continue】鈕。

***Step 3*** 選擇視覺或聽覺來驗證你是真人，而不是程式機器，以此例是按【視覺謎題】鈕。

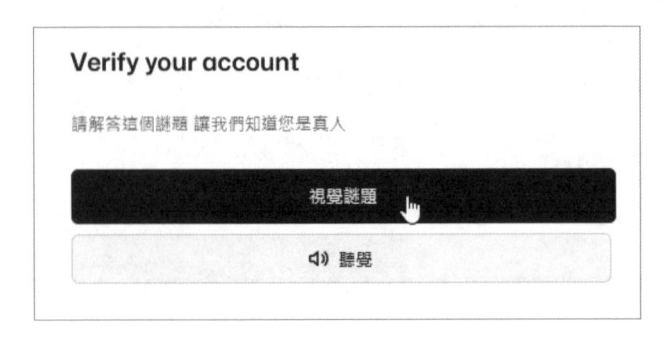

**Step 4** 請點選右邊圖片的左右箭頭,旋轉圖片成為左邊圖片手指所指向的方向後,按【提交】鈕。

**Step 5** 可以看到成功驗證你是真正的人類,如下圖所示:

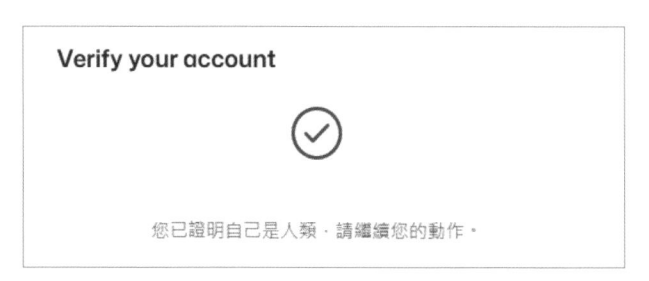

**Step 6** 然後，我們需要輸入啟動碼來啟動帳戶，請開啟 Gmail 郵件工具找到標題 Your GitHub launch code 的郵件後，記下 8 位數字啟動碼。

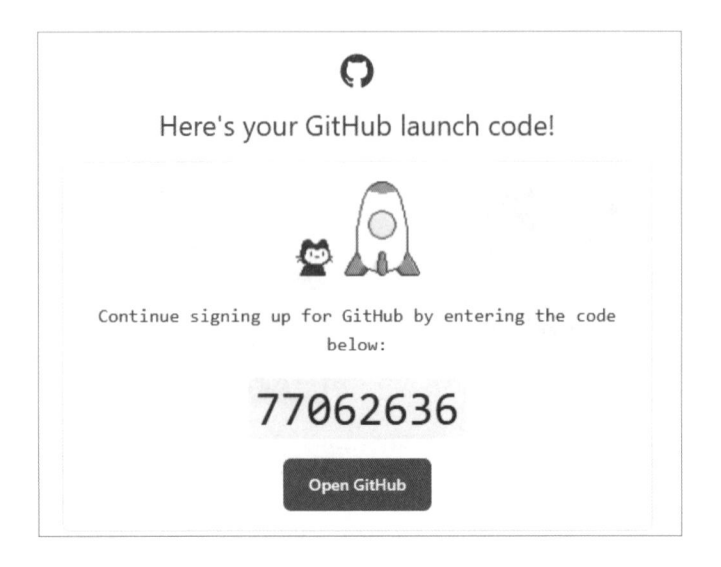

**Step 7** 回到註冊 GitHub 帳戶的步驟，輸入從電子郵件取得 8 位數字的啟動碼，來驗證你的電子郵件地址後，按【Continue】鈕。

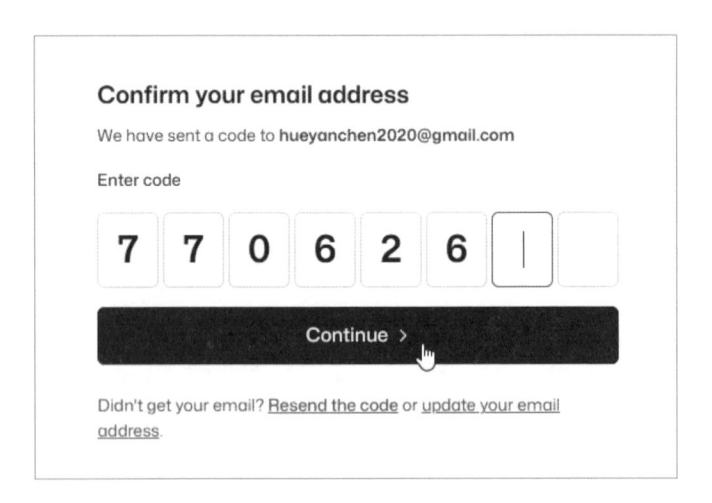

建立共享儲存庫與遠端 GitHub 儲存庫 **05**

**Step 8** 當成功驗證，就可以看到 GitHub 登入畫面，和自動填入註冊資料的使用者名稱和密碼，請按【Sign in】鈕登入 GitHub。

**Step 9** 成功登入，就可以看到 GitHub 帳戶的 Dashboard 儀表板，現在，你已經成功註冊且啟動 GitHub 帳戶，如下圖所示：

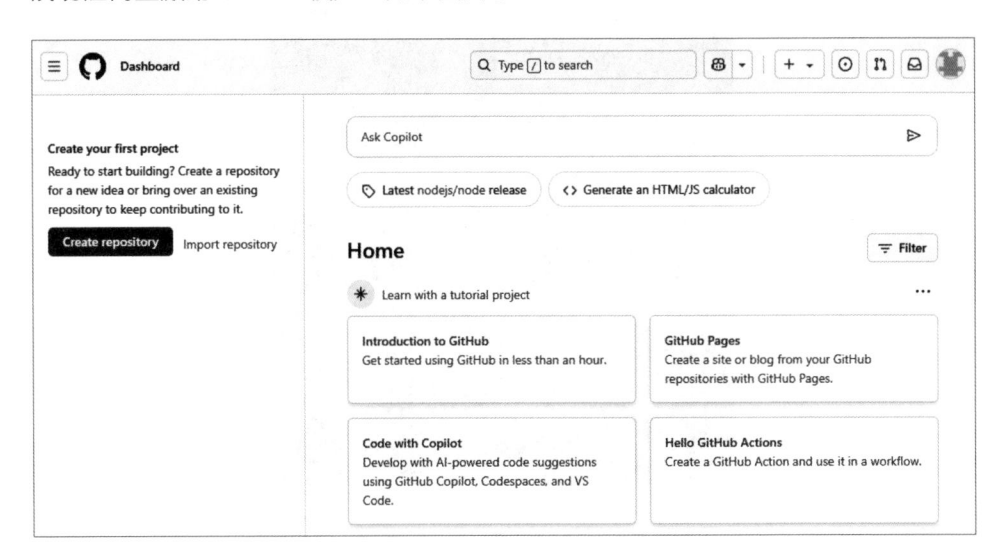

5-15

## 5-3 下載與安裝 GitHub Desktop 桌面工具

GitHub 提供跨平台 GitHub Desktop 桌面工具,可以幫助我們執行遠端 GitHub 儲存庫的版本控制,其下載 URL 網址如下所示:

**URL** https://desktop.github.com/download/

請按【Download for Windows (64bit)】鈕下載 GitHub Desktop 桌面工具【GitHubDesktopSetup-x64.exe】。在完成下載後,就可以在 Windows 作業系統安裝 GitHub Desktop,其步驟如下所示:

**Step 1** 雙擊【GitHubDesktopSetup-x64.exe】程式檔案,可以看到正在安裝的畫面。

> **Step 2** 等到安裝完成，就會自動啟動 GitHub Desktop，如下圖所示：

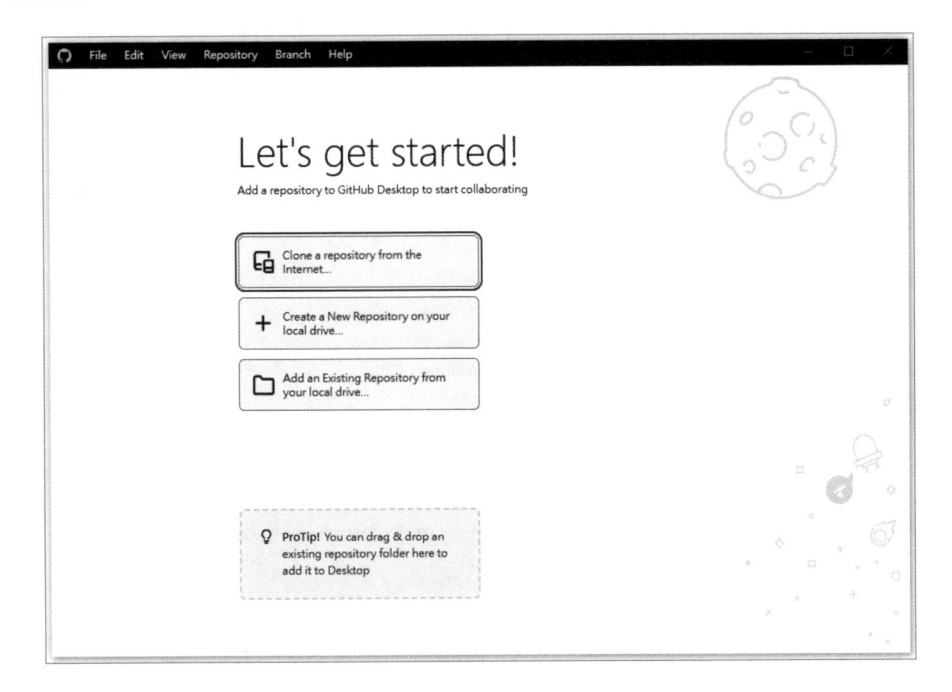

## 5-4 建立 GitHub 儲存庫

在成功註冊 GitHub 帳戶後，就可以登入 GitHub 來建立儲存庫，或稱為 GitHub 專案，我們準備建立一個「公開儲存庫」(Public Repository)，這是一種允許任何人查詢、複製和貢獻程式碼（有條件）的 Git 儲存庫。

### 5-4-1 在 GitHub 網頁介面新增儲存庫

GitHub 網站提供 Web 網頁介面來新增儲存庫，我們準備在第 5-2 節註冊的帳戶新增 GitHub 儲存庫，名稱是和第 5-1 節同名的 repo 儲存庫，其步驟如下所示：

5-17

**Step 1** 請使用帳戶和密碼登入 GitHub 網站 https://github.com 後，可以看到帳戶的儀表板首頁，按【Create repository】鈕新增 GitHub 儲存庫（或右上角【+】號的【New repository】命令），如下圖所示：

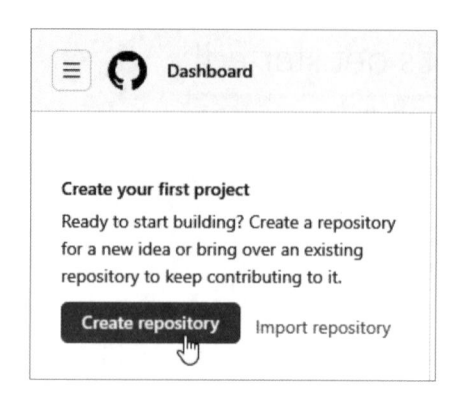

**Step 2** 請輸入【repo】名稱、沒有描述，和選 Public，如下圖所示：

| 欄位 | 說明 |
|---|---|
| Repository name | 儲存庫名稱，這是唯一名稱，而且會成為 GitHub 頁面 URL 的一部分 |
| Description | 簡短描述儲存庫的功能或目的（可選填） |
| Public/Private | Public 是公開儲存庫（預設值），所有人都看得到；Private 是私人儲存庫，可以選擇參與的開發者 |

**Step 3** 然後捲動網頁，勾選【Add a README file】新增 README.md 檔案，.gitignore template 和 License 都不用更改，按【Create repository】鈕建立 GitHub 儲存庫，如下圖所示：

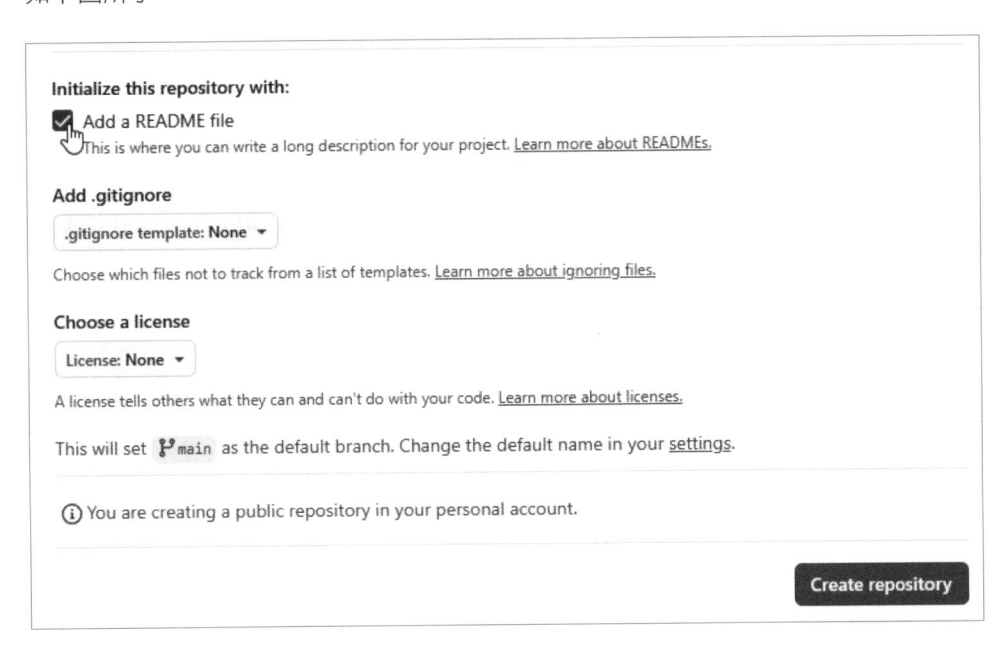

| 欄位 | 說明 |
|---|---|
| Initialize this repository with a README | 勾選，GitHub 就會建立 README.md 檔案，這是儲存庫的說明檔，請注意！一定需要勾選，才會建立 main 主分支（GitHub 預設分支名稱） |
| .gitignore template | 選擇模板建立 .gitignore 檔案，可以排除不需要提交的檔案或目錄（例如：Node 和 Python 等） |
| License | 選擇儲存庫的權限（例如：MIT、GPL 等） |

> **說明**
>
> 上述表格的 .gitignore 檔案是一份特殊文件，其內容是告訴 Git 版本控制忽略哪些檔案和目錄不用提交，避免將不需要的檔案提交到儲存庫。名為 .gitignore 的檔案是一個文字檔案，其中的每一行都匹配一種忽略檔案或目錄的模式（可以使用萬用字元），「#」開頭的行是註解行，如下所示：
>
> | |
> |---|
> | # 忽略所有副檔名.log的檔案 |
> | *.log |
> | # 忽略node_modules目錄 |
> | node_modules/ |
> | # 忽略所有.env結尾的檔案 |
> | .env |

**Step 4** 稍等一下，就可以建立 GitHub 儲存庫 repo，和看到 README.md 檔案，如下圖所示：

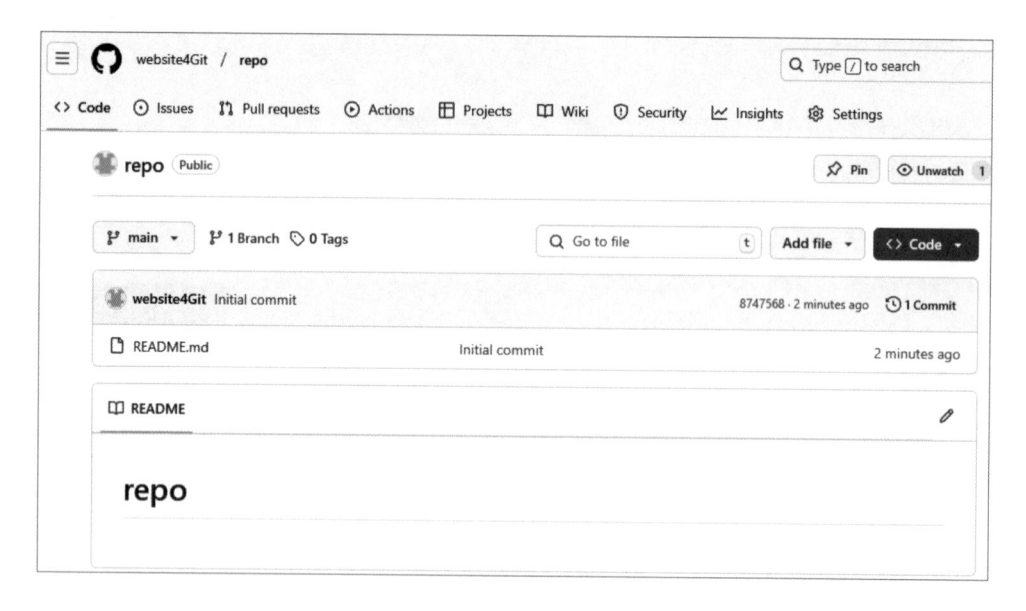

5-20

## 5-4-2 使用 GitHub 網頁介面上傳檔案來建立儲存庫

在實務上，很多開發者在學習程式設計的過程中，或多或少都會有一些小型的開發專案，但是，並沒有使用 Git 進行版本控制，此時，我們就可以直接透過 GitHub 網頁介面上傳檔案來建立 GitHub 儲存庫，而不需先在本機初始 Git 儲存庫後，再推送至遠端儲存庫。

請注意！使用 GitHub 網頁介面上傳檔案只適用檔案不多的小型專案，而且有一些限制與注意事項，如下所示：

- **限制批次上傳的檔案數量**：GitHub 網頁介面一次只能上傳一定數量的檔案，如果需要上傳大量檔案，請改用第 6 章的方式，使用 Git 管理並推送檔案至 GitHub 儲存庫。

- **檔案大小限制**：GitHub 網頁介面上傳單一檔案大小限制是 25MB，如果超過，請改用 GitHub Desktop 來上傳檔案。

現在，我們準備將書附範例「ch05\website」目錄下的範例 Web 網站上傳至 GitHub 儲存庫 repo，包含 README.md 檔案，在「images」子目錄有一個 logo.jpg 圖檔，如下圖所示：

使用 GitHub 網頁介面上傳檔案的步驟，如下所示：

**Step 1** 請登入和開啟 GitHub 儲存庫 repo 的頁面後，選上方【Add file】後再選【Upload files】命令來上傳檔案。

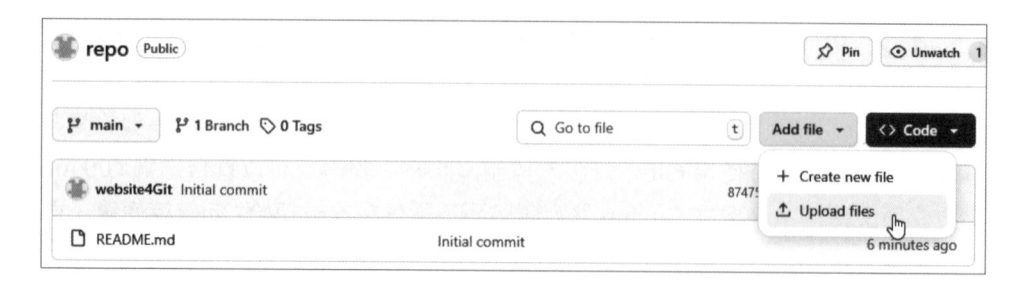

*Step 2* 在切換到上傳檔案介面後,可以拖拉檔案至拖放區,或點選【choose your files】選擇上傳檔案,以此例選擇 4 個檔案,如下圖所示:

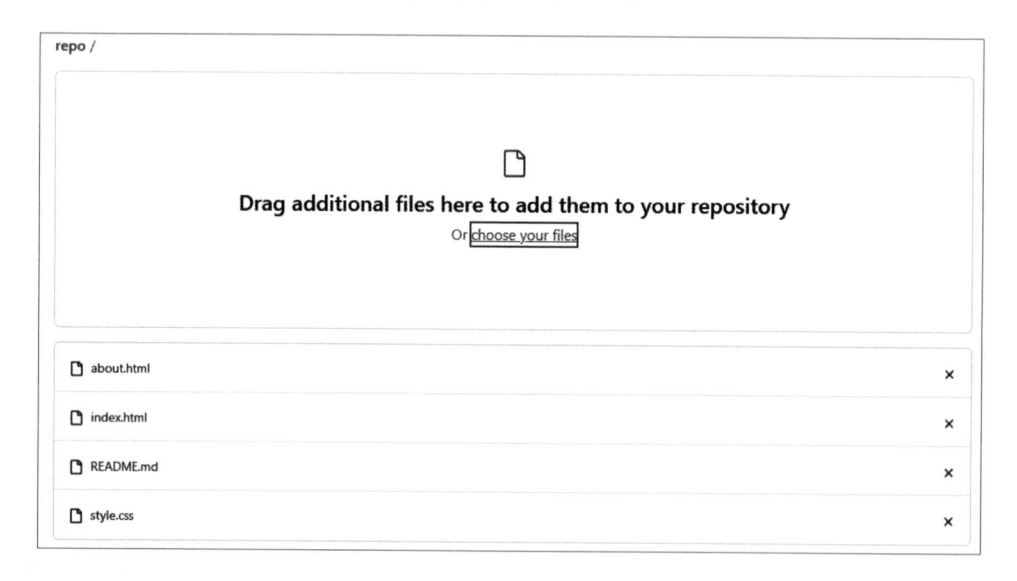

*Step 3* 請捲動網頁,在「Commit changes」框輸入提交訊息,GitHub 預設會自動產生此訊息,按【Commit changes】鈕提交變更。

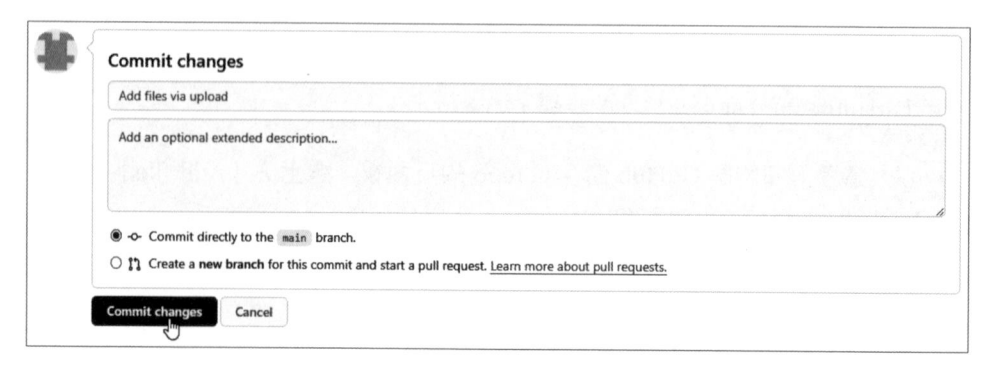

## 建立共享儲存庫與遠端 GitHub 儲存庫　05

**Step 4**　在處理完成後，可以在 repo 儲存庫看到上傳的 4 個檔案，在下方顯示的就是 README.md 檔案的內容，如下圖所示：

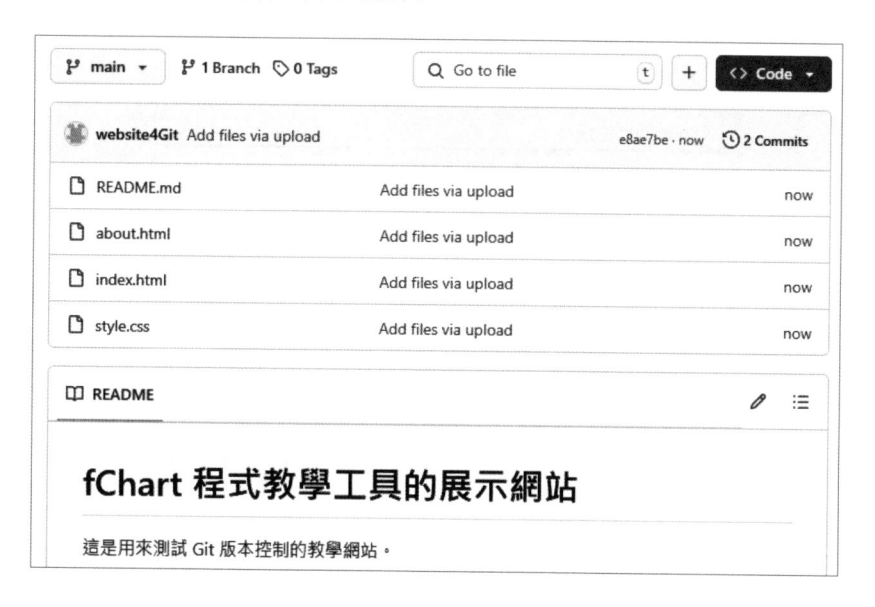

請注意！GitHub 儲存庫並無法建立空目錄，我們需要新增 images 目錄下 logo.jpg 同名檔案來建立子目錄，請繼續上面步驟，如下所示：

**Step 5**　請重複 Step 1 執行「Add file>Create new file」命令後，在檔案名稱框輸入【images/】，再輸入【logo.jpg】，可以看到完整的輸入是「images/logo.jpg」。

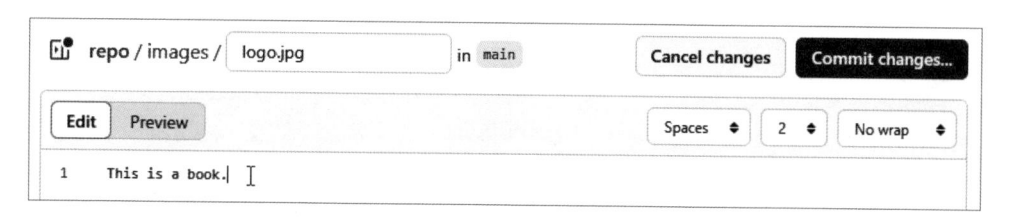

**Step 6**　GitHub 新增的是文字檔，可以在下方編輯，請隨便輸入一句文字，例如："This is a book." 後，按【Commit changes…】鈕提交變更。

5-23

**Step 7** 然後輸入提交訊息，再按【Commit changes】鈕提交變更。

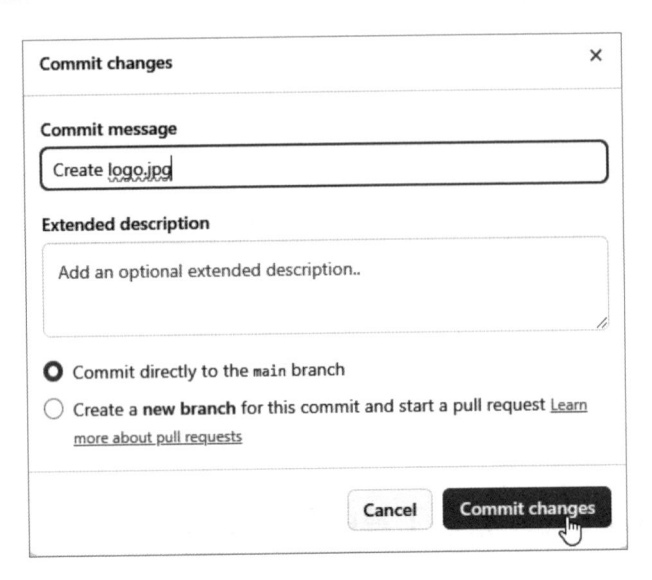

**Step 8** 可以看到在 GitHub 儲存庫建立「repo/images」目錄和 logo.jpg 檔案，請注意！目前的 logo.jpg 不是圖檔，而是文字檔案。

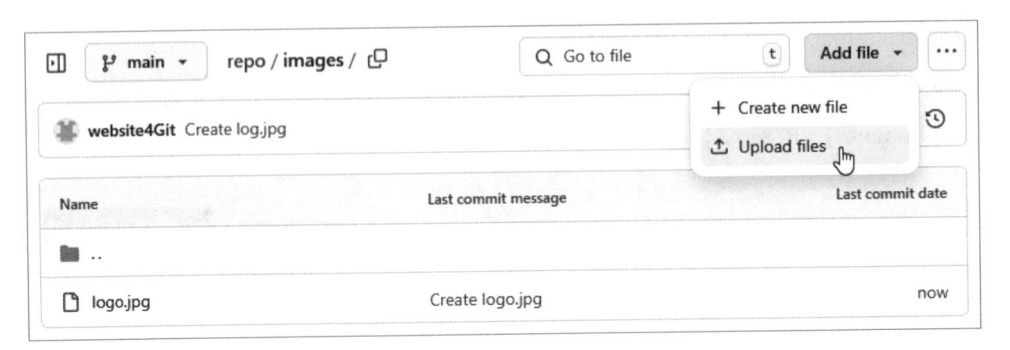

**Step 9** 請在「repo/images」目錄執行「Add file > Upload file」命令，上傳「ch05\website\images\logo.jpg」圖檔，在提交變更，替換成真正的圖檔後，就完成 GitHub 儲存庫的建立。

## 5-5 複製 GitHub 儲存庫到工作電腦

現在,我們已經在 GitHub 帳戶建立名為 repo 的儲存庫,如同第 5-1 節的共享儲存庫,我們一樣可以複製遠端 GitHub 儲存庫到 Windows 電腦。

### 使用 Git 命令複製遠端 GitHub 儲存庫

在這一節我們準備先在「D:\repos」目錄下建立【user3】使用者目錄後,使用 Git 命令複製 GitHub 儲存庫 repo 到此目錄,可以建立「D:\repos\user3\repo」工作目錄的本機 Git 儲存庫。

首先,需要取得 GitHub 儲存庫 repo 的 URL,請登入和開啟 GitHub 儲存庫 repo 的頁面,點選【Code】後,選【HTTPS】,就可以點選後方【複製】圖示,複製儲存庫的 HTTPS URL,如下圖所示:

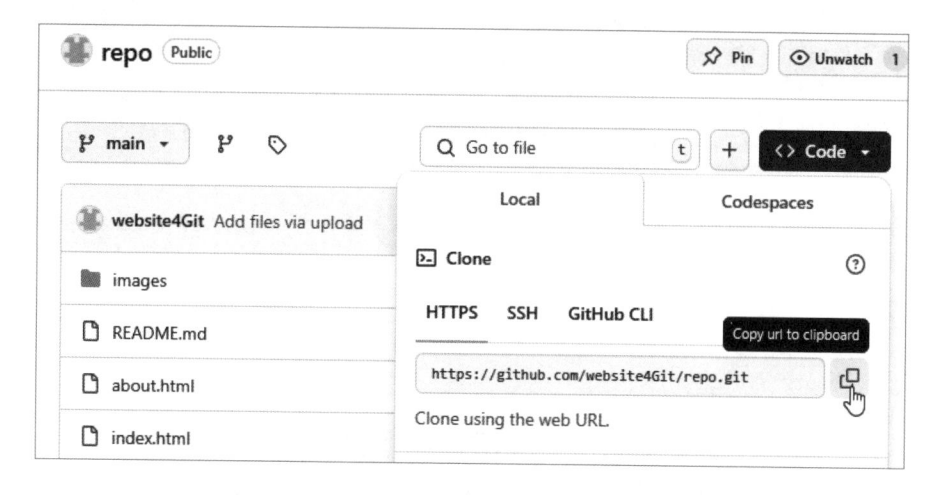

我們複製的 HTTPS URL,如下所示:

**URL** https://github.com/website4Git/repo.git

接著，請啟動 Windows 終端機切換到「D:\repos」目錄後，建立【user3】目錄和切換到此目錄，如下所示：

```
> mkdir user3 Enter
> cd user3 Enter
```

然後，使用 git clone 命令從遠端 GitHub 儲存庫複製一個完整副本到本機 Windows 電腦，在之後是之前取得的 HTTPS URL，如下所示：

```
> git clone https://github.com/website4Git/repo.git Enter
```

上述命令會下載遠端儲存庫的所有內容，包括歷史記錄和分支到 repo 子目錄，如下圖所示：

```
D:\repos\user3 > git clone https://github.com/website4Git/repo.git
Cloning into 'repo'...
remote: Enumerating objects: 17, done.
remote: Counting objects: 100% (17/17), done.
remote: Compressing objects: 100% (13/13), done.
remote: Total 17 (delta 2), reused 0 (delta 0), pack-reused 0 (from 0)
Receiving objects: 100% (17/17), 14.94 KiB | 1.66 MiB/s, done.
Resolving deltas: 100% (2/2), done.
D:\repos\user3 >
```

請切換到 repo 子目錄，可以看到這是本機 Git 儲存庫，然後執行 git remote -v 命令顯示設定的遠端儲存庫和 URL，如下所示：

```
> cd repo Enter
> git remote -v Enter
```

```
D:\repos\user3 > cd repo
D:\repos\user3\repo (main) > git remote -v
origin  https://github.com/website4Git/repo.git (fetch)
origin  https://github.com/website4Git/repo.git (push)
D:\repos\user3\repo (main) >
```

執行 git remote remove origin 命令可刪除遠端儲存庫的設定。

## 使用 GitHub Desktop 複製遠端 GitHub 儲存庫

我們準備改用 GitHub Desktop，將第 5-4 節建立的遠端 GitHub 儲存庫 repo 下載到 Windows 電腦，其步驟如下所示：

**Step 1** 請執行「開始 > GitHub, Inc. > GitHub Desktop」命令啟動 GitHub Desktop，第一次啟動可以看到新增遠端 GitHub 儲存庫的畫面，請選【Clone a repository from the Internet】。

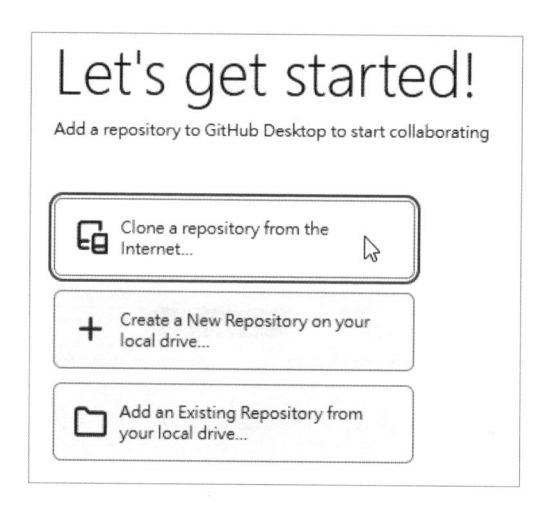

**Step 2** 選【GitHub.com】，按【Sign in】鈕登入 GitHub 帳戶。

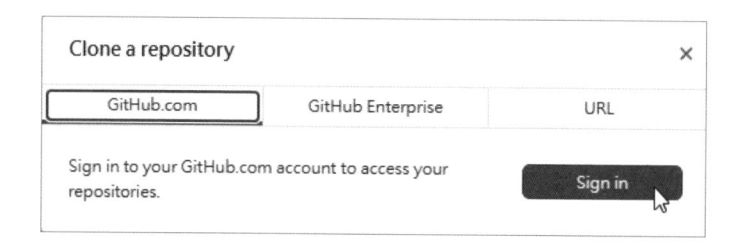

**Step 3** 然後按【Continue with browser】鈕啟動瀏覽器進行登入後，按【Authorize desktop】鈕授權使用 GitHub，即可點選按鈕回到 GitHub Desktop。

***Step 4*** 在回到 GitHub Desktop 後，選下方【website4Git/repo】，再按【Clone】鈕下載儲存庫到 Windows 電腦，在下方【Local path】可以看到本機工作目錄的路徑，對比共享儲存庫，可視為是【user4】使用者。

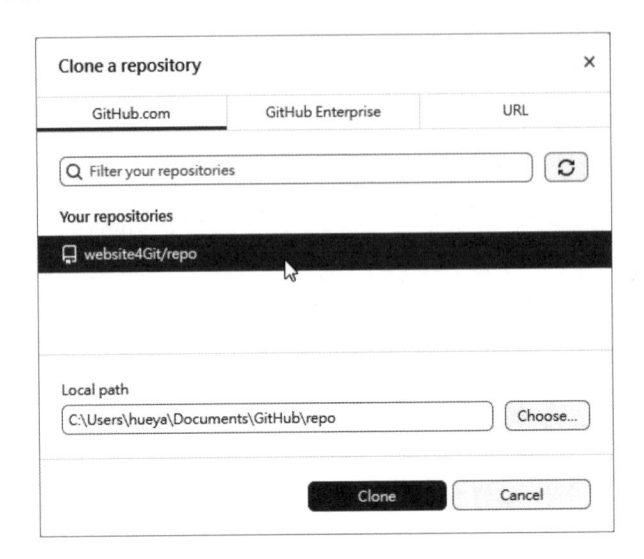

***Step 5*** 可以看到目前的複製進度，等到複製完成，可以看到桌面程式的管理介面，如下圖所示：

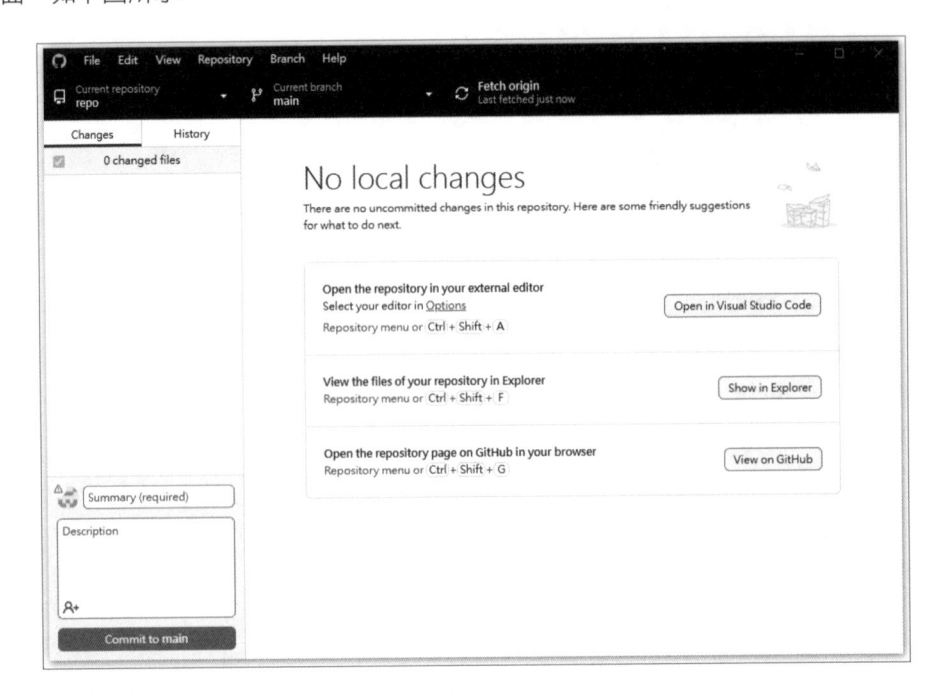

上述功能表下方可以看到目前的儲存庫是 repo；分支是 main（GitHub 預設分支名稱），在下方顯示目前並沒有區域變更（No local changes），按【Show in Explorer】鈕可以開啟位在本機的工作目錄，按【View on GitHub】鈕可以啟動瀏覽器開啟 GitHub 的 repo 儲存庫。

## 5-6 ChatGPT 輔助學習：用 GitHub Fork 學習程式開發

GitHub 的 Fork 從字面翻譯是叉子，可以建立現存儲存庫的副本，如同使用叉子將別人盤子的牛排放到你的盤子，可以在 GitHub 帳戶取得他人公開儲存庫的副本。GitHub Fork 的使用時機，如下所示：

- **貢獻開源專案**：在 Fork 副本可以修改程式碼，透過提取請求（Pull Request）提交修改給原始專案，詳見第 8 章。

- **學習或測試**：使用 Fork 學習或測試程式，而不用擔心影響原專案。

我們可以詢問 ChatGPT 如何 Fork 一個現存 GitHub 專案，ChatGPT 提示詞（ch5-6.txt），如下所示：

> **Q 提問**
>
> 你是 GitHub 專家，請使用繁體中文說明如何 Fork 一個現存的 GitHub 儲存庫，並且寫出一步一步的詳細步驟，在 Fork 儲存庫後，如何下載此 Fork 的 GitHub 儲存庫成為我 Windows 電腦的本機 Git 儲存庫。

> **A 回答**
>
> ChatGPT 的回答首先說明 Fork 現存 GitHub 儲存庫的詳細步驟（完整 ChatGPT 的回答請參閱 ch5-6.pdf），如下圖所示：
>
> ---
>
> **第一部分：Fork 儲存庫**
>
> 1. **登入 GitHub**
>    前往 GitHub 官網，使用您的帳號登入。
>
> 2. **找到目標儲存庫**
>    在 GitHub 中找到您想要 Fork 的儲存庫，進入該儲存庫的主頁。
>
> 3. **點擊 Fork 按鈕**
>    - 在儲存庫主頁的右上角，您會看到 Fork 按鈕。
>    - 點擊該按鈕，GitHub 會將該儲存庫的副本複製到您的帳號中。
>
> 4. **確認 Fork 成功**
>    完成後，您會被導向 Fork 的儲存庫頁面。網址會顯示為：
>
>    ```
>    arduino                                    複製程式碼
>    https://github.com/您的帳號名稱/儲存庫名稱
>    ```

下載 Fork 儲存庫的步驟和第 5-5 節相同，筆者就不重複說明。

# CHAPTER 06

# Git/GitHub 儲存庫的同步與備份

- ▶ 6-1 GitHub 遠端儲存庫扮演的角色
- ▶ 6-2 使用 GitHub 網頁介面新增和編輯檔案
- ▶ 6-3 檢查與合併遠端 GitHub 儲存庫的最新變更
- ▶ 6-4 本機 Git 和遠端 GitHub 儲存庫的推送與提取
- ▶ 6-5 在 GitHub 儲存庫查詢提交記錄和比對差異
- ▶ 6-6 ChatGPT 輔助學習：比較 git fetch 和 git pull 命令

## 6-1 GitHub 遠端儲存庫扮演的角色

GitHub 遠端儲存庫扮演的角色是作為本機 Git 儲存庫的中央協同開發平台，提供一個集中式的儲存空間來管理和分享程式碼，其主要功能與角色，如下所示：

- **程式碼同步與備份**：GitHub 遠端儲存庫的角色是一個共享儲存庫，開發者是在開發電腦使用本機 Git 的分支與合併來進行開發，在完成後才將本機 Git 儲存庫的內容推送（Push）到 GitHub 遠端儲存庫，作為程式碼和提交版本的備份，其他開發者的本機 Git 儲存庫可以從 GitHub 遠端儲存庫提取（Pull）資料來同步專案的程式碼。

- **協同開發平台**：GitHub 遠端儲存庫的角色是小組協同開發平台，允許團隊成員透過複製（Clone）、提取（Pull）和推送（Push）操作來同步程式碼，開發者是使用 Git/GitHub 分支與 GitHub 的「提取請求」（Pull Request，PR）來進行協同開發，可以讓協同開發者審核並合併程式碼的變更，確保專案開發的程式碼品質。

協同開發通常包含共享儲存庫、開發者之間的頻繁溝通和協作工具的使用（例如：提取請求），可以讓團隊成員協作處理程式碼來提高開發效率和軟體品質。總而言之，GitHub 遠端儲存庫對於本機 Git 儲存庫來說，GitHub 儲存庫就是協同開發、同步和管理版本的核心，能夠提升開發效率並保障專案程式碼的完整性。

在本章是說明如何使用 GitHub 遠端儲存庫來同步程式碼與備份，其角色就是一個共享儲存庫，所以其相關操作和第 5-1 節的共享儲存庫相同，關於 Git/GitHub 儲存庫協同開發的說明，請參閱第 7～8 章。

> 說明

一般來說，Git 發行者的電子郵件地址（user.email）並不一定需要與 GitHub 帳戶的電子郵件地址相同，但是，為了方便 GitHub 管理與協同開發，建議最好使用相同的電子郵件地址。因為筆者在第 1 章設定的電子郵件地址和 GitHub 帳戶的電子郵件地址並不相同，所以再次使用 git config 命令，修改設定成相同的電子郵件地址，如下所示：

> git config --global user.email "hueyanchen2022@gmail.com" Enter

上述操作能夠確保提交帶有正確的電子郵件地址。

## 6-2 使用 GitHub 網頁介面新增和編輯檔案

在 GitHub 可以使用網頁介面來新增和編輯檔案，我們準備繼續第 5 章建立的 GitHub 儲存庫 website4G/repo，首先新增 test.html 網頁檔案後，使用網頁介面來修改 test.html 檔案的內容。

### 使用網頁介面在 GitHub 儲存庫新增檔案

我們準備在 GitHub 網頁介面建立 test.html 檔案和提交變更，其內容就是和第 5-1 節相同的 "This is a test.html file"，其步驟如下所示：

*Step 1* 請登入和開啟 GitHub 儲存庫 repo 的頁面後，執行「Add file＞Create new file」命令。

Git/GitHub 儲存庫的同步與備份 **06**

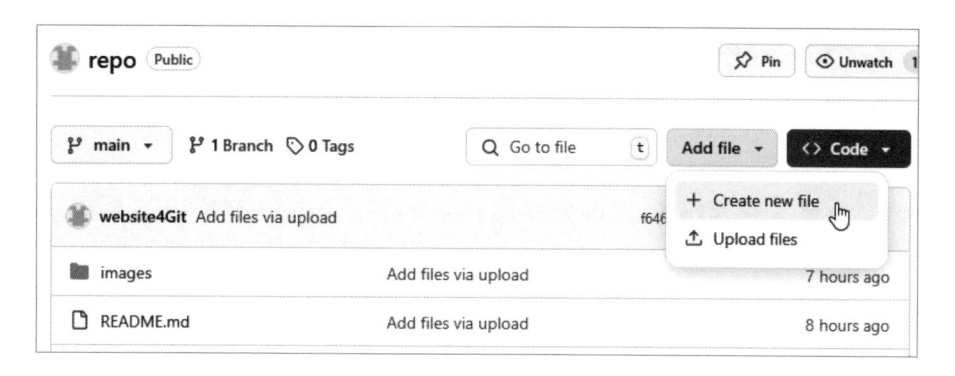

*Step 2* 在檔案名稱框輸入【test.html】，和在下方輸入檔案內容 " This is a test.html file" 後，按【Commit changes…】鈕提交變更。

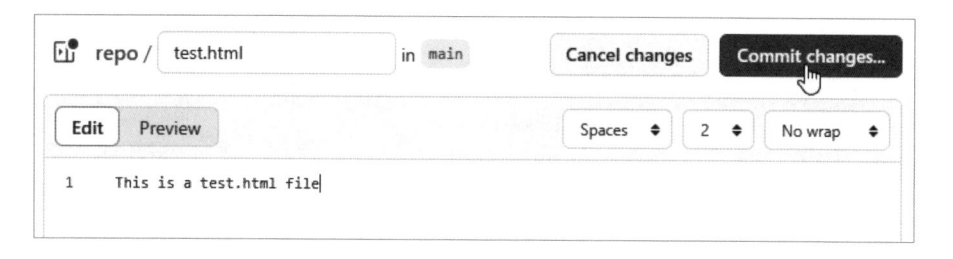

*Step 3* 請輸入提交訊息後，再按【Commit changes】鈕提交變更。

*Step 4* 就可以在 GitHub 儲存庫看到建立的 test.html 檔案。

6-3

## 使用網頁介面在 GitHub 儲存庫編輯檔案

GitHub 提供網頁介面的程式碼編輯器，可以直接編輯檔案內容，例如：修改 test.html 檔案將字串改為 &lt;p&gt; 標籤，其步驟如下所示：

**Step 1** 請登入和開啟 GitHub 儲存庫 repo 的頁面後，在檔案清單點選【test.html】。

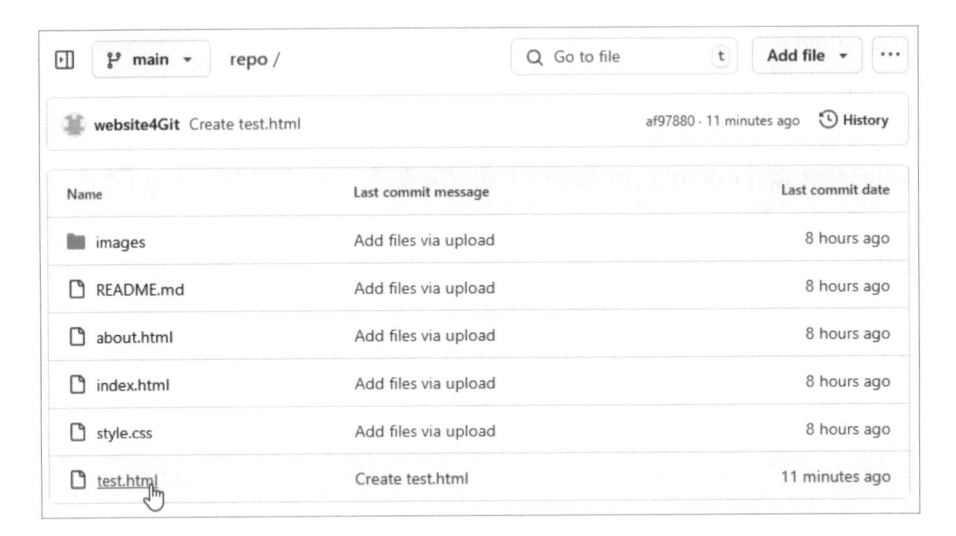

**Step 2** 可以顯示檔案內容，請點選游標所在【Edit this file】圖示，就可以編輯此檔案。

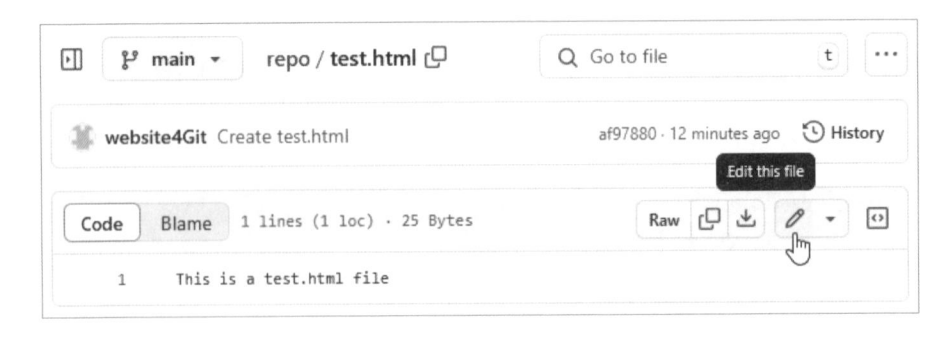

*Step 3* 在下方編輯區域的第 1 行加上前後 <p> 和 </p> 標籤後，按【Commit changes…】鈕提交變更。

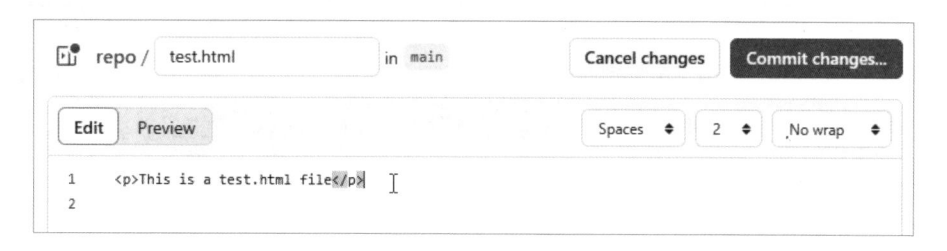

*Step 4* 請輸入提交訊息後，再按【Commit changes】鈕提交變更。

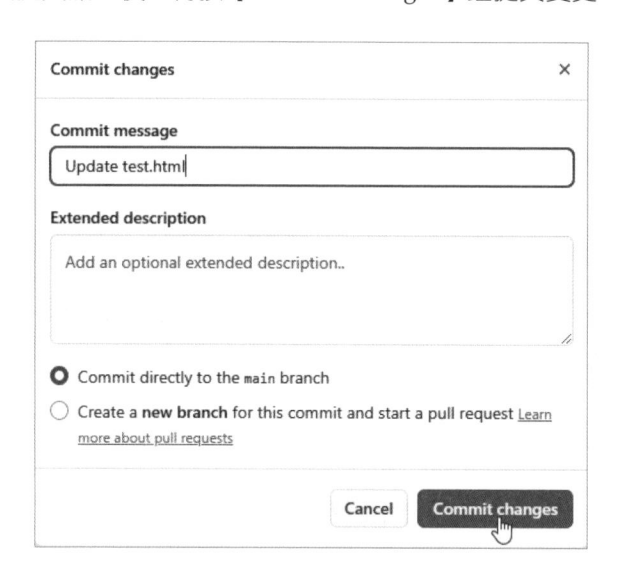

*Step 5* 回到 repo 儲存庫的檔案清單，可以看到 test.html 檔案已經更新，從 Create test.html 變成 Update test.html，如下圖所示：

## 6-3 檢查與合併遠端 GitHub 儲存庫的最新變更

在第 6-2 節我們已經在 GitHub 網頁介面新增和編輯 test.html 檔案，因為 GitHub 儲存庫有變更，在本機 Git 儲存庫可以檢查遠端 GitHub 儲存庫的最新變更，和同步遠端 GitHub 儲存庫。

GitHub 儲存庫 website4G/repo 在第 5-5 節共複製成 2 個本機 Git 儲存庫，其工作目錄如下所示：

- 使用 **Git** 命令：「D:\repos\user3\repo」目錄。
- 使用 **GitHub Desktop**：「C:\Users\hueya\Documents\GitHub\repo」目錄，hueya 是登入 Windows 的使用者名稱。

### 使用 Git 命令檢查遠端 GitHub 儲存庫的變更

在 Git 是使用 git fetch 命令，從遠端儲存庫下載最新的更新資料，但是並不會自動合併這些變更到本機 Git 儲存庫的目前分支，其步驟如下所示：

**Step 1** 請啟動 Windows 終端機切換到「D:\repos\user3\repo」工作目錄後，執行下列命令來取得遠端 GitHub 儲存庫的更新，origin 就是遠端儲存庫，此命令只會下載更新，並不會自動合併更新，如下所示：

> `git fetch origin` Enter

```
D:\repos\user3\repo (main) > git fetch origin
remote: Enumerating objects: 7, done.
remote: Counting objects: 100% (7/7), done.
remote: Compressing objects: 100% (4/4), done.
remote: Total 6 (delta 2), reused 0 (delta 0), pack-reused 0 (from 0)
Unpacking objects: 100% (6/6), 1.79 KiB | 6.00 KiB/s, done.
From https://github.com/website4Git/repo
   f6461b9..5446116  main       -> origin/main
D:\repos\user3\repo (main) >
```

**Step 2** 然後，執行 git diff 命令檢查 origin/main 分支的變更，可以看到有一個新檔案 test.html，如下所示：

> git fetch origin [Enter]

```
D:\repos\user3\repo (main) > git diff origin/main
diff --git a/test.html b/test.html
deleted file mode 100644
index fd021a3..0000000
--- a/test.html
+++ /dev/null
@@ -1 +0,0 @@
-<p>This is a test.html file</p>
D:\repos\user3\repo (main) >
```

**Step 3** 接著，執行 git log 命令檢查 origin/main 分支的提交歷史記錄，可以看到遠端多了 2 次提交，如下所示：

> git log origin/main --oneline [Enter]

```
D:\repos\user3\repo (main) > git log origin/main --oneline
5446116 (origin/main, origin/HEAD) Update test.html
af97880 Create test.html
f6461b9 (HEAD -> main) Add files via upload
ac657cc Create log.jpg
e8ae7be Add files via upload
8747568 Initial commit
D:\repos\user3\repo (main) >
```

**Step 4** 在確認沒有問題後，就可以使用 git merge 命令，將遠端變更合併到本機目前的 main 主分支，如下所示：

> git merge origin/main [Enter]

```
D:\repos\user3\repo (main) > git merge origin/main
Updating f6461b9..5446116
Fast-forward
 test.html | 1 +
 1 file changed, 1 insertion(+)
 create mode 100644 test.html
D:\repos\user3\repo (main) >
```

## 🔳 使用 GitHub Desktop 檢查遠端 GitHub 儲存庫的變更

請啟動 GitHub Desktop 開啟 repo 儲存庫，因為遠端 GitHub 儲存庫有變更，如果沒有自動取得更新，請按上方工具列的【Fetch origin】鈕來取得更新，如下圖所示：

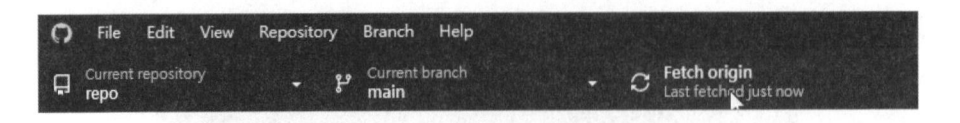

然後，就可以在 GitHub Desktop 看到可提取 2 次提交的訊息框，如下圖所示：

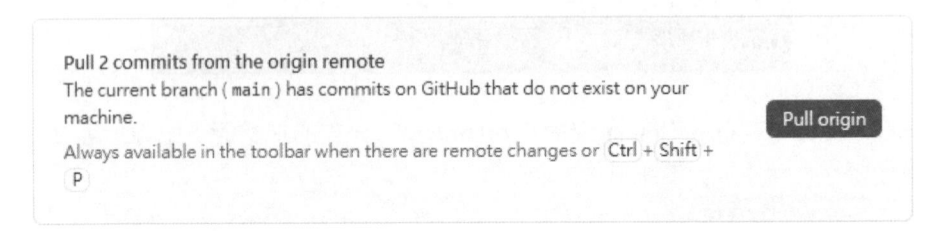

我們只需按【Pull origin】鈕（即執行 git pull 命令），就可以提取和合併變更至目前的分支，在執行前，如果想先看看這 2 個可提取的提交是什麼，我們就只能自行比對本機和遠端儲存庫的提交記錄，首先在本機 repo 儲存庫選【History】標籤頁，可以看到本機 Git 儲存庫的提交記錄，請記住最新提交是 "Add files via upload"，如右圖所示：

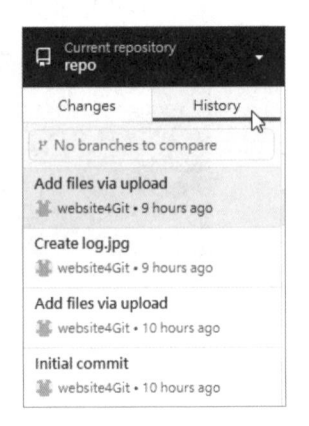

然後，執行「Repository > View on GitHub」命令，在瀏覽器開啟 GitHub 儲存庫 repo 的網頁介面，請點選游標所在的【Commits】，如下圖所示：

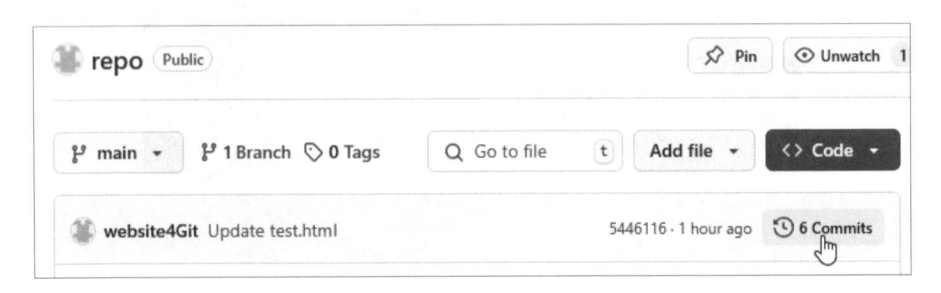

6-8

可以顯示遠端 GitHub 儲存庫的提交記錄，如下圖所示：

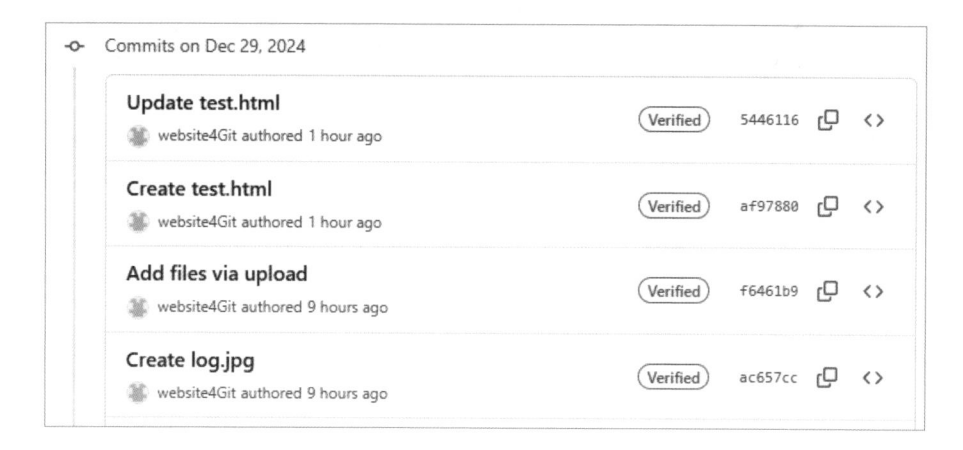

在比對本機與遠端 main 主分支的差異後，可以看出差異就是最上面的 2 次提交，當確認沒有問題後，請按【Pull origin】鈕，提取和合併變更至目前的 main 主分支，就可以看到目前分支最新的提交記錄，如下圖所示：

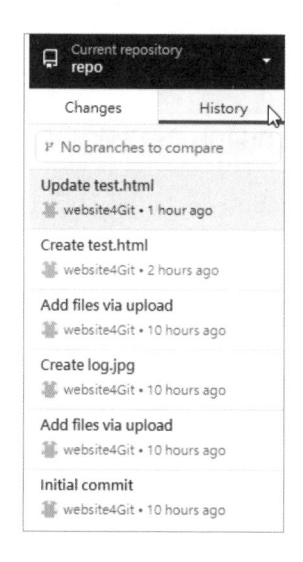

## 6-4 本機 Git 和遠端 GitHub 儲存庫的推送與提取

在第 6-3 節已經在本機 Git 儲存庫同步第 6-2 節在 GitHub 網頁介面的變更，即更新 test.html 檔案至第 5-5 節複製的 2 個本機 Git 儲存庫。現在，我們準備將這 2 個本機 Git 儲存庫視為是 2 位開發者，在本節依序執行下列操作，如下所示：

- 第 1 位使用 Git 命令推送，第 2 位使用 GitHub Desktop 提取。
- 第 2 位使用 GitHub Desktop 推送，第 1 位使用 Git 命令提取。

### 6-4-1 使用 Git 命令推送與 GitHub Desktop 提取 GitHub 儲存庫

在這一節是取代 test.html 內容後，使用 Git 命令推送至 GitHub 儲存庫，然後，使用 GitHub Desktop 提取至本機 Git 儲存庫。

#### 使用 Git 命令推送到 GitHub 儲存庫

我們準備在「D:\repos\user3\repo」的 Git 儲存庫修改 test.html 檔案，和推送到 GitHub 儲存庫 repo，其步驟如下所示：

**Step 1** 請啟動 Windows 終端機，切換到使用者 user3 的本機 Git 儲存庫的目錄，其命令如下所示：

> cd D:\repos\user3\repo [Enter]

**Step 2** 首先使用 copy 命令複製「ch06\test.html」檔案至本機 Git 儲存庫的工作目錄（也可以使用 Windows 檔案總管來複製檔案），就可以使用 type 命令顯示檔案內容，如下所示：

> copy D:\git\ch06\test.html D:\repos\user3\repo [Enter]
> type test.html [Enter]

Git/GitHub 儲存庫的同步與備份

```
D:\repos\user3\repo (main) > copy D:\git\ch06\test.html D:\repos\user3\repo
D:\repos\user3\repo (main) > type test.html
<!doctype html>
<html>
<head>
    <title>test.html</title>
</head>
<body>
<p>This is a test.html file</p>
</body>
</html>
D:\repos\user3\repo (main) >
```

**Step 3** 在取代檔案內容後，就可以使用 Git 命令將 test.html 加入暫存區和提交，如下所示：

```
> git add test.html  Enter
> git commit -m "Add HTML structure"  Enter
```

```
D:\repos\user3\repo (main) > git add test.html
D:\repos\user3\repo (main) > git commit -m "Add HTML structure"
[main 132d8af] Add HTML structure
 1 file changed, 9 insertions(+), 1 deletion(-)
D:\repos\user3\repo (main) >
```

**Step 4** 使用 git push 命令將變更推送到遠端 GitHub 儲存庫，origin 是遠端儲存庫，推送的是 main 主分支，如下所示：

```
> git push origin main  Enter
```

上述命令在第 1 次執行需要取得 GitHub 授權，請繼續下列步驟，如下所示：

**Step 5** 請按【Sign in with your browser】鈕登入 GitHub 帳戶。

6-11

**Step 6** 按【Authorize git-ecosystem】鈕後，即可輸入 GitHub 帳戶密碼來同意授權，如下圖所示：

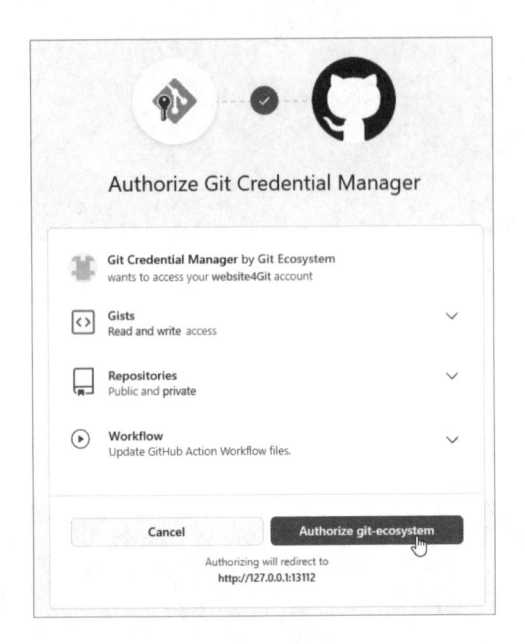

**Step 7** 在完成授權後，可以看到成功推送至遠端 GitHub 儲存庫，如下圖所示：

```
D:\repos\user3\repo (main) > git push origin main
info: please complete authentication in your browser...
Enumerating objects: 5, done.
Counting objects: 100% (5/5), done.
Delta compression using up to 6 threads
Compressing objects: 100% (3/3), done.
Writing objects: 100% (3/3), 356 bytes | 356.00 KiB/s, done.
Total 3 (delta 1), reused 0 (delta 0), pack-reused 0 (from 0)
remote: Resolving deltas: 100% (1/1), completed with 1 local object.
To https://github.com/website4Git/repo.git
   5446116..132d8af  main -> main
D:\repos\user3\repo (main) >
```

## 使用 GitHub Desktop 提取 GitHub 儲存庫

請啟動 GitHub Desktop，如果沒有自動取得更新，請按上方工具列的【Fetch origin】鈕來取得更新，如下圖所示：

可以看到可提取 1 次提交的訊息框，如下圖所示：

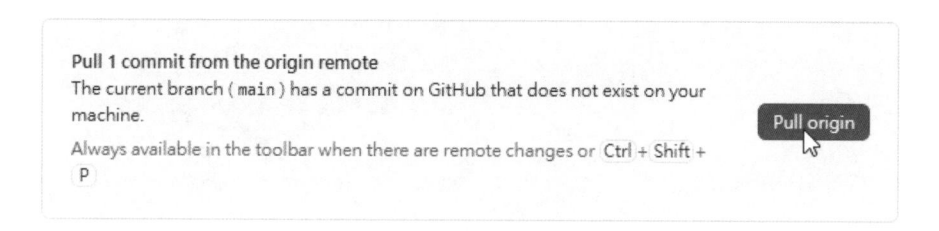

請按【Pull origin】鈕，即可提取 GitHub 儲存庫的變更，即更新的 test.html。

## 6-4-2 使用 GitHub Desktop 推送與 Git 命令提取 GitHub 儲存庫

在這一節我們是在 GitHub Desktop 的本機儲存庫修改 test.html 後，推送至 GitHub 儲存庫，然後，讓 Git 本機儲存庫使用 Git 命令來提取 GitHub 儲存庫的變更。

## 使用 GitHub Desktop 推送到 GitHub 儲存庫

請啟動 GitHub Desktop，按【Show in Explorer】鈕開啟本機 Git 的工作目錄，如下圖所示：

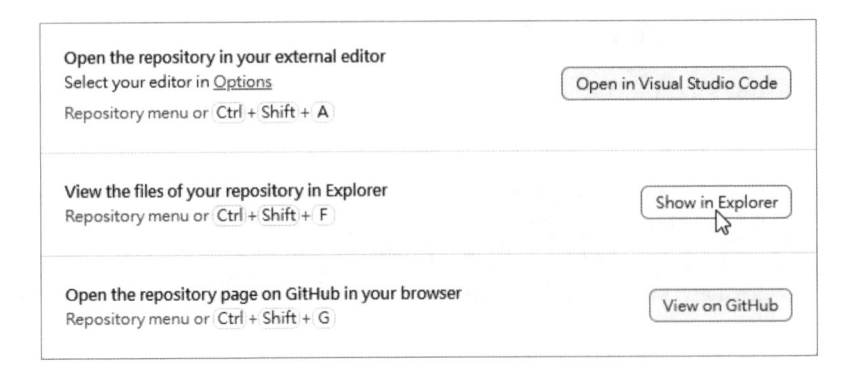

可以看到本機 Git 儲存庫的工作目錄，如下圖所示：

接著，我們就可以啟動【記事本】來修改 test.html，和使用 GitHub Desktop 推送變更到遠端 GitHub 儲存庫，其步驟如下所示：

**Step 1** 請使用【記事本】修改 test.html 的 <p> 標籤，如下所示：

```
<p>Updated p tag</p>
```

**Step 2** 在儲存檔案後，馬上就可以在 GitHub Desktop 看到 test.html 檔案有變更，這是使用不同色彩來標示修改了第 7 行的 <p> 標籤，如下圖所示：

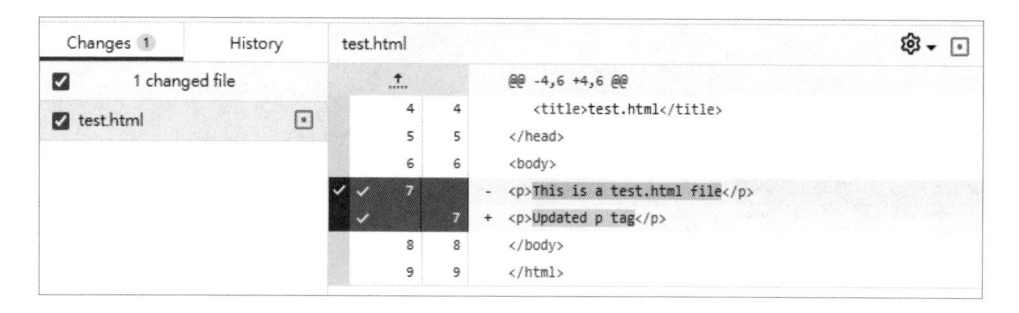

**Step 3** 請在左下方輸入提交訊息【Update p tag】後，按【Commit to main】鈕提交變更，如下圖所示：

**Step 4** 可以看到推送提交的訊息框，請按【Push origin】鈕，將變更推送到遠端 GitHub 儲存庫，如下圖所示：

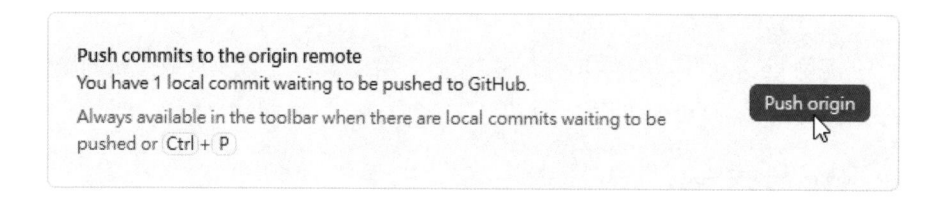

**Step 5** 選【History】標籤檢視提交的歷史記錄，在左邊點選提交，就可以檢視每一次提交的檔案變更內容，如下圖所示：

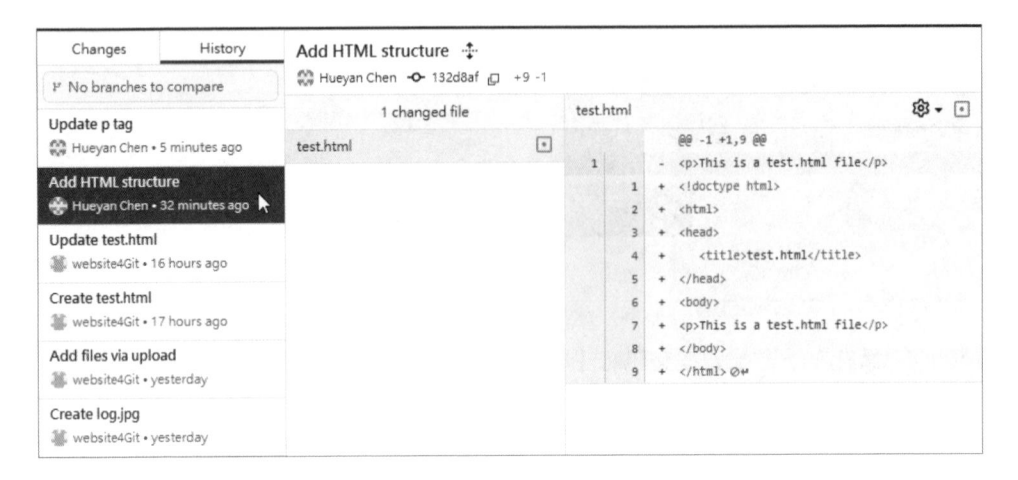

## 使用 Git 命令提取 GitHub 儲存庫

在上一小節，我們已經使用 GitHub Desktop 更新了遠端 GitHub 儲存庫，現在，使用者 user3 的本機 Git 儲存庫「D:\repos\user3\repo」一樣可以提取更新這些變更，其步驟如下所示：

**Step 1** 請啟動 Windows 終端機，切換到使用者 user3 的本機 Git 儲存庫的工作目錄，其命令如下所示：

> cd D:\repos\user3\repo [Enter]

**Step 2** 使用 get pull 命令，從 origin 遠端儲存庫的 main 主分支提取最新的變更，並且合併變更至目前分支，如下所示：

> git pull origin main [Enter]

```
D:\repos\user3\repo (main) > git pull origin main
remote: Enumerating objects: 5, done.
remote: Counting objects: 100% (5/5), done.
remote: Compressing objects: 100% (2/2), done.
remote: Total 3 (delta 1), reused 3 (delta 1), pack-reused 0 (from 0)
Unpacking objects: 100% (3/3), 322 bytes | 1024 bytes/s, done.
From https://github.com/website4Git/repo
 * branch            main       -> FETCH_HEAD
   132d8af..01e2a31  main       -> origin/main
Updating 132d8af..01e2a31
Fast-forward
 test.html | 2 +-
 1 file changed, 1 insertion(+), 1 deletion(-)
D:\repos\user3\repo (main) >
```

> **說明**

在 Git 使用 git push 和 git pull 命令時，需要指定遠端 GitHub 的 main 主分支，即 origin main，為了簡化之後的推送和提取操作，我們可以使用 --set-upstream 選項（或 -u 選項）執行一次推送或提取後，即可設定本機 Git 分支和遠端 GitHub 上游 main 主分支的關聯。

例如：在 git push 命令使用 --set-upstream 選項（或 -u 選項）設定上游分支，如下所示：

> git push --set-upstream origin main　Enter

當執行過一次上述命令後，就可以將本機 Git 儲存庫的 main 主分支和遠端 origin/main 主分支關聯起來，並且設定成上游分支，就可以簡化推送和提取命令，如下所示：

- **推送變更**：git push 命令不再需要指定遠端分支名稱 origin main，如下所示：

  > git push　Enter

- **提取變更**：git pull 命令也不再需要指定遠端分支名稱 origin main，如下所示：

  > git pull　Enter

## 6-5 在 GitHub 儲存庫查詢提交記錄和比對差異

我們除了可以在 GitHub Desktop 查詢提交的歷史記錄外，也可以在 GitHub 網頁介面查詢提交的歷史記錄，和在 GitHub Desktop 比對 2 個提交之間的差異。

### 在 GitHub 網頁介面查詢提交的歷史記錄

在 GitHub 儲存庫的 Commits 介面，可以讓我們查詢提交的歷史記錄，其步驟如下所示：

**Step 1** 請登入和開啟 GitHub 儲存庫 repo 的頁面後，點選游標所在的【Commits】。

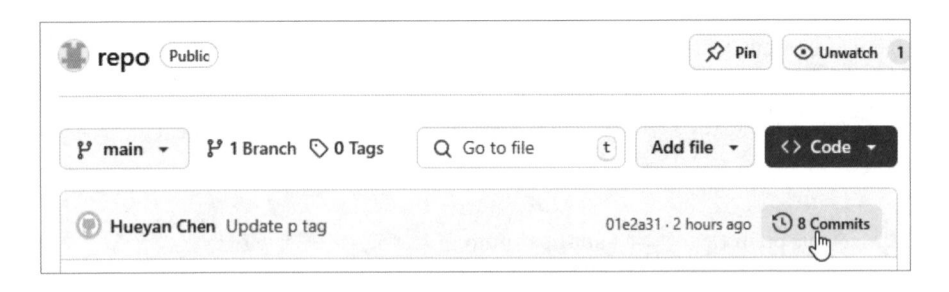

**Step 2** 可以切換到 Commits 頁面看到依日期排列的提交記錄清單，每一個提交項目都會顯示提交訊息、作者名稱和時間，如下圖所示：

**Step 3** 點選指定提交項目的 SHA-1 編碼字串，就可以進一步顯示該次提交的詳細變更資料，如下圖所示：

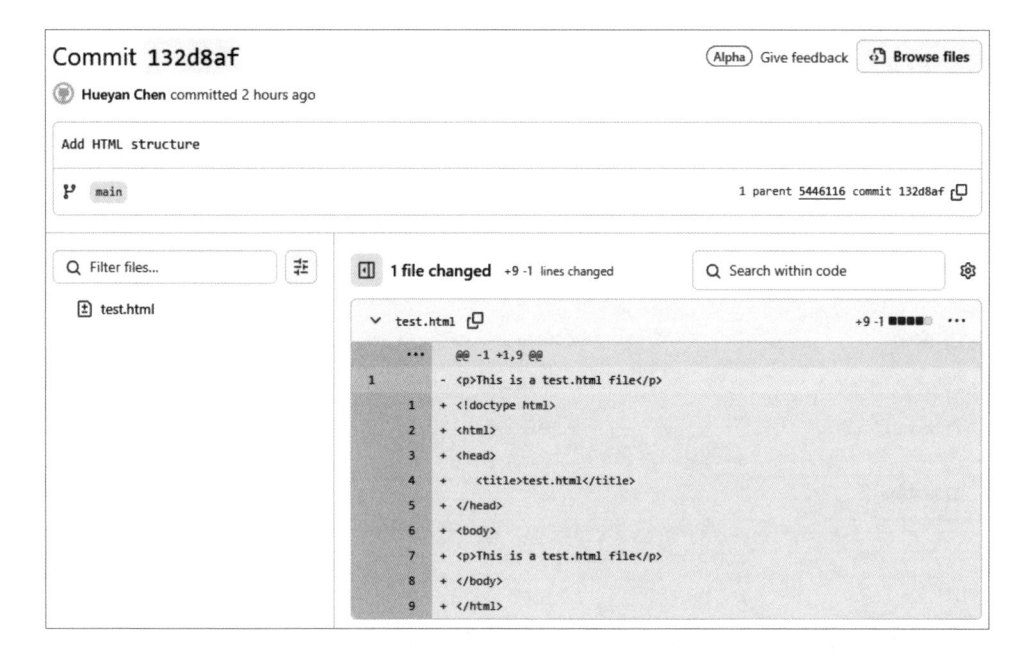

**Step 4** 點選指定提交項目最後的【＜＞】，可以開啟頁面瀏覽此提交點的儲存庫內容。

**Step 5** 可以看到在此提交點的 GitHub 儲存庫內容，因為在此時間點尚未建立 test.html 檔案，所以此時的儲存庫並沒有此檔案，如下圖所示：

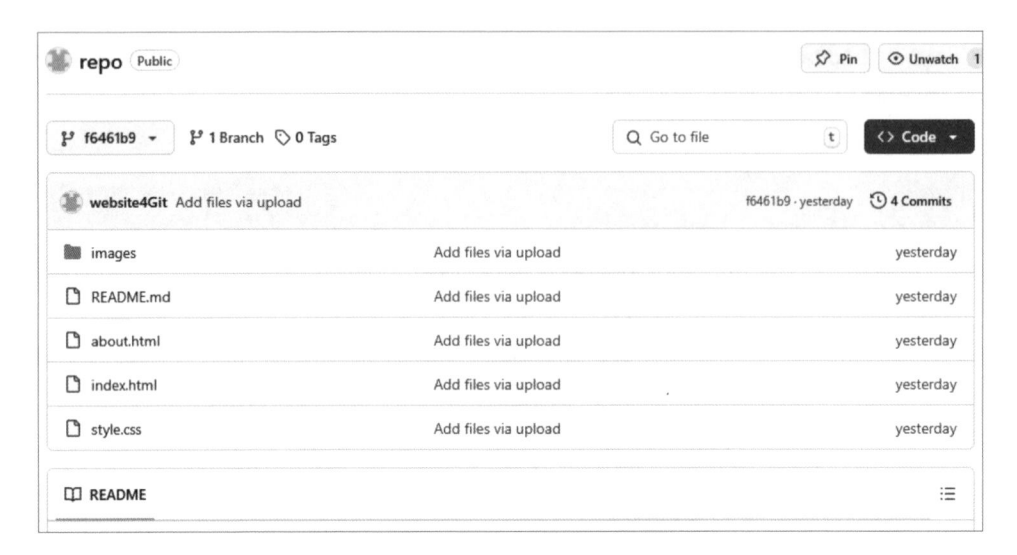

## 使用 GitHub Desktop 比對相鄰提交之間的差異

請啟動 GitHub Desktop 開啟 repo 儲存庫後，切換到【History】標籤，就可以按住 Ctrl 鍵點選 2 個相鄰提交來比對其差異，如下圖所示：

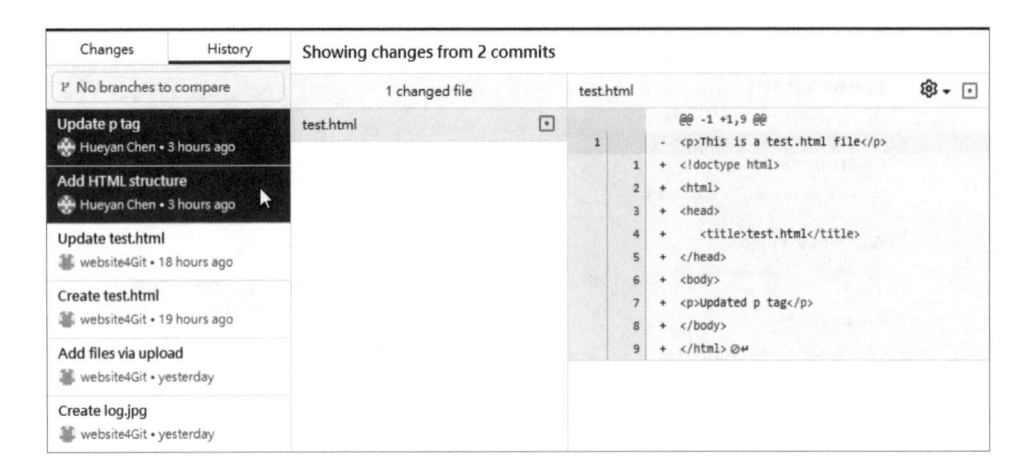

## 6-6 ChatGPT 輔助學習：比較 git fetch 和 git pull 命令

在 Git 提供有 git fetch 和 git pull 兩個命令來提取遠端儲存庫的資料，如果不清楚之間的差距，我們可以直接詢問 ChatGPT 這 2 個命令之間的差異和使用時機。ChatGPT 提示詞（ch6-6.txt），如下所示：

> **Q 提問**
>
> 你是 Git 專家，請使用繁體中文說明 git fetch 和 git pull 命令的差異，並且說明其使用的時機。

> **A 回答**
>
> ChatGPT 的回答首先說明 git fetch 命令（完整 ChatGPT 的回答請參閱 ch6-6.pdf），如下圖所示：
>
> ---
>
> `git fetch` 的功能與使用時機
>
> 1. **功能**
>    - `git fetch` 是用來從遠端儲存庫下載最新的**物件（commits）和引用（branches、tags）**到本地儲存庫。
>    - 它不會自動合併這些更改到當前的工作分支，僅更新遠端追蹤分支（如 `origin/main`）。
>
> 2. **適用時機**
>    - 當你需要檢查遠端儲存庫的最新狀態，但不希望影響本地的工作分支時使用。
>    - 在大型專案中，用 `git fetch` 確保了解團隊其他成員的提交狀態，並進行檢查後再決定是否合併。

然後，說明 git pull 命令，如下圖所示：

> `git pull` 的功能與使用時機
> 1. 功能
>    - `git pull` 是 `git fetch` 和 `git merge` 的結合。它不僅下載遠端儲存庫的更新，還會自動嘗試將這些更新與當前的工作分支合併。
> 2. 適用時機
>    - 當你確定需要將遠端儲存庫的變更整合到本地分支時使用，特別是已經準備好解決潛在的合併衝突。
>    - 在同步遠端最新變更到本地分支，並保持開發進度一致時，使用 `git pull`。

PART 4

# Git/GitHub 版本控制的協同開發

CHAPTER 07　Git Flow 工作流程：使用 Git/GitHub 分支的協同開發

CHAPTER 08　GitHub Flow 工作流程：使用提取請求的協同開發

CHAPTER 09　管理與回復 Git 檔案狀態與提交記錄

# CHAPTER 07

# Git Flow 工作流程：使用 Git/GitHub 分支的協同開發

- ▶ 7-1 Git/GitHub 版本控制的基本流程
- ▶ 7-2 在 GitHub 建立、切換、提取和推送分支
- ▶ 7-3 使用 Git/GitHub 標籤
- ▶ 7-4 Git Flow 實戰：使用 Git/GitHub 分支完成協同開發
- ▶ 7-5 ChatGPT 輔助學習：git pull/git push 命令參數的用法

## 7-1 Git/GitHub 版本控制的基本流程

當使用 Git/GitHub 進行版本控制時會有 2 種儲存庫，一種是位在 GitHub 的遠端儲存庫（也可以是共享儲存庫）；一種是每位開發者位在開發電腦的本機 Git 儲存庫，開發者主要是在本機 Git 儲存庫進行程式開發。

### Git/GitHub 版本控制的基本流程

在整個 Git/GitHub 版本控制的基本流程，開發者首先需要使用 git init 命令初始一個全新的本機 Git 儲存庫（第 3-2 節），或使用 git clone 命令從遠端已經存在的 GitHub 儲存庫複製建立成本機 Git 儲存庫（第 5-5 節）。

然後，對於工作目錄需追蹤的全新或已修改檔案，使用 git add 命令將這些檔案加入追蹤，也就是加入暫存區域（Staging Area）成為「已暫存」狀態（git state 命令），而這些檔案就是此版本需提交的檔案，我們需要執行 git commit 命令進行提交後，

才會存入本機 Git 儲存庫（建立此版本的檔案快照），和更新版本變更的歷史記錄（git log 命令），如下圖所示：

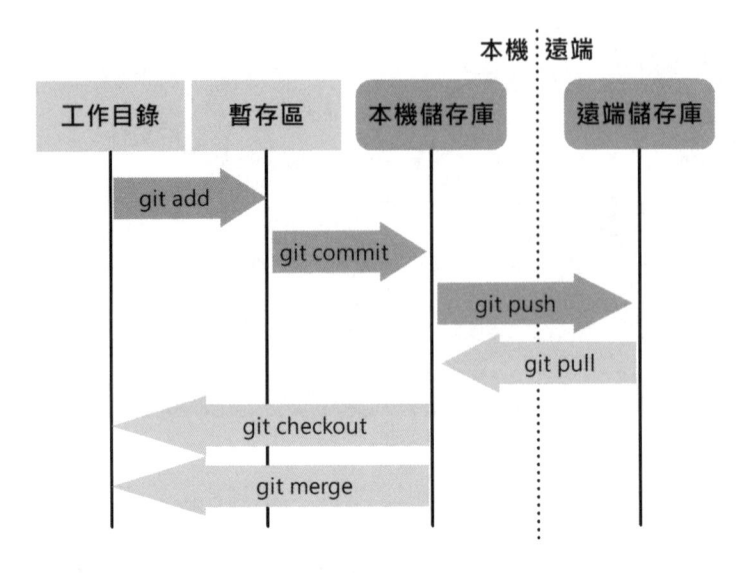

上述圖例在本機 Git 儲存庫提交後，我們還需要同步本機和遠端儲存庫，同步操作命令是使用 git push 命令推送本機 Git 儲存庫的更新至遠端 GitHub 儲存庫，git pull 命令則是反過來，從遠端 GitHub 儲存庫提取最新資料來更新本機 Git 儲存庫。

當開發者準備新增功能或錯誤修正時，例如：新功能 A，我們是使用 git branch 命令建立分支（Branch），也就是再建立一個並行的 A 版本，在本機 Git 儲存庫就是從 main 主分支來新增此分支，開發者就是在分支 A 來進行開發（如此就不會影響到 main 主分支），等到分支 A 開發完成後，使用 git merge 命令合併分支 A 回到 main 主分支，最後再同步至 GitHub 遠端儲存庫。

## Git/GitHub 版本控制的核心觀念

Git/GitHub 版本控制不僅僅是記錄提交的歷史記錄，和儲存檔案變更，更提供一套完整的檔案變更管理機制，可以幫助我們管理程式開發過程中每一個版本的檔案和目錄資料。

當開發過程發現新功能不符合需求，我們可以回到 Git 儲存庫之前的指定版本，對比 Windows 作業系統的備份和還原系統，Git 可以將程式碼回復至之前指定版本的檔案（詳見第 9-3 節的說明），如同 Windows 作業系統回復到指定的還原點。

總而言之，Git/GitHub 版本控制的核心觀念，就是在管理這些提交記錄，我們可以透過提交變更的歷史記錄，作到：

- 回溯歷史：回到過去某一個特定版本或檔案狀態，詳見第 9 章。
- 協同開發：使用第 7-4 節的本機 Git 分支與第 8-3 節的 GitHub 提取請求來進行協同開發。
- 記錄變更：詳細記錄每一次變更的原因和內容。

## 7-2 在 GitHub 建立、切換、提取和推送分支

在 GitHub 管理分支是版本控制的核心功能，GitHub 提供網頁介面來建立、切換和刪除分支，讓我們可以同步本機 Git 和遠端 GitHub 儲存庫的分支。

### 7-2-1 在 GitHub 網頁介面建立和切換分支

我們準備使用 GitHub 網頁介面來新增和切換分支，然後編輯 index.html 新增 <a> 標籤，可以從 index.html 連接至 about.html 頁面。

#### 在 GitHub 網頁介面建立和切換分支

請在 GitHub 網頁介面建立名為【feature-about-link】的分支，其步驟如下所示：

*Step 1* 請登入和開啟 GitHub 儲存庫 repo 的頁面後，點選儲存庫名稱下方分支選擇器【main】（預設分支名稱）的下拉式選單，然後在輸入框輸入【feature-about-link】新分支名稱後，點選下方【Create branch feature-about-link from main】來建立分支。

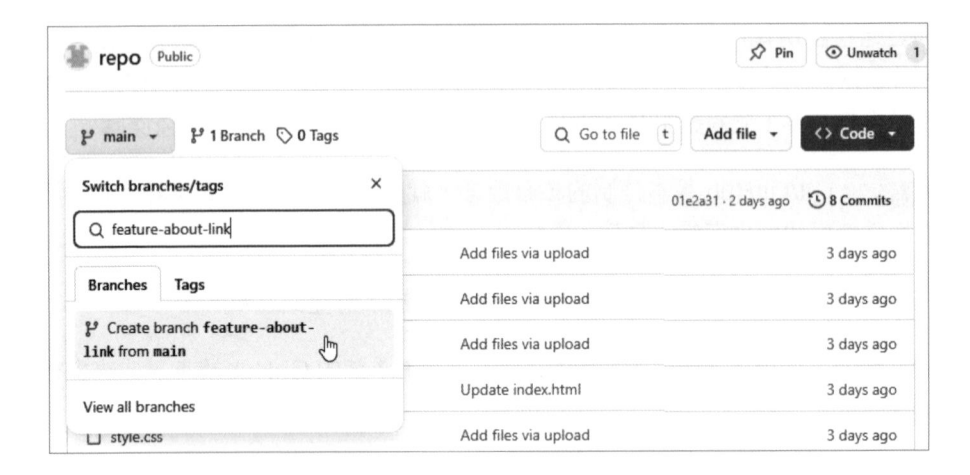

**Step 2** 預設就會自動切換到新分支，也可以點選分支選擇器，在下拉式選單選【feature-about-link】分支，切換到此分支，如下圖所示：

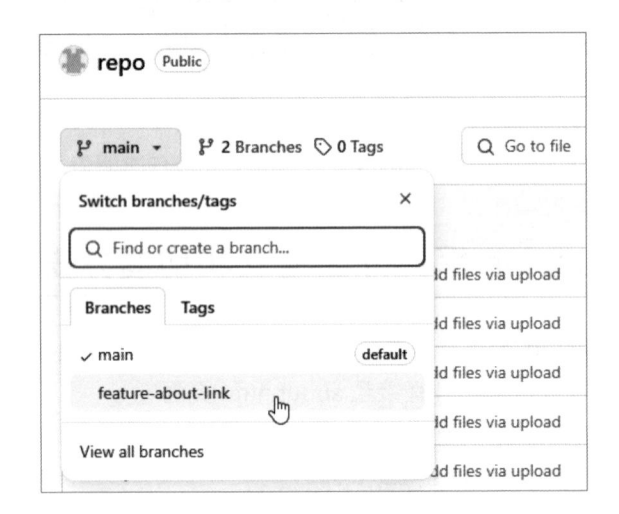

## 使用 GitHub 網頁介面編輯修改分支的檔案

當成功切換到 repo 儲存庫的【feature-about-link】分支後，就可以使用網頁介面來編輯 index.html 檔案，其步驟如下所示：

**Step 1** 請點選檔案清單的【index.html】檔案。

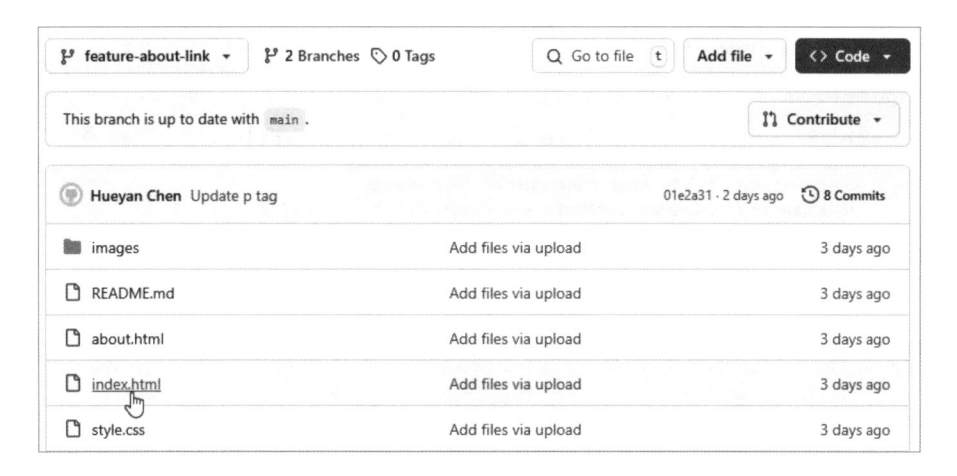

**Step 2** 可以看到檔案內容，請點選游標所在【Edit this file】圖示來編輯檔案內容。

**Step 3** 在插入第 14 行後，請輸入 <a> 超連接和 <br> 換行標籤來完成編輯，就可以按右上方【Commit changes...】鈕來提交變更。

```
<a href="about.html">關於fChart</a><br>
```

7-5

```
repo / index.html         in  feature-about-link              Cancel changes    Commit changes...

Edit  Preview    Code 55% faster with GitHub Copilot          Spaces ▼  2 ▼  No wrap ▼

 1   <!doctype html>
 2   <html>
 3     <head>
 4       <title>fChart程式設計教學工具簡介</title>
 5       <meta charset="utf-8" />
 6       <meta http-equiv="Content-type" content="text/html; charset=utf-8"/>
 7       <link rel="stylesheet" type="text/css" href="style.css">
 8     </head>
 9     <body>
10       <div>
11         <h1>fChart程式設計教學工具簡介</h1>
12         <p>fChart是一套真正可以使用「流程圖」引導程式設計教學的「完整」學習工具，
13         可以幫助初學者透過流程圖學習程式邏輯和輕鬆進入「Coding」世界。</p>
14         <a href="about.html">關於fChart</a><br>
15         <a href="https://fchart.github.io">更多資訊...</a>
16       </div>
```

**Step 4** 請輸入提交訊息，再按【Commit changes】鈕提交檔案變更。

當成功提交 index.html 檔案後，請重新開啟 repo 儲存庫，可以看到一個提醒訊息框，說明 feature-about-link 分支最近有新提交，GitHub 檢測到變更分支尚未合併到 main 主分支，如下圖所示：

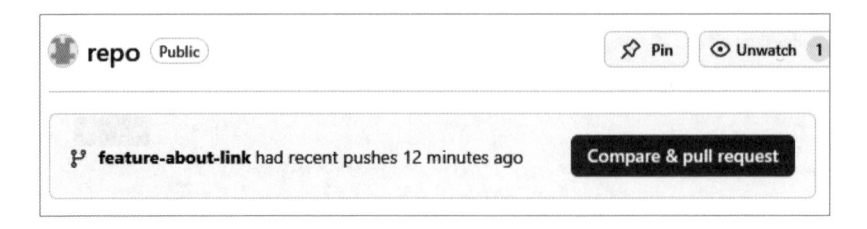

```
repo  Public                                        ☆ Pin   ⊙ Unwatch  1

⑂ feature-about-link had recent pushes 12 minutes ago    Compare & pull request
```

上述按鈕可以檢查變更和建立提取請求，這部分的說明請參閱第 8 章，目前請忽略此訊息並不用理會。

## 7-2-2 在本機 Git 提取 GitHub 遠端分支

在第 7-2-1 節我們已經在 GitHub 建立名為 feature-about-link 的分支，現在，就可以提取遠端分支到本機 Git 儲存庫。

## 使用 Git 命令在本機 Git 提取 GitHub 遠端分支

我們準備繼續第 6 章「D:\repos\user3\repo」工作目錄的 Git 儲存庫，使用 Git 命令在本機 Git 提取 GitHub 遠端分支，其步驟如下所示：

**Step 1** 請啟動 Windows 終端機，切換到使用者 user3 本機 Git 儲存庫的工作目錄，其命令如下所示：

> `cd D:\repos\user3\repo` Enter

**Step 2** 執行 git fetch 命令從遠端獲取最新分支資訊，可以確保本機 Git 儲存庫擁有最新資料，可以看到 [new branch] 有新分支，如下所示：

> `git fetch origin` Enter

```
D:\repos\user3\repo (main) > git fetch origin
remote: Enumerating objects: 5, done.
remote: Counting objects: 100% (5/5), done.
remote: Compressing objects: 100% (3/3), done.
remote: Total 3 (delta 2), reused 0 (delta 0), pack-reused 0 (from 0)
Unpacking objects: 100% (3/3), 966 bytes | 3.00 KiB/s, done.
From https://github.com/website4Git/repo
 * [new branch]      feature-about-link -> origin/feature-about-link
D:\repos\user3\repo (main) >
```

**Step 3** 請使用 git branch -r 命令（git branch -a 命令是顯示本機和遠端的所有分支）列出所有遠端分支，如下所示：

> `git branch -r` Enter

```
D:\repos\user3\repo (main) > git branch -r
  origin/HEAD -> origin/main
  origin/feature-about-link
  origin/main
D:\repos\user3\repo (main) >
```

**Step 4** 確認有看到提取的分支名稱 feature-about-link，就可以使用 git checkout 命令切換到 feature-about-link 分支，同時一併設定本機分支自動追蹤遠端分支 origin/feature-about-link，如下所示：

```
> git checkout feature-about-link [Enter]
```

```
D:\repos\user3\repo (main) > git checkout feature-about-link
branch 'feature-about-link' set up to track 'origin/feature-about-link'.
Switched to a new branch 'feature-about-link'
D:\repos\user3\repo (feature-about-link) > |
```

現在，我們已經在本機 Git 儲存庫成功提取 GitHub 遠端分支。

## 使用 GitHub Desktop 在本機 Git 提取 GitHub 遠端分支

請啟動 GitHub Desktop，如果沒有自動取得更新，請按上方工具列的【Fetch origin】鈕來取得更新後，就可以切換到遠端分支 origin/feature-about-link，如下圖所示：

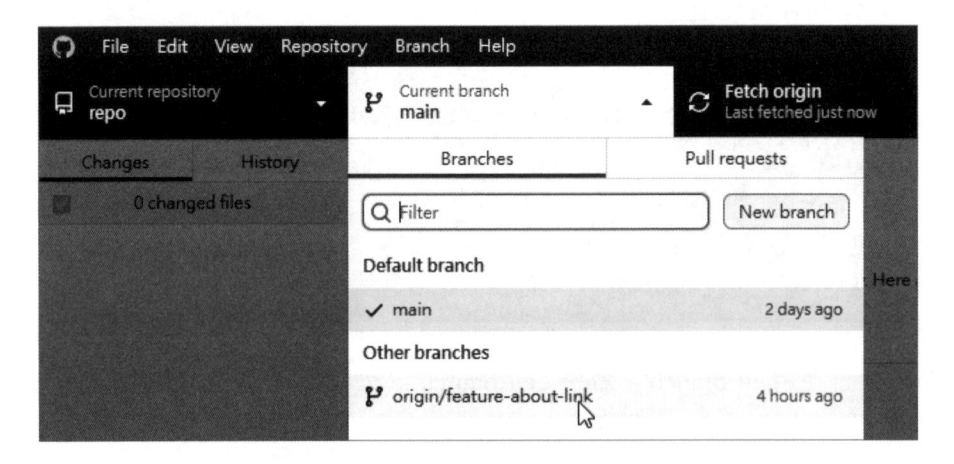

在切換到 feature-about-link 分支後，可以看到和第 7-2-1 節相同的檢查變更和建立提交請求的訊息框，目前並不用理會此訊息，如下圖所示：

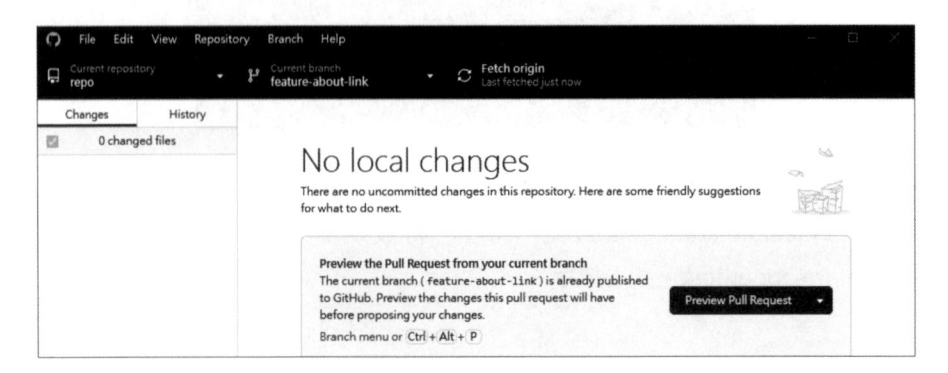

請啟動 Windows 終端機切換到 GitHub Desktop 在第 5-5 節複製成本機 Git 儲存庫的工作目錄，hueya 是 Windows 使用者名稱，如下所示：

> cd C:\Users\hueya\Documents\GitHub\repo [Enter]

在切換到工作目錄後，可以看到目前是在 feature-about-link 分支，請執行 git branch 命令，可以看到已經建立本機 feature-about-link 分支，如下圖所示：

```
C:\users\hueya\Documents\GitHub\repo (feature-about-link) > git branch
* feature-about-link
  main
C:\users\hueya\Documents\GitHub\repo (feature-about-link) > |
```

## 7-2-3 在本機 Git 合併分支後推送到 GitHub

在第 7-2-1 的 GitHub 網頁介面和第 7-2-2 節的 GitHub Desktop 都有提醒我們 feature-about-link 分支可以預覽變更和建立提取請求，除了使用提取請求在 GitHub 合併分支外，我們一樣可以在本機 Git 儲存庫使用 git merge 命令來合併分支，而不使用第 8 章的提取請求。

在這一節我們準備依序執行下列操作，首先在本機 Git 使用 Git 命令合併分支後推送到 GitHub，在刪除本機和遠端分支後，就可以使用 GitHub Desktop 提取 GitHub 儲存庫的最新變更和刪除已合併的分支。

### 💬 使用 Git 命令合併分支後推送到 GitHub

首先在「D:\repos\user3\repo」工作目錄的本機 Git，使用 Git 命令合併分支後推送到 GitHub，其步驟如下所示：

**Step 1** 請啟動 Windows 終端機，切換到使用者 user3 本機 Git 儲存庫的工作目錄，其命令如下所示：

> cd D:\repos\user3\repo [Enter]

7-9

**Step 2** 目前是在 feature-about-link 分支,請先切換到 main 主分支後,使用 git merge 命令將 feature-about-link 分支合併到 main 主分支,如下所示:

```
> git checkout main [Enter]
> git merge feature-about-link -m "Merge branch feature-about-link into main" [Enter]
```

```
D:\repos\user3\repo (feature-about-link) > git checkout main
Switched to branch 'main'
Your branch is up to date with 'origin/main'.
D:\repos\user3\repo (main) > git merge feature-about-link -m
"Merge branch feature-about-link into main"
Updating 01e2a31..b7a7303
Fast-forward (no commit created; -m option ignored)
 index.html | 1 +
 1 file changed, 1 insertion(+)
D:\repos\user3\repo (main) >
```

**Step 3** 在成功合併後,使用 git push 命令推送至 GitHub 儲存庫,如下所示:

```
> git push [Enter]
```

```
D:\repos\user3\repo (main) > git push
Total 0 (delta 0), reused 0 (delta 0), pack-reused 0 (from 0)
To https://github.com/website4Git/repo.git
   01e2a31..b7a7303  main -> main
D:\repos\user3\repo (main) >
```

請執行 git log --oneline --graph 命令,可以看到合併分支後,原 feature-about-link 分支的提交已經成為最新提交,因為在 main 主分支並沒有再新增提交,此種合併策略稱為 Fast-forward Merge(詳見第 9-1-2 節的說明),如下圖所示:

```
D:\repos\user3\repo (main) > git log --oneline --graph
* b7a7303 (HEAD -> main, origin/main, origin/feature-about-link,
  origin/HEAD, feature-about-link) Update index.html
* 01e2a31 Update p tag
* 132d8af Add HTML structure
* 5446116 Update test.html
* af97880 Create test.html
* f6461b9 Add files via upload
* ac657cc Create log.jpg
* e8ae7be Add files via upload
* 8747568 Initial commit
D:\repos\user3\repo (main) >
```

## ◆ 刪除 Git 本機分支與 GitHub 遠端分支

接著，請分別使用 git branch -d 命令刪除本機和 git push origin --delete 命令刪除遠端 feature-about-link 分支，如下所示：

```
> git branch -d feature-about-link  Enter
> git push origin --delete feature-about-link  Enter
```

```
D:\repos\user3\repo (main) > git branch -d feature-about-link
Deleted branch feature-about-link (was b7a7303).
D:\repos\user3\repo (main) > git push origin --delete feature-about-link
To https://github.com/website4Git/repo.git
 - [deleted]         feature-about-link
D:\repos\user3\repo (main) >
```

我們也可以使用 GitHub 網頁介面來刪除遠端 feature-about-link 分支，請在分支選擇器【main】選【View all branches】，切換到分支清單頁面後，點選指定項目後的垃圾桶圖示來刪除此分支，如下圖所示：

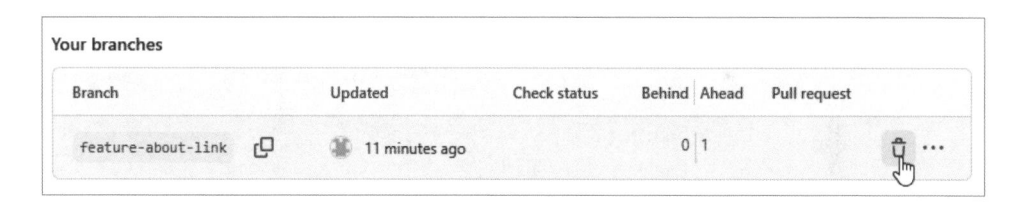

| Your branches | | | | | |
|---|---|---|---|---|---|
| Branch | Updated | Check status | Behind | Ahead | Pull request |
| feature-about-link | 11 minutes ago | | 0 | 1 | |

## ◆ 使用 GitHub Desktop 提取 GitHub 儲存庫

請啟動 GitHub Desktop 切換到 main 主分支後，按上方工具列的【Fetch origin】鈕來取得更新後，可以看到 feature-about-link 分支已經成為本機分支（因為在遠端 GitHub 已經刪除此分支），如下圖所示：

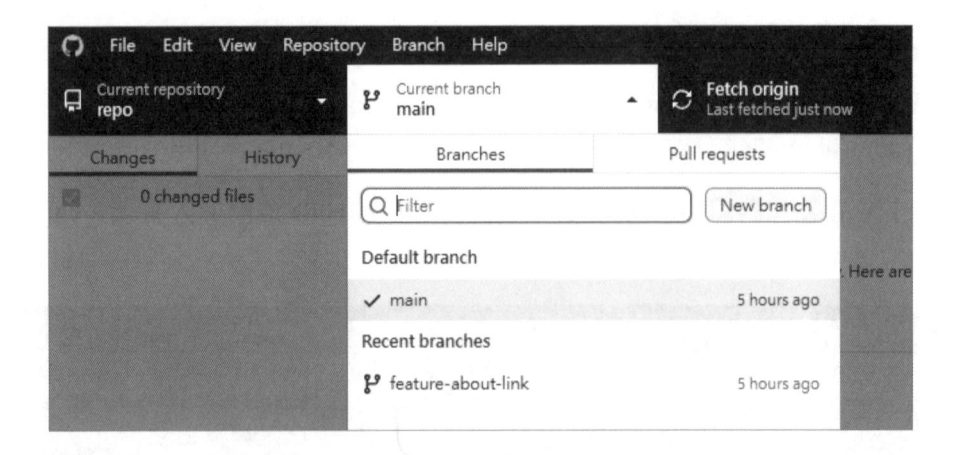

當我們切換到【feature-about-link】分支，因為此分支已經成為本機分支，所以顯示「Publish you branch」訊息框和【Publish branch】鈕來出版分支到遠端 GitHub 儲存庫。

因為這個本機分支事實上已經合併回 main 主分支，請在 GitHub Desktop 執行「Branch > Delete」命令，在本機 Git 儲存庫刪除此分支，可以看到確認訊息視窗，請按【Delete】鈕刪除此分支，如下圖所示：

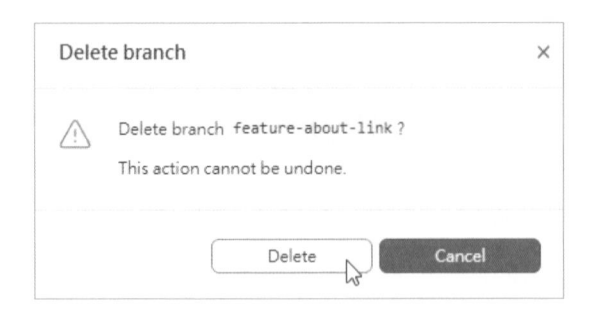

## 7-2-4 從本機 Git 推送新分支到 GitHub

當我們在本機 Git 儲存庫建立新分支（例如：feature-test1 和 feature-test2 分支），然後在修改、加入暫存區和提交後，再將新分支推送到 GitHub。

## 使用 Git 命令從本機 Git 推送新分支到 GitHub

目前 Windows 終端機是位在「D:\repos\user3\repo」工作目錄的本機 Git 儲存庫，其步驟如下所示：

**Step 1** 請使用 get checkout 命令切換到 main 主分支，如下所示：

> git checkout main `Enter`

**Step 2** 建立並切換到新分支 feature-test1，如下所示：

> git checkout -b feature-test1 `Enter`

**Step 3** 將新分支推送到遠端 GitHub 儲存庫，並且使用 -u 選項設定上游分支，如下所示：

> git push -u origin feature-test1 `Enter`

```
D:\repos\user3\repo (main) > git checkout -b feature-test1
Switched to a new branch 'feature-test1'
D:\repos\user3\repo (feature-test1) > git push -u origin feature-test1
Total 0 (delta 0), reused 0 (delta 0), pack-reused 0 (from 0)
remote:
remote: Create a pull request for 'feature-test1' on GitHub by visiting:
remote:      https://github.com/website4Git/repo/pull/new/feature-test1
remote:
To https://github.com/website4Git/repo.git
 * [new branch]      feature-test1 -> feature-test1
branch 'feature-test1' set up to track 'origin/feature-test1'.
D:\repos\user3\repo (feature-test1) >
```

在 GitHub Desktop 建立新分支是執行「Branch > New branch」命令，請在【Name】欄輸入分支名稱 feature-test2，按【Create branch】鈕建立分支，如下圖所示：

然後，就會顯示「Publish you branch」訊息框，請按【Publish branch】鈕出版新分支到 GitHub 儲存庫，如下圖所示：

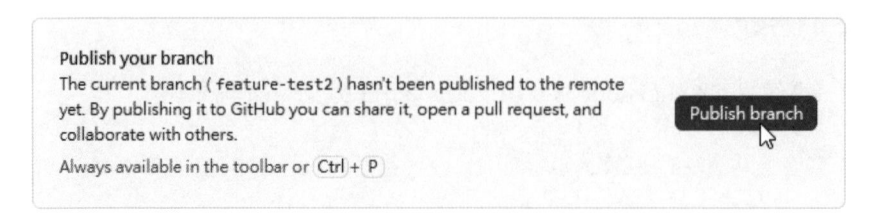

**Publish your branch**
The current branch ( feature-test2 ) hasn't been published to the remote yet. By publishing it to GitHub you can share it, open a pull request, and collaborate with others.
Always available in the toolbar or Ctrl + P

## 在 GitHub 網頁介面顯示所有分支

請在分支選擇器【main】選【View all branches】切換到分支清單頁面，就可以顯示包含 feature-test1 和 feature-test2 的所有分支，如下圖所示：

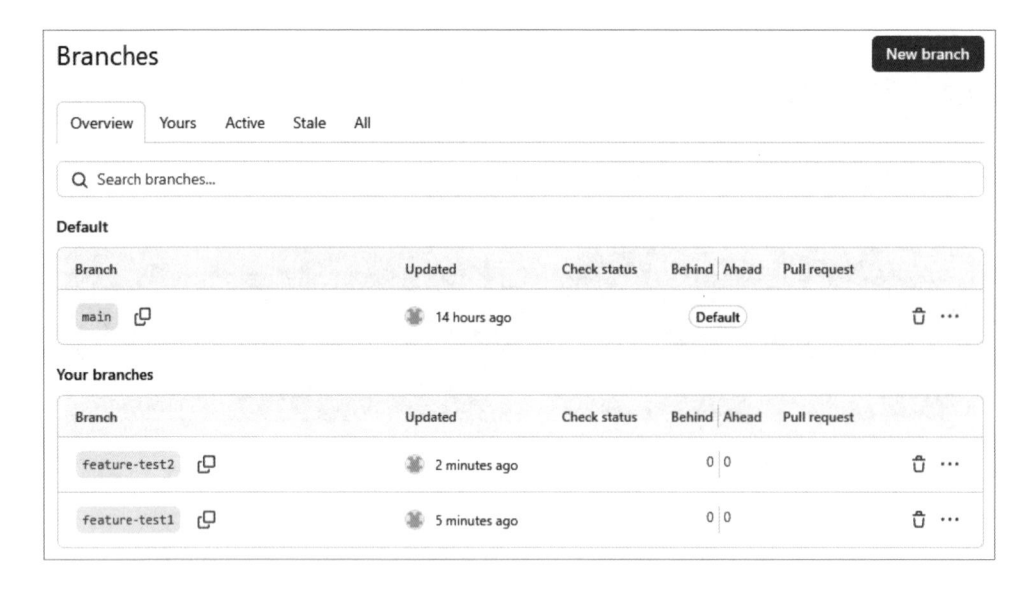

**Branches**

Overview | Yours | Active | Stale | All

Search branches...

**Default**

| Branch | Updated | Check status | Behind | Ahead | Pull request |
|---|---|---|---|---|---|
| main | 14 hours ago | | Default | | |

**Your branches**

| Branch | Updated | Check status | Behind | Ahead | Pull request |
|---|---|---|---|---|---|
| feature-test2 | 2 minutes ago | | 0 | 0 | |
| feature-test1 | 5 minutes ago | | 0 | 0 | |

按右上角【New branch】鈕可以建立新分支，點選分支項目後的垃圾桶圖示，就可以刪除此分支。

7-14

## 刪除 Git 本機分支與 GitHub 遠端分支

請在「D:\repos\user3\repo」工作目錄的本機 Git 儲存庫切換回 main 主分支，因為 feature-test1 分支並沒有合併，此時，請使用 git branch -D 命令刪除本機和 git push origin --delete 命令刪除遠端 feature-test1 分支，如下所示：

```
> git checkout main  Enter
> git branch -D feature-test1  Enter
> git push origin --delete feature-test1  Enter
```

然後，在 GitHub Desktop 切換到 feature-test2 分支，執行「Branch > Delete」命令在本機 Git 儲存庫刪除此分支，在確認訊息視窗勾選【Yes】同時刪除遠端分支，請按【Delete】鈕刪除本機和遠端分支，如下圖所示：

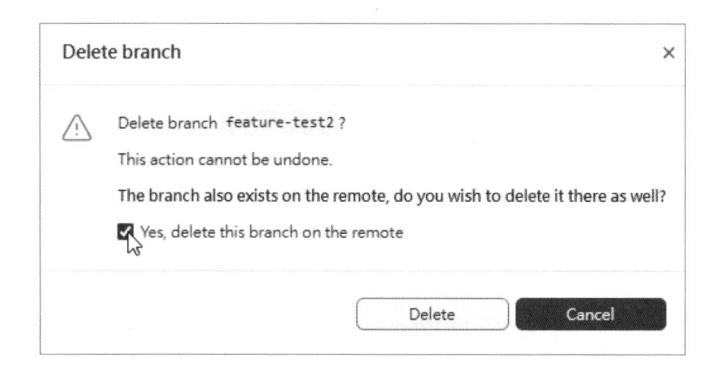

## 7-3 使用 Git/GitHub 標籤

Git/GitHub 標籤（Tag）是用來標記儲存庫提交歷史記錄的特定點，例如：標記指定提交版本的發佈點（例如，v1.0、v2.0）或開發過程的重要里程碑，可以幫助開發者快速識別和管理提交版本，簡單的說，當提交歷史愈來愈長時，我們可以透過標籤來快速切換到指定的提交版本。

在 GitHub 網頁介面是點選在分支選擇器之後的【Tags】，按【Create a new release】鈕來管理和查詢標籤的版本發佈。

## 在本機 Git 建立標籤

Git 標籤有兩種：輕量級標籤（Lightweight Tag）是用來建立某特定提交點的一個書籤；附註標籤（Annotated Tag）是一個完整的 Git 物件，包含標籤訊息、建立者和日期。

請在「D:\repos\user3\repo」工作目錄的本機 Git 儲存庫，使用 git tag 命令在目前的最新提交，建立輕量級標籤名稱 v1.0，請注意！標籤名稱不需要使用雙引號括起，除非在之中有空白字元，如下所示：

```
> git tag v1.0 Enter
```

上述 v1.0 是標籤名稱，在之後如果加上提交的 SHA-1 編碼，就是針對指定提交來建立標籤，以此例因為沒有 SHA-1 編碼，所以就是在最新提交來建立標籤，如下圖所示：

```
D:\repos\user3\repo (main) > git tag v1.0
D:\repos\user3\repo (main) >
```

然後，我們準備在前一個提交建立附註標籤，首先，請執行 git log --oneline 命令顯示提交記錄，即可取得前一個提交的 SHA-1 編碼，如下圖所示：

```
D:\repos\user3\repo (main) > git log --oneline
b7a7303 (HEAD -> main, tag: v1.0, origin/main, origin/HEAD) Update index.html
01e2a31 Update p tag
132d8af Add HTML structure
5446116 Update test.html
af97880 Create test.html
f6461b9 Add files via upload
ac657cc Create log.jpg
e8ae7be Add files via upload
8747568 Initial commit
D:\repos\user3\repo (main) >
```

上述最新提交可以看到 tag: v1.0 的標籤，前一個提交的 SHA-1 碼是 01e2a31（可以只用前 7 個字元）。現在，我們可以針對此版本的提交建立附註標籤 v0.9，如下所示：

> git tag -a v0.9 01e2a31 -m "Release version 0.9" Enter

上述 -a 選項建立附註標籤，在之後依序是標籤名稱和 SHA-1 碼，在 -m 選項後是標籤訊息文字，如下圖所示：

```
D:\repos\user3\repo (main) > git tag -a v0.9 01e2a31 -m "Release version 0.9"
D:\repos\user3\repo (main) >
```

在 GitHub Desktop 是切換到【History】標籤後，在指定提交上，執行【右】鍵快顯功能表的【Create Tag..】命令來建立標籤。

### 💬 查詢本機 Git 建立的標籤

我們可以使用 git tag 命令查詢本機 Git 儲存庫的所有標籤，如下所示：

> git tag Enter

```
D:\repos\user3\repo (main) > git tag
v0.9
v1.0
D:\repos\user3\repo (main) >
```

如果是查詢特定標籤的詳細資訊，請使用 git show 命令加上標籤名稱，如下所示：

> git show v0.9 Enter

```
D:\repos\user3\repo (main) > git show v0.9
tag v0.9
Tagger: Hueyan Chen <hueyanchen2022@gmail.com>
Date:   Thu Jan 2 14:04:00 2025 +0800

Release version 0.9

commit 01e2a31644f848bcdb527f7bb58b069d67786e5d (tag: v0.9)
Author: Hueyan Chen <hueyanchen2022@gmail.com>
Date:   Mon Dec 30 11:30:48 2024 +0800

    Update p tag

diff --git a/test.html b/test.html
index 28f4f71..921ec24 100644
--- a/test.html
+++ b/test.html
@@ -4,6 +4,6 @@
    <title>test.html</title>
 </head>
 <body>
-<p>This is a test.html file</p>
+<p>Updated p tag</p>
 </body>
 </html>
\ No newline at end of file
D:\repos\user3\repo (main) >
```

## 推送本機 Git 的標籤到遠端 GitHub 儲存庫

我們一樣是使用 git push 命令推送本機 Git 標籤到遠端 GitHub 儲存庫，例如：v1.0，如下所示：

> git push origin v1.0 [Enter]

```
D:\repos\user3\repo (main) > git push origin v1.0
Total 0 (delta 0), reused 0 (delta 0), pack-reused 0 (from 0)
To https://github.com/website4Git/repo.git
 * [new tag]         v1.0 -> v1.0
D:\repos\user3\repo (main) >
```

或是在命令加上 --tags 選項，推送所有標籤到遠端 GitHub 儲存庫，以此例就是再推送 v0.9 標籤，如下所示：

```
> git push origin --tags Enter
```

```
D:\repos\user3\repo (main) > git push origin --tags
Enumerating objects: 1, done.
Counting objects: 100% (1/1), done.
Writing objects: 100% (1/1), 172 bytes | 172.00 KiB/s, done.
Total 1 (delta 0), reused 0 (delta 0), pack-reused 0 (from 0)
To https://github.com/website4Git/repo.git
 * [new tag]         v0.9 -> v0.9
D:\repos\user3\repo (main) >
```

在 GitHub 網頁介面點選位在分支選擇器後的【Tags】，就可以看到推送的 2 個標籤，如下圖所示：

## 刪除本機和遠端標籤

請分別使用 git tag -d 命令刪除本機標籤，和 git push origin --delete 命令刪除遠端標籤，首先刪除本機 / 遠端輕量級標籤 v1.0，如下所示：

```
> git tag -d v1.0 Enter
> git push origin --delete v1.0 Enter
```

```
D:\repos\user3\repo (main) > git tag -d v1.0
Deleted tag 'v1.0' (was b7a7303)
D:\repos\user3\repo (main) > git push origin --delete v1.0
To https://github.com/website4Git/repo.git
 - [deleted]         v1.0
D:\repos\user3\repo (main) >
```

然後，刪除本機 / 遠端附註標籤 v0.9，如下所示：

> git tag -d v0.9 [Enter]

> git push origin --delete v0.9 [Enter]

```
D:\repos\user3\repo (main) > git tag -d v0.9
Deleted tag 'v0.9' (was 8a766ba)
D:\repos\user3\repo (main) > git push origin --delete v0.9
To https://github.com/website4Git/repo.git
 - [deleted]         v0.9
D:\repos\user3\repo (main) >
```

## 7-4 Git Flow 實戰：使用 Git/GitHub 分支完成協同開發

Git Flow 工作流程是使用 5 種類型的 main、develop、feature、release 和 hotfix 分支來進行協同開發，如下圖所示：

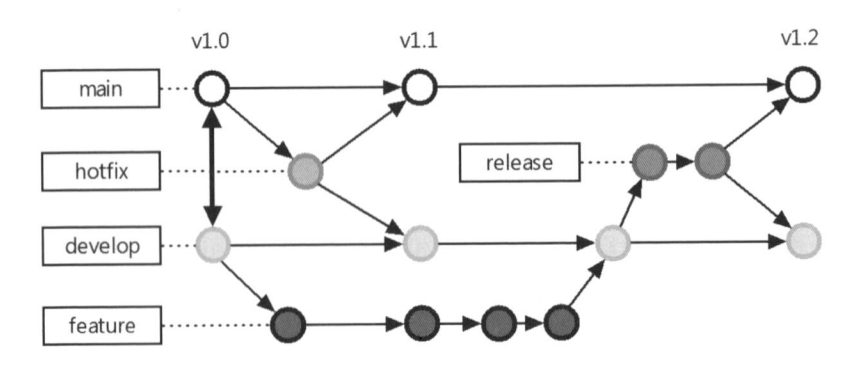

Git Flow 工作流程：使用 Git/GitHub 分支的協同開發　**07**

我們準備使用 GitHub 作為共享儲存庫來進行分支管理與同步，這種工作流程適合小型團隊或簡化開發流程的開發團隊，如下所示：

- 開發團隊是小型團隊或個人開發。
- 團隊成員對彼此的程式碼品質擁有足夠的信任度。
- 專案對正式審查流程的需求比較低。

我們準備使用一個簡單的 Web 網站專案，展示使用 Git Flow 工作流程來完成協同開發，在「ch07\gitflow」的本機 Git 儲存庫是修改自 repo 儲存庫，已經執行 git remote remove origin 命令刪除遠端儲存庫。

### 建立本機 Git 與遠端 GitHub 儲存庫

現在，開發者 Joe 準備使用書附範例「ch07\gitflow」目錄的 Git 儲存庫，用來建立本節本機 Git 與遠端 GitHub 儲存庫，其步驟如下所示：

**Step 1**　請複製「ch07\gitflow」至「D:\repos\gitflow」工作目錄，如下圖所示：

**Step 2**　然後啟動 Windows 終端機切換到此目錄，可以看到這是一個本機 Git 儲存庫，如下所示：

> cd D:\repos\gitflow [Enter]

```
C:\Users\hueya > cd D:\repos\gitflow
D:\repos\gitflow (main) > |
```

7-21

**Step 3** 請登入 GitHub 帳戶使用 GitHub 網頁介面建立 gitflow 儲存庫，請按【New】鈕。

**Step 4** 輸入儲存庫名稱【gitflow】，其他選項都不用更改，直接按【Create repository】鈕建立儲存庫。

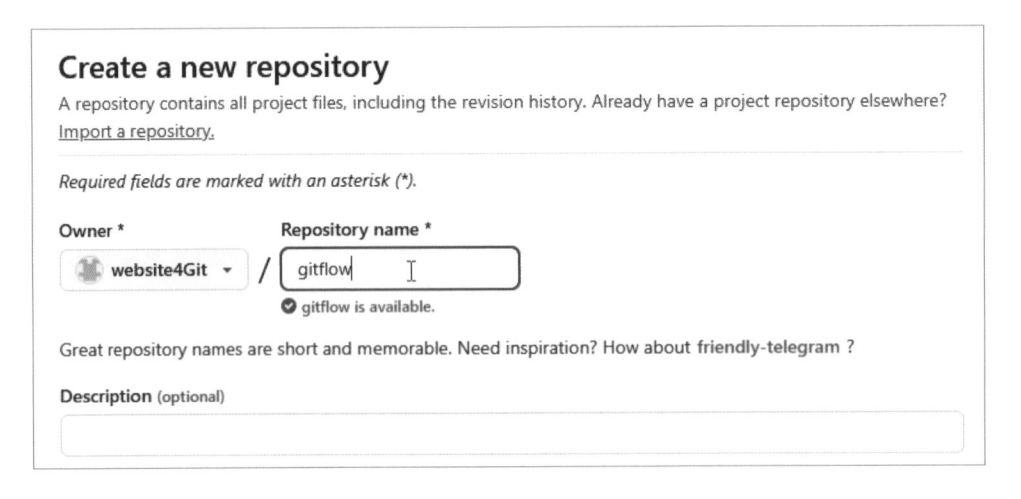

**Step 5** 使用 git remote add 命令將名為 origin（預設遠端儲存庫名稱）的遠端儲存庫新增到本機 Git 儲存庫，website4Git 是 GitHub 使用者帳戶，請改成你的 GitHub 帳戶，如下所示：

```
> git remote add origin https://github.com/website4Git/gitflow.git  Enter
```

Git Flow 工作流程：使用 Git/GitHub 分支的協同開發　**07**

## 💬 Git Flow 工作流程：main 主分支和 develop 分支

在 Git Flow 工作流程的 main（主分支）代表穩定版本的程式碼，develop（開發分支）是目前正在開發中的程式碼，當成功建立本機 Git 和遠端 GitHub 儲存庫後，我們就可以建立 main 主分支和 develop 分支，並且推送至遠端 GitHub 儲存庫，其步驟如下所示：

**Step 1** 請將目前分支使用 git branch 命令的 -M 選項重新命名為 main（此命令可確認主分支名稱是 main）後，推送 main 主分支到遠端 GitHub 儲存庫，並且使用 -u 選項設定上游分支，如下所示：

> git branch -M main ⏎Enter
> git push -u origin main ⏎Enter

```
D:\repos\gitflow (main) > git branch -M main
D:\repos\gitflow (main) > git push -u origin main
Enumerating objects: 28, done.
Counting objects: 100% (28/28), done.
Delta compression using up to 6 threads
Compressing objects: 100% (23/23), done.
Writing objects: 100% (28/28), 13.49 KiB | 2.70 MiB/s, done.
Total 28 (delta 7), reused 6 (delta 0), pack-reused 0 (from 0)
remote: Resolving deltas: 100% (7/7), done.
To https://github.com/website4Git/gitflow.git
 * [new branch]      main -> main
branch 'main' set up to track 'origin/main'.
D:\repos\gitflow (main) >
```

**Step 2** 然後建立和推送 develop 分支到 GitHub 儲存庫，如下所示：

> git checkout -b develop ⏎Enter
> git push -u origin develop ⏎Enter

```
D:\repos\gitflow (main) > git checkout -b develop
Switched to a new branch 'develop'
D:\repos\gitflow (develop) > git push -u origin develop
Total 0 (delta 0), reused 0 (delta 0), pack-reused 0 (from 0)
remote:
remote: Create a pull request for 'develop' on GitHub by visiting:
remote:      https://github.com/website4Git/gitflow/pull/new/develop
remote:
To https://github.com/website4Git/gitflow.git
 * [new branch]      develop -> develop
branch 'develop' set up to track 'origin/develop'.
D:\repos\gitflow (develop) >
```

7-23

在遠端 GitHub 儲存庫 gitflow 可以看到這 2 個分支，如下圖所示：

請注意！在本節的 Git Flow 工作流程並沒有使用第 8 章的提取請求，此時遠端 GitHub 儲存庫的角色是一個共享 main 和 develop 兩個長期分支的共享儲存庫，開發者建立的短期分支都是在本機 Git 儲存庫建立，此時多位開發者的協同開發，就會失去詳細的協同過程記錄（提取請求就是在解決此問題），如下所示：

- 多位開發者是直接對同一分支進行提交並推送，此時的協同開發是多位開發者在私下進行，所以缺乏系統性審查流程和變更記錄的清晰性，容易引發衝突和程式碼的品質問題。

- 多位開發者分別在自己的分支進行並行開發後，分別手動將分支合併到 main 主分支和 develop 分支，這是使用分工合作方式來完成協同開發，當出現合併衝突時，再來事後協調如何解決此問題。

### 使用 GitHub Desktop 複製 GitHub 儲存庫 gitflow

開發者 Mary 是使用 GitHub Desktop 在本機複製 GitHub 儲存庫 gitflow，其步驟如下所示：

*Step 1* 請啟動 GitHub Desktop 執行「File＞Clone repository」命令，選【website4Git/gitflow】，按【Clone】鈕複製儲存庫。

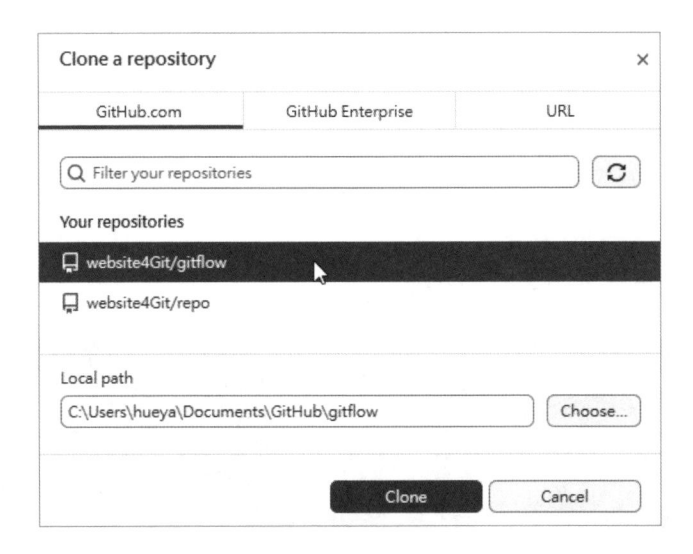

*Step 2* 可以看到 GitHub Desktop 已經開啟 gitflow 本機儲存庫，如下圖所示：

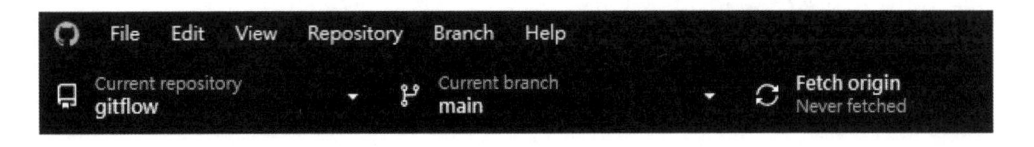

## Git Flow 工作流程：feature 分支

我們準備讓兩位開發者 Joe 和 Mary 分別建立 2 個 feature 分支，來同時修改同一檔案的同一行程式碼，然後進行協同開發來解決合併衝突問題。開發者 Joe 和 Mary 本機 Git 儲存庫的工作目錄，如下所示：

- 開發者 Joe：「D:\repos\gitflow」工作目錄。

- 開發者 Mary：「C:\Users\hueya\Documents\GitHub\gitflow」工作目錄（hueya 是 Windows 使用者名稱）。

7-25

在 Git Flow 工作流程的 feature（功能分支）是為每一個新功能所建立的分支，這是從 develop 分支所建立，最後合併回 develop 分支。我們準備在 Windows 終端機建立 2 個標籤頁，分別使用 Git 命令來執行開發者 Joe 和 Mary 的操作步驟，如下所示：

**Step 1** 開發者 Joe 切換到 develop 分支後，建立 feature 分支 feature-add-link，和切換到新分支，如下所示：

```
> git checkout develop  Enter
> git checkout -b feature-add-link  Enter
```

```
D:\repos\gitflow (main) > git checkout develop
Switched to branch 'develop'
Your branch is up to date with 'origin/develop'.
D:\repos\gitflow (develop) > git checkout -b feature-add-link
Switched to a new branch 'feature-add-link'
D:\repos\gitflow (feature-add-link) >
```

**Step 2** 開發者 Mary 切換到 develop 分支後，建立 feature 分支 feature-update-title，和切換到新分支，如下所示：

```
> git checkout develop  Enter
> git checkout -b feature-update-title  Enter
```

```
C:\users\hueya\Documents\GitHub\gitflow (main) > git checkout develop
branch 'develop' set up to track 'origin/develop'.
Switched to a new branch 'develop'
C:\users\hueya\Documents\GitHub\gitflow (develop) > git checkout -b feature-update-title
Switched to a new branch 'feature-update-title'
C:\users\hueya\Documents\GitHub\gitflow (feature-update-title) >
```

**Step 3** 首先是開發者 Joe 在 feature-add-link 分支修改 about.html 和提交變更，目前是位在 feature-add-link 分支，請輸入 notepad about.html 命令啟動【記事本】開啟 about.html。

Step 4　請修改 <h1> 標籤加上 <a> 標籤,可以連接 https://fchart.is-best.net/ 網址,如下所示:

```
<h1><a href="https://fchart.is-best.net/">關於fChart<a></h1>
```

Step 5　在儲存 about.html 後,就可以加入暫存區和提交變更,如下所示:

```
> git add about.html  Enter
> git commit -m "Add link to about.html"  Enter
```

Step 6　在完成此分支的開發後,就可以將 feature-add-link 分支合併回 develop 分支並推送至 GitHub,--no-edit 選項是自動生成合併訊息,如下所示:

```
> git checkout develop  Enter
> git merge feature-add-link --no-edit  Enter
> git push origin develop  Enter
```

上述命令依序切換到 develop 分支，合併 feature-add-link 分支到 develop 分支，和推送 develop 分支至遠端 GitHub，如下圖所示：

```
D:\repos\gitflow (feature-add-link) > git checkout develop
Switched to branch 'develop'
Your branch is up to date with 'origin/develop'.
D:\repos\gitflow (develop) > git merge feature-add-link --no-edit
Updating 2782d7a..fe1f23f
Fast-forward
 about.html | 2 +-
 1 file changed, 1 insertion(+), 1 deletion(-)
D:\repos\gitflow (develop) > git push origin develop
Enumerating objects: 5, done.
Counting objects: 100% (5/5), done.
Delta compression using up to 6 threads
Compressing objects: 100% (3/3), done.
Writing objects: 100% (3/3), 352 bytes | 352.00 KiB/s, done.
Total 3 (delta 2), reused 0 (delta 0), pack-reused 0 (from 0)
remote: Resolving deltas: 100% (2/2), completed with 2 local objects.
To https://github.com/website4Git/gitflow.git
   2782d7a..fe1f23f  develop -> develop
D:\repos\gitflow (develop) >
```

**Step 7** 接著是開發者 Mary，在 feature-update-title 分支更新修改 <h1> 標籤，即在 fChart 之後加上 " 工具 "，目前是位在 feature-update-title 分支，請輸入 notepad about.html 開啟檔案來編輯文字的修改，如下圖所示：

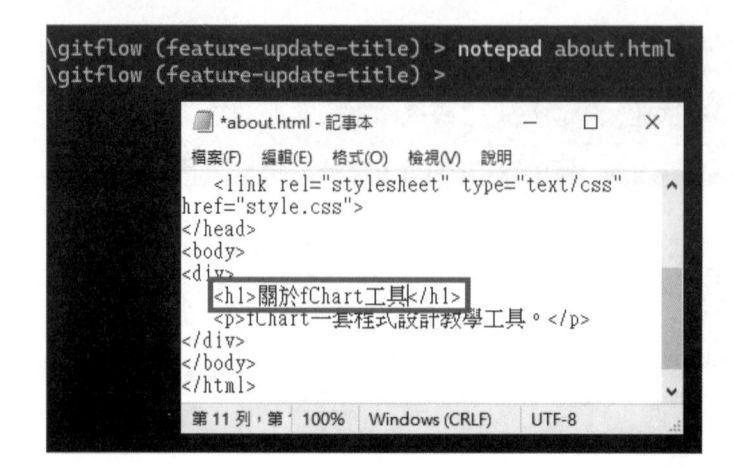

```
\gitflow (feature-update-title) > notepad about.html
\gitflow (feature-update-title) >
```

*about.html - 記事本

檔案(F) 編輯(E) 格式(O) 檢視(V) 說明
```
        <link rel="stylesheet" type="text/css"
href="style.css">
</head>
<body>
<div>
    <h1>關於fChart工具</h1>
    <p>fChart一套程式設計教學工具。</p>
</div>
</body>
</html>
```
第 11 列，第 1   100%   Windows (CRLF)   UTF-8

**Step 8** 在儲存後，就可以加入暫存區和提交變更，並且將 feature-update-title 分支合併回 develop 分支，如下所示：

> git add about.html `Enter`
> git commit -m "Update h1 tag" `Enter`
> git checkout develop `Enter`
> git merge feature-update-title --no-edit `Enter`

```
C:\users\hueya\Documents\GitHub\gitflow (feature-update-title) > git add about.html
C:\users\hueya\Documents\GitHub\gitflow (feature-update-title) > git commit -m "Update h1 tag"
[feature-update-title 9effc4a] Update h1 tag
 1 file changed, 1 insertion(+), 1 deletion(-)
C:\users\hueya\Documents\GitHub\gitflow (feature-update-title) > git checkout develop
Switched to branch 'develop'
Your branch is up to date with 'origin/develop'.
C:\users\hueya\Documents\GitHub\gitflow (develop) > git merge feature-update-title --no-edit
Updating 2782d7a..9effc4a
Fast-forward
 about.html | 2 +-
 1 file changed, 1 insertion(+), 1 deletion(-)
C:\users\hueya\Documents\GitHub\gitflow (develop) >
```

**Step 9** 當開發者 Mary 推送 develop 分支到遠端 GitHub 時，就會出現問題而被拒絕，因為遠端已有 Joe 修改的部分，但本機沒有，如下所示：

> git push -u origin develop `Enter`

```
C:\users\hueya\Documents\GitHub\gitflow (develop) > git push -u origin develop
To https://github.com/website4Git/gitflow.git
 ! [rejected]        develop -> develop (fetch first)
error: failed to push some refs to 'https://github.com/website4Git/gitflow.git'
hint: Updates were rejected because the remote contains work that you do not
hint: have locally. This is usually caused by another repository pushing to
hint: the same ref. If you want to integrate the remote changes, use
hint: 'git pull' before pushing again.
hint: See the 'Note about fast-forwards' in 'git push --help' for details.
C:\users\hueya\Documents\GitHub\gitflow (develop) >
```

**Step 10** 開發者 Mary 需要先提取 GitHub 儲存庫的 develop 分支，因為 Joe 是修改同一檔案和同一行程式碼，所以產生合併衝突，如下所示：

> git pull origin develop `Enter`

```
C:\users\hueya\Documents\GitHub\gitflow (develop) > git pull origin develop
From https://github.com/website4Git/gitflow
 * branch            develop    -> FETCH_HEAD
Auto-merging about.html
CONFLICT (content): Merge conflict in about.html
Automatic merge failed; fix conflicts and then commit the result.
C:\users\hueya\Documents\GitHub\gitflow (develop) >
```

**Step 11** 開發者 Mary 打開衝突 about.html 檔案,在和 Joe 私下或開會討論後,決定保留 Mary 的修改,刪除 Joe 的修改來手動解決合併衝突,如下圖所示:

```
about.html - 記事本                                    —  □  ×
檔案(F) 編輯(E) 格式(O) 檢視(V) 說明
<!doctype html>
<html>
<head>
    <title>關於fChart</title>
    <meta charset="utf-8" />
    <meta http-equiv="Content-type" content="text/html; charset=utf-8"/>
    <link rel="stylesheet" type="text/css" href="style.css">
</head>
<body>
<div>
<<<<<<< HEAD
    <h1>關於fChart工具</h1>
=======
    <h1><a href="https://fchart.is-best.net/">關於fChart<a></h1>
>>>>>>> fe1f23f93ebc0de0dc2006ced5200bddde02620a
    <p>fChart一套程式設計教學工具。</p>
</div>
</body>
</html>
                             第 1 列,第 1 行   100%  Windows (CRLF)   UTF-8
```

**Step 12** 在儲存 about.html 後,就可以加入暫存區和提交變更,並且推送解決後的變更到遠端 GitHub 儲存庫,如下所示:

> git add about.html [Enter]
> git commit -m "Resolve merge conflict in about.html" [Enter]
> git push origin develop [Enter]

```
C:\users\hueya\Documents\GitHub\gitflow (develop) > git add about.html
C:\users\hueya\Documents\GitHub\gitflow (develop) > git commit -m "Resolve merge conflict in about.html"
[develop b6245c4] Resolve merge conflict in about.html
C:\users\hueya\Documents\GitHub\gitflow (develop) > git push origin develop
Enumerating objects: 8, done.
Counting objects: 100% (8/8), done.
Delta compression using up to 6 threads
Compressing objects: 100% (4/4), done.
Writing objects: 100% (4/4), 507 bytes | 507.00 KiB/s, done.
Total 4 (delta 2), reused 0 (delta 0), pack-reused 0 (from 0)
remote: Resolving deltas: 100% (2/2), completed with 2 local objects.
To https://github.com/website4Git/gitflow.git
   fe1f23f..b6245c4  develop -> develop
C:\users\hueya\Documents\GitHub\gitflow (develop) >
```

Git Flow 工作流程：使用 Git/GitHub 分支的協同開發　**07**

**Step 13** 因為已經合併分支，開發者 Joe 就可以切換到 develop 分支後，刪除本地分支 feature-add-link，如下所示：

```
> git checkout develop Enter
> git branch -d feature-add-link Enter
```

**Step 14** 同樣的，開發者 Mary 在切換到 develop 分支後，就可以刪除本地分支 feature-update-title，如下所示：

```
> git checkout develop Enter
> git branch -d feature-update-title Enter
```

## 💬 Git Flow 工作流程：release 分支

在 Git Flow 工作流程的 release（發佈分支）是當 develop 分支到達可發佈狀態時，就從 develop 建立發佈分支，最後合併到 main 主分支和 develop 分支。開發者 Joe 就是負責建立 1.0.0 版 release 分支，其步驟如下所示：

**Step 1** 開發者 Joe 從 develop 分支建立 release-1.0.0 分支和切換到新分支，如下所示：

```
> git checkout develop Enter
> git checkout -b release-1.0.0 Enter
```

**Step 2** 然後進行發佈前的最後除錯與測試，以此例是更新 README.md 加上 v1.0.0，在儲存後加入暫存區和提交，如下所示：

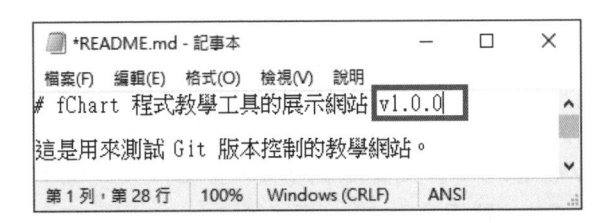

```
> git add README.md Enter
> git commit -m "Update version to 1.0.0" Enter
```

7-31

```
D:\repos\gitflow (release-1.0.0) > git add README.md
D:\repos\gitflow (release-1.0.0) > git commit -m "Update version to 1.0.0"
[release-1.0.0 41577d1] Update version to 1.0.0
 1 file changed, 1 insertion(+), 1 deletion(-)
D:\repos\gitflow (release-1.0.0) >
```

**Step 3** 切換到 main 主分支，將 release-1.0.0 分支合併到 main 主分支，和建立附註標籤後，推送 main 主分支和標籤至遠端 GitHub 儲存庫，如下所示：

```
> git checkout main  Enter
> git merge release-1.0.0 --no-edit  Enter
> git tag -a v1.0.0 -m "Release version 1.0.0"  Enter
> git push origin  Enter
> git push origin --tags  Enter
```

**Step 4** 執行 git pull 更新後，切換到 develop 分支，將 release-1.0.0 分支合併回 develop 分支後，推送 develop 分支至遠端 GitHub 儲存庫，如下所示：

```
> git pull  Enter
> git checkout develop  Enter
> git merge release-1.0.0 --no-edit  Enter
> git push origin develop  Enter
```

**Step 5** 切換到 develop 分支，刪除 release-1.0.0 本機分支，如下所示：

```
> git checkout develop  Enter
> git branch -d release-1.0.0  Enter
```

## Git Flow 工作流程：hotfix 分支

在 Git Flow 工作流程的 hotfix（錯誤修正分支）是用於修復穩定版本的緊急錯誤，因為開發者 Mary 在 feature 分支保留的 <a> 標籤，其 fChart 官方網址不支援 HTTPS，所以無法成功瀏覽網頁，如下所示：

**URL** https://fchart.is-best.net/

開發者 Mary 負責此錯誤修正，所以從 main 主分支建立 hotfix-fix-url 分支，在完成修改後，合併回 main 分支和 develop 分支，其步驟如下所示：

**Step 1** 開發者 Mary 從 main 主分支建立 hotfix-fix-url 分支和切換到新分支，如下所示：

```
> git checkout main  Enter
> git checkout -b hotfix-fix-url  Enter
```

**Step 2** 修正 about.html 的 URL 問題，請將 https 改成 http 且儲存後，加入暫存區並提交，如下所示：

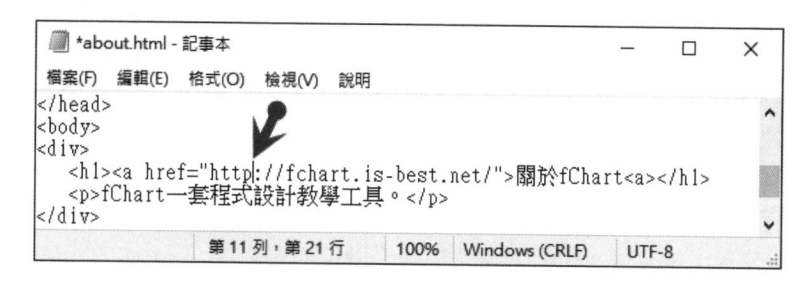

```
> git add about.html  Enter
> git commit -m "Fix URL in about.html"  Enter
```

**Step 3** 在切換到 main 主分支後，將 hotfix-fix-url 分支合併回 main 主分支，和建立附註標籤後，推送 main 主分支和標籤至遠端 GitHub 儲存庫，如下所示：

```
> git checkout main  Enter
> git merge hotfix-fix-url --no-edit  Enter
> git tag -a v1.0.1 -m "Hotfix release version 1.0.1"  Enter
> git push origin  Enter
> git push origin --tags  Enter
```

```
C:\users\hueya\Documents\GitHub\gitflow (hotfix-fix-url) > git checkout main
Switched to branch 'main'
Your branch is up to date with 'origin/main'.
C:\users\hueya\Documents\GitHub\gitflow (main) > git merge hotfix-fix-url --no-edit
Updating 41577d1..2b0ca95
Fast-forward
 about.html | 2 +-
 1 file changed, 1 insertion(+), 1 deletion(-)
C:\users\hueya\Documents\GitHub\gitflow (main) > git tag -a v1.0.1 -m "Hotfix release version 1.0.1"
C:\users\hueya\Documents\GitHub\gitflow (main) > git push origin
Enumerating objects: 5, done.
Counting objects: 100% (5/5), done.
Delta compression using up to 6 threads
Compressing objects: 100% (3/3), done.
Writing objects: 100% (3/3), 301 bytes | 301.00 KiB/s, done.
Total 3 (delta 2), reused 0 (delta 0), pack-reused 0 (from 0)
remote: Resolving deltas: 100% (2/2), completed with 2 local objects.
To https://github.com/website4Git/gitflow.git
   41577d1..2b0ca95  main -> main
C:\users\hueya\Documents\GitHub\gitflow (main) > git push origin --tags
Enumerating objects: 1, done.
Counting objects: 100% (1/1), done.
Writing objects: 100% (1/1), 176 bytes | 176.00 KiB/s, done.
Total 1 (delta 0), reused 0 (delta 0), pack-reused 0 (from 0)
To https://github.com/website4Git/gitflow.git
 * [new tag]         v1.0.1 -> v1.0.1
C:\users\hueya\Documents\GitHub\gitflow (main) > |
```

**Step 4** 執行 git pull 更新後，切換到 develop 分支，將 hotfix-fix-url 分支再合併到 develop 分支後，推送 develop 分支至遠端 GitHub 儲存庫，如下所示：

```
> git pull  Enter
> git checkout develop  Enter
> git merge hotfix-fix-url --no-edit  Enter
> git push origin develop  Enter
```

**Step 5** 切換到 main 分支，刪除 hotfix-fix-url 本機分支，如下所示：

```
> git checkout main  Enter
> git branch -d hotfix-fix-url  Enter
```

```
C:\users\hueya\Documents\GitHub\gitflow (develop) > git checkout main
Switched to branch 'main'
Your branch is up to date with 'origin/main'.
C:\users\hueya\Documents\GitHub\gitflow (main) > git branch -d hotfix-fix-url
Deleted branch hotfix-fix-url (was 2b0ca95).
C:\users\hueya\Documents\GitHub\gitflow (main) > |
```

## 7-5 ChatGPT 輔助學習：git pull/git push 命令參數的用法

Git 是使用 git pull 和 git push 命令提取 / 推送遠端 GitHub 儲存庫，問題是之後參數有的有加 origin，有的沒加，還有的需加上分支名稱，這些命令參數的用法到底有何不同？對於 Git 命令參數用法的問題，我們都可以詢問 ChatGPT。ChatGPT 提示詞（ch7-5.txt），如下所示：

> **Q 提問**
>
> 你是 Git/GitHub 專家，請使用繁體中文說明 git pull 和 git push 命令提取 / 推送遠端 GitHub 儲存庫時，有時需加上 origin；有時不用加，有些在最後指明分支名稱，請問這些用法之間的差異為何？

> **A 回答**
>
> ChatGPT 的回答首先說明什麼是 origin，和為什麼有時需加上 origin（完整 ChatGPT 的回答請參閱 ch7-5.pdf），如下圖所示：
>
> ---
>
> **1. `origin` 是什麼？**
>
> - `origin` 是 Git 預設的遠端儲存庫名稱（當你執行 `git clone` 時，自動設定）。
> - 你可以透過 `git remote -v` 查看目前的遠端儲存庫名稱及其對應的 URL。
>
> **2. 為什麼有時需要加上 `origin`？**
>
> 當你執行 `git pull` 或 `git push` 時：
>
> - 如果當前分支與遠端分支**正確追蹤**（即有上下游關係），則 Git 可以自動判斷要操作的遠端儲存庫與分支，無需明確指定 `origin` 或分支名稱。
> - 如果當前分支未設定追蹤分支，或你想操作的遠端儲存庫/分支不同於預設值，則必須明確指定 `origin` 和分支名稱。

然後，說明命令有指明分支名稱的情況，和不用指明 origin 或分支名稱的情況，最後使用一個表格來總結用法之間的差異，如下圖所示：

### 5. 總結：用法差異比較

| 命令 | 用途 | 是否需要加 origin 或分支名稱 |
|---|---|---|
| `git pull` | 拉取當前分支的遠端更新 | 如果追蹤分支已設定，則不需要；否則需要加上。 |
| `git pull origin <分支>` | 拉取指定遠端分支的更新 | 當需要明確指定遠端儲存庫或分支時。 |
| `git push` | 推送當前分支到追蹤的遠端分支 | 如果追蹤分支已設定，則不需要；否則需要加上。 |
| `git push origin <分支>` | 推送到指定遠端分支 | 當需要明確指定遠端儲存庫或分支時。 |
| `git push -u origin <分支>` | 推送並設定追蹤關係，適合首次推送新的本地分支到遠端 | 適合新建分支或未設定追蹤關係的情況。 |

# CHAPTER 08

# GitHub Flow 工作流程：使用提取請求的協同開發

- 8-1 認識 GitHub 的提取請求
- 8-2 在 GitHub 儲存庫邀請協同開發者
- 8-3 GitHub Flow 實戰：使用提取請求完成協同開發
- 8-4 ChatGPT 輔助學習：產生 GitHub Flow 工作流程範例

## 8-1 認識 GitHub 的提取請求

協同開發的關鍵是溝通與流程，「提取請求」（Pull Requests）是 GitHub 協同開發的一個強大輔助工具，其最大價值在於能夠記錄協同開發過程中的每一步細節，替協同開發提供清晰的流程。

事實上，提取請求的本質就是一個通知，告知 GitHub 儲存庫的協同開發者：「我修改了一些程式碼，你們可以審查這些程式碼和進行討論，如果沒有問題，就把這些修改的程式碼合併到 GitHub 儲存庫」。

### 提取請求的作法

提取請求是一種讓協同開發者能夠提交和審閱專案修改的工具，當某位開發者新增功能或修復錯誤，就可以建立提取請求來通知其他協同開發者程式碼有變更，此時，其他協同開發者就可以檢查你更改的程式碼來進行討論，並且決定是否合併這些程式碼變更到 GitHub 儲存庫。

在第 7 章我們是使用 Git/GitHub 分支來進行協同開發，所有協同開發者都是在自己的本機 Git 分支進行開發，所以互不干擾，直到執行 git merge 命令合併分支，推送至 GitHub 儲存庫，才會知道是否有合併衝突問題，如果有，就在事後私下討論或開會來解決合併衝突問題。

問題是當專案持續開發一段時間後，分支就會持續增加，發生合併衝突會更加頻繁，不只如此，使用 git merge 命令合併分支，還會產生一些潛在問題，包含：提交歷史記錄混亂、合併操作引入破壞性變更，造成系統錯誤或不穩定，進而影響儲存庫的穩定性和協同開發的效率。

在本章是改用 GitHub 提取請求來完成協同開發，其作法是在事前檢查，協同開發者在合併分支前就進行程式碼審查和討論，換句話說，在合併前就已經解決合併衝突問題。而且，在整個提取請求的過程中，協同開發者還可以針對程式碼變更進行審查和評論，並且提出修改建議，確保程式碼的品質和協同開發的流程能夠更加的順暢。

## 提取請求的目的

基本上，我們是在版本控制工作流程導入提取請求（例如：在第 7 章 Git Flow 工作流程導入提取請求），其主要目的如下所示：

- **提升程式碼品質和穩定性**：讓程式碼在合併至主分支前能夠經過多重檢查。

- **增強團隊溝通與協同開發**：在提取請求的過程中可以相互討論，集思廣益，找出最好的解決方案。

- **支援測試和審查流程**：透過更嚴格的流程，確保新功能或錯誤修正不會影響或破壞現有功能，提升 GitHub 儲存庫的穩定性。

## 8-2 在 GitHub 儲存庫邀請協同開發者

GitHub 協同開發者（Collaborators）就是一位其他 GitHub 使用者，在 GitHub 儲存庫（或稱 GitHub 專案），可以邀請其他 GitHub 使用者成為 GitHub 儲存庫的協同開發者。

我們準備繼續使用第 7 章的 GitHub 儲存庫 repo，邀請其他 GitHub 使用者加入你的專案，成為協同開發者，以便在第 8-3 節實作 GitHub Flow 工作流程。目前筆者已經在 GitHub 註冊 2 個帳戶，如下所示：

- **website4Git 帳戶**：GitHub 儲存庫 repo 的擁有者。
- **vcs-examples 帳戶**：準備邀請的協同開發者。

因為筆者是使用同一台 Windows 工作電腦，為了區分所以分別啟動 Edge 和 Chrome 瀏覽器來登入 2 位 GitHub 使用者，然後在 GitHub 儲存庫 repo 邀請 vcs-examples 協同開發者，其步驟如下所示：

**Step 1** 請啟動 Edge 瀏覽器，使用 GitHub 使用者 vcs-examples 登入 GitHub，此位是準備被邀請的 GitHub 使用者，如下圖所示：

**Step 2** GitHub 使用者 website4Git 是 GitHub 儲存庫 repo 的擁有者，擁有足夠權限來邀請協同開發者，請啟動 Chrome 瀏覽器登入 GitHub 網站開啟 repo 儲存庫後，選【Settings】進入設定頁面。

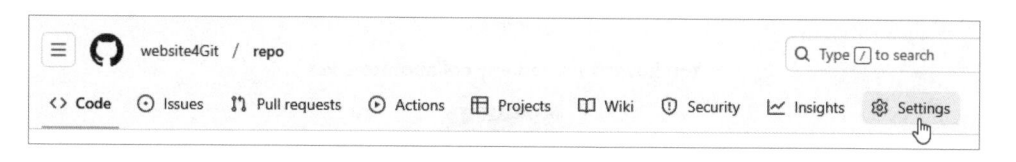

*Step 3* 在 Settings（設定）頁面的右邊選【Collaborators】。

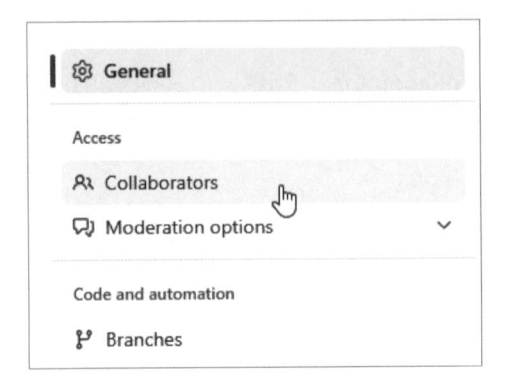

*Step 4* 請再輸入一次密碼來確認存取（Confirm Access）。

*Step 5* 然後找到「Manage access」框，按【Add people】鈕邀請協同開發者。

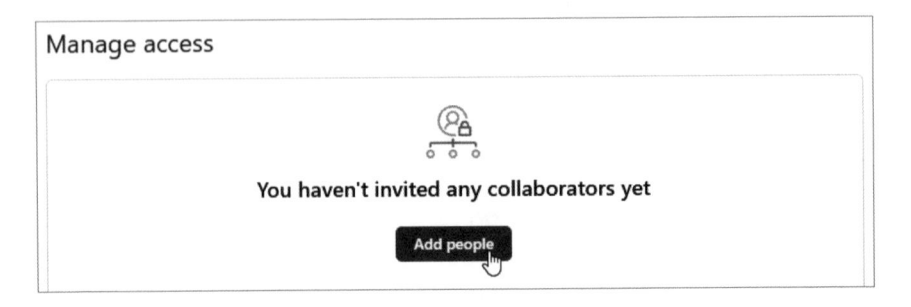

**Step 6** 在搜尋欄位輸入想邀請的 GitHub 使用者名稱或電子郵件地址，如果使用者存在，就會顯示在下方，以此例請選【vcs-examples】。

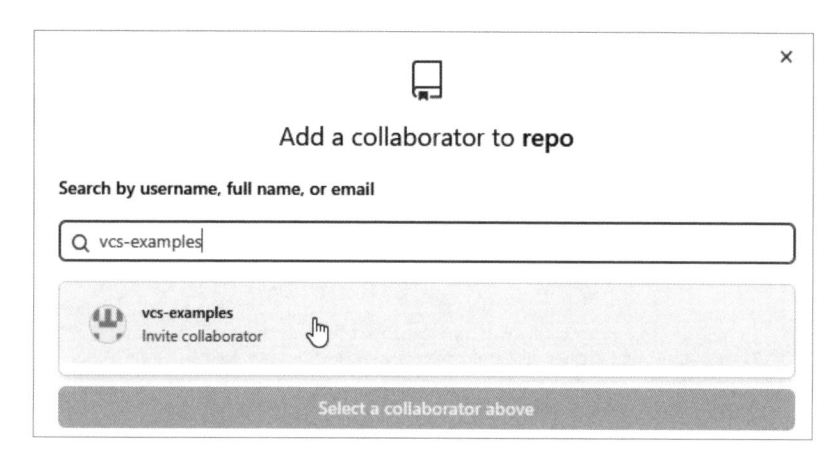

**Step 7** 然後按【Add vcs-examples to this repository】鈕進行邀請。

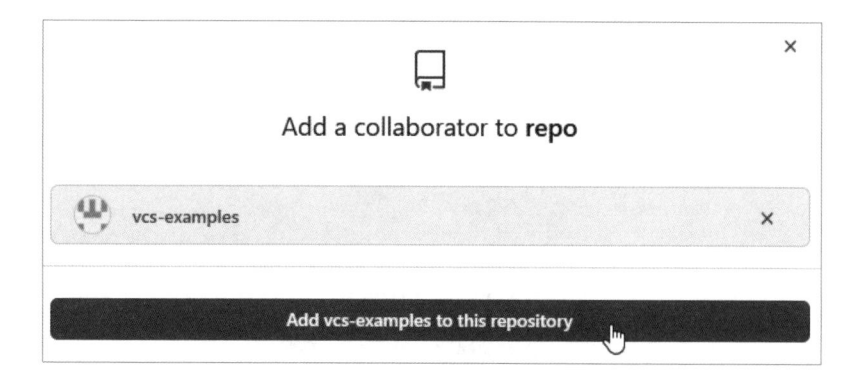

8-5

**Step 8** 此時，被邀請的 vcs-examples 就會收到一封 website4Git 寄送的邀請郵件，請在 Edge 瀏覽器開啟 Gmail 郵件工具，就可以看到 website4Git 寄送的邀請郵件，請按【View invitation】鈕檢視邀請內容。

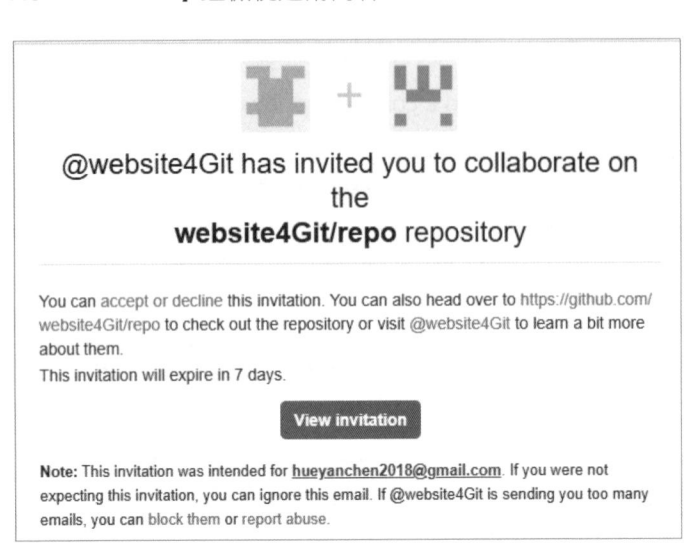

**Step 9** 按【Accept invitation】鈕接受邀請成為協同開發者。

**Step 10** 回到 Chrome 瀏覽器的 repo 儲存庫，可以在「Manage access」框看到加入的協同開發者 vcs-examples，如下圖所示：

## 8-3 GitHub Flow 實戰：使用提取請求完成協同開發

GitHub Flow 工作流程不同於 Git Flow，只會維持一個 main 主分支的長期分支，其他所有新功能和錯誤修正分支，都是從 main 主分支所分出的短期分支來進行開發，如下圖所示：

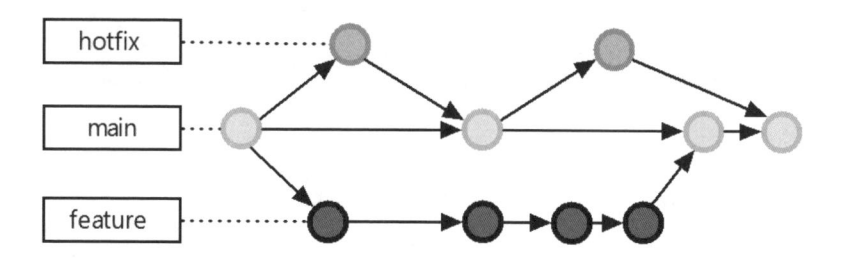

我們準備使用 feature 分支為例，在本機 Git 儲存庫使用 Git 命令從 main 主分支建立 feature-bgcolor 分支後，在此分支修改 style.css 檔案的背景色彩，在加入暫存區和提交後，推送至遠端 GitHub 儲存庫來建立提取請求，以便在審查後，將 feature-bgcolor 分支合併回 main 主分支，其步驟如下所示：

## 步驟一：從 main 主分支建立 feature-bgcolor 分支

首先在本機 Git 儲存庫使用 Git 命令建立 feature-bgcolor 分支和切換到新分支，其步驟如下所示：

**Step 1** 請啟動 Windows 終端機切換到「D:\repos\user3\repo」工作目錄的本機 Git 儲存庫後，首先切換到 main 確保是位在主分支，然後提取更新儲存庫，如下所示：

```
> git checkout main  Enter
> git pull origin main  Enter
```

```
D:\repos\user3\repo (main) > git checkout main
Already on 'main'
Your branch is up to date with 'origin/main'.
D:\repos\user3\repo (main) > git pull origin main
From https://github.com/website4Git/repo
 * branch            main       -> FETCH_HEAD
Already up to date.
D:\repos\user3\repo (main) >
```

**Step 2** 建立並切換到 feature-bgcolor 新分支，如下所示：

```
> git checkout -b feature-bgcolor  Enter
```

```
D:\repos\user3\repo (main) > git checkout -b feature-bgcolor
Switched to a new branch 'feature-bgcolor'
D:\repos\user3\repo (feature-bgcolor) >
```

## 步驟二：修改 style.css 樣式檔的背景色彩

我們準備使用【記事本】修改 style.css 樣式檔的背景色彩樣式，其步驟如下所示：

**Step 1** 請輸入 notepad style.css 命令啟動【記事本】開啟 style.css 樣式檔，請更改 <div> 標籤的 background-color 背景色彩成為【#fcf3cf】，如下所示：

```
div {
    width: 600px;
    margin: 5em auto;
```

```
    padding: 50px;
    background-color: #fcf3cf;
    border-radius: 1em;
}
```

```
D:\repos\user3\repo (feature-bgcolor) > notepad style.css
D:\repos\user3\repo (feature-bgcolor) >
```

```
*style.css - 記事本
檔案(F) 編輯(E) 格式(O) 檢視(V) 說明
body {
    background-color: #f0f0f2;
}
div {
    width: 600px;
    margin: 5em auto;
    padding: 50px;
    background-color: #fcf3cf;
    border-radius: 1em;
}
第 8 列，第 29 行    100%    Windows (CRLF)    UTF-8
```

**Step 2** 執行「檔案 > 儲存檔案」命令儲存 style.css 樣式檔的修改。

## 步驟三：將 style.css 加入暫存區和提交變更

在完成 style.css 樣式檔的背景色彩修改後，我們就可以查詢目前狀態，然後加入暫存區且提交變更，其步驟如下所示：

**Step 1** 請使用 git status 命令查詢修改檔案狀態，可以看到 style.css 樣式檔的狀態是「已修改」，如下所示：

> git status Enter

```
D:\repos\user3\repo (feature-bgcolor) > git status
On branch feature-bgcolor
Changes not staged for commit:
  (use "git add <file>..." to update what will be committed)
  (use "git restore <file>..." to discard changes in working directory)
        modified:   style.css

no changes added to commit (use "git add" and/or "git commit -a")
D:\repos\user3\repo (feature-bgcolor) >
```

**Step 2** 將 style.css 樣式檔加入暫存區和提交變更，如下所示：

```
> git add style.css  Enter
> git commit -m "Update style.css background color"  Enter
```

```
D:\repos\user3\repo (feature-bgcolor) > git add style.css
D:\repos\user3\repo (feature-bgcolor) > git commit -m "Update style.css background color"
[feature-bgcolor 2af1047] Update style.css background color
 1 file changed, 1 insertion(+), 1 deletion(-)
D:\repos\user3\repo (feature-bgcolor) >
```

## 💬 步驟四：推送 feature-bgcolor 分支到遠端 GitHub 儲存庫

現在，我們已經完成 feature-bgcolor 分支的開發，接著，就可以推送 feature-bgcolor 分支到遠端 GitHub 儲存庫，其步驟如下所示：

**Step 1** 請推送 feature-bgcolor 分支到遠端 GitHub 儲存庫，如下所示：

```
> git push origin feature-bgcolor  Enter
```

```
D:\repos\user3\repo (feature-bgcolor) > git push origin feature-bgcolor
Enumerating objects: 5, done.
Counting objects: 100% (5/5), done.
Delta compression using up to 6 threads
Compressing objects: 100% (3/3), done.
Writing objects: 100% (3/3), 336 bytes | 336.00 KiB/s, done.
Total 3 (delta 2), reused 0 (delta 0), pack-reused 0 (from 0)
remote: Resolving deltas: 100% (2/2), completed with 2 local objects.
remote:
remote: Create a pull request for 'feature-bgcolor' on GitHub by visiting:
remote:      https://github.com/website4Git/repo/pull/new/feature-bgcolor
remote:
To https://github.com/website4Git/repo.git
 * [new branch]      feature-bgcolor -> feature-bgcolor
D:\repos\user3\repo (feature-bgcolor) >
```

上述訊息在完成 feature-bgcolor 分支的推送後（在第 7-4 節我們並沒有推送分支到遠端 GitHub 儲存庫，都是在本機 Git 完成合併分支），其顯示的訊息文字說明可以瀏覽下列 GitHub 網址來建立 feature-bgcolor 分支的提取請求，其網址如下所示：

**URL** https://github.com/website4Git/repo/pull/new/feature-bgcolor

上述網址就是直接進入填寫提取請求的標題和描述的表單頁面。

## 步驟五：在 GitHub 網頁介面建立提取請求

接著，我們就可以在 GitHub 網頁介面建立提取請求，讓協同開發者幫忙審查程式碼，其步驟如下所示：

**Step 1** 請啟動 Chrome 瀏覽器登入 GitHub 帳戶 wetsite4Git 和開啟 repo 儲存庫頁面，可以看到一個訊息框指出已經推送 feature-bgcolor 分支，請按【Compare & pull request】鈕建立提取請求（或是使用上一步驟的 URL 網址）。

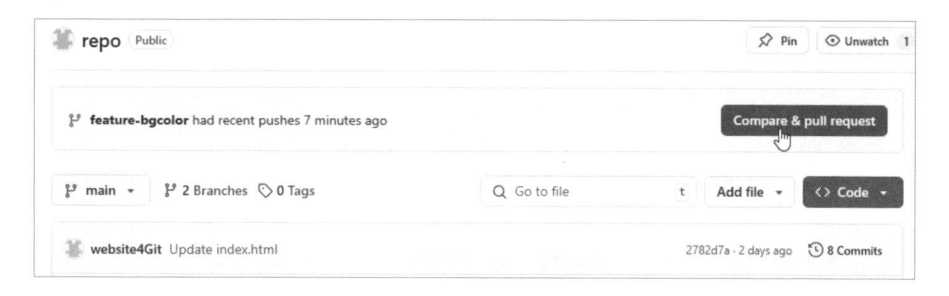

**Step 2** 我們需要在表單填寫提取請求來新增標題和描述（可用中文），如下所示：

- 新增標題（**Add a title**）：Update style.css background color。

- 新增描述（**Add a description**）：Modify the background color style of the <div> tag in the style.css file, and please review and merge the branch.。

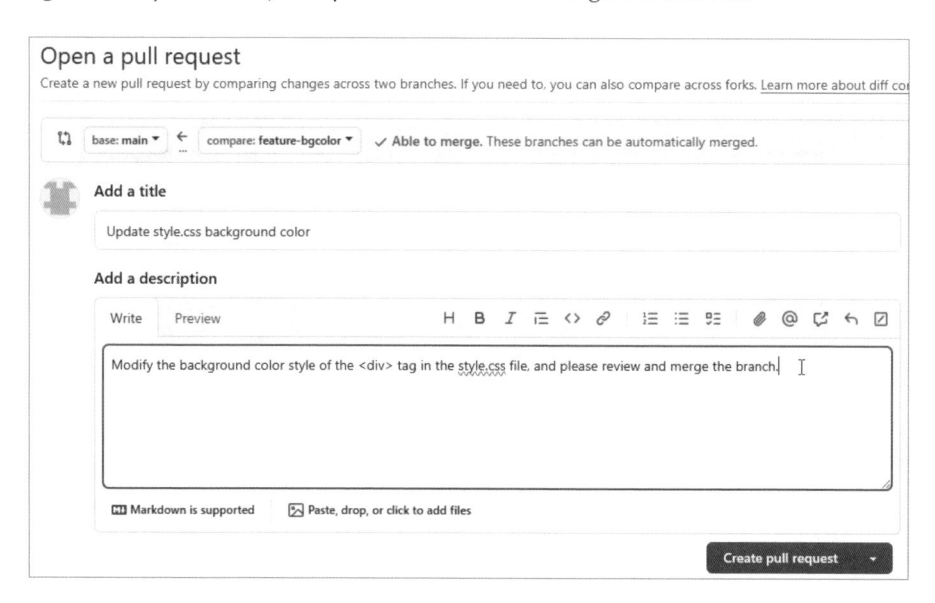

8-11

**Step 3** 在完成填寫後，按【Create pull request】鈕建立提取請求，可以看到我們建立的提取請求，如下圖所示：

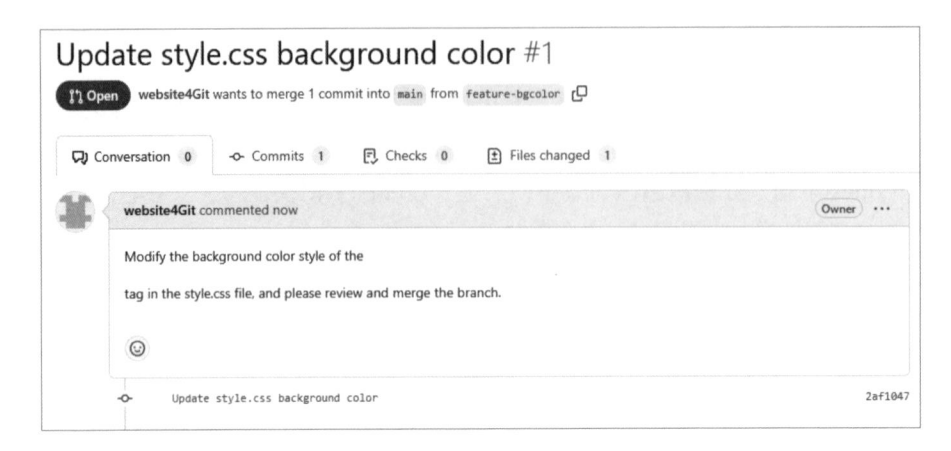

上述提取請求頁面的主要標籤頁說明，如下所示：

- **Conversation 標籤頁**：顯示提取請求的所有討論和評論過程。

- **Commits 標籤頁**：協同開發者可以在此標籤頁提出評論與建議，或按【Start a review】鈕，請建立提取請求的說明或修改後，再確認合併提取請求。

- **Files Changed 標籤頁**：顯示所有修改的檔案和程式碼，當有協同開發者新增評論，評論就會顯示在對應程式碼行的下方，方便回覆評論，協同開發者也可以直接在程式碼上進行討論，如下圖所示：

## 步驟六：協同開發者審查提取請求且合併分支

當成功建立提取請求後，協同開發者就可以在 GitHub 網頁介面進行程式碼審查，其步驟如下所示：

**Step 1** 協同開發者 vcs-example 是啟動 Edge 瀏覽器登入 GitHub 帳戶後，可以看到 wetsite4Git/repo 儲存庫，請點選進入此儲存庫。

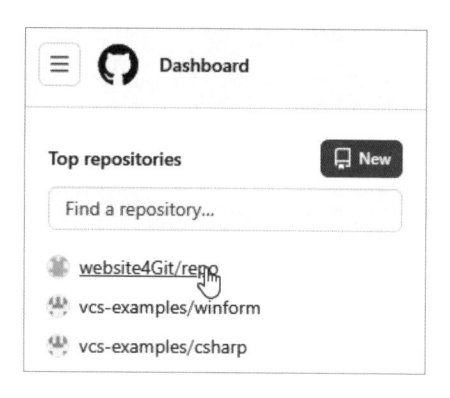

**Step 2** 可以看到 Pull requests 頁面有 1 個提取請求，請點選【Pull requests】。

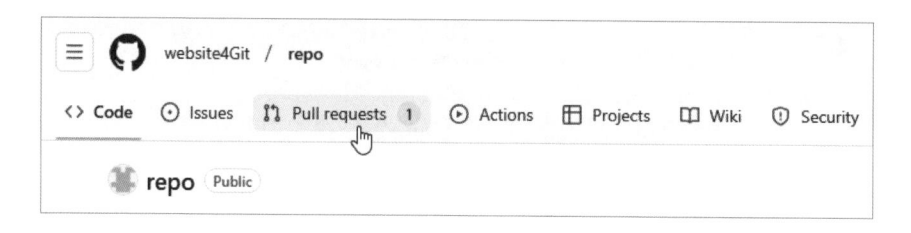

**Step 3** 在 Pull requests 頁面可以看到提取請求清單，請點選名為【Update style.css background color】的提取請求。

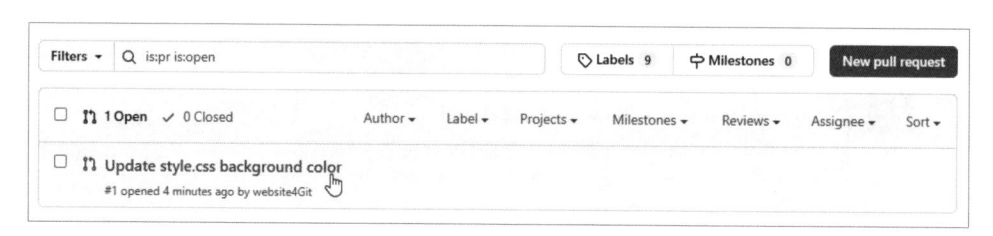

**Step 4** 協同開發者 vcs-example 就可以開始審查你的修改,當審查完成後,請按【Merge pull request】鈕合併提取請求。

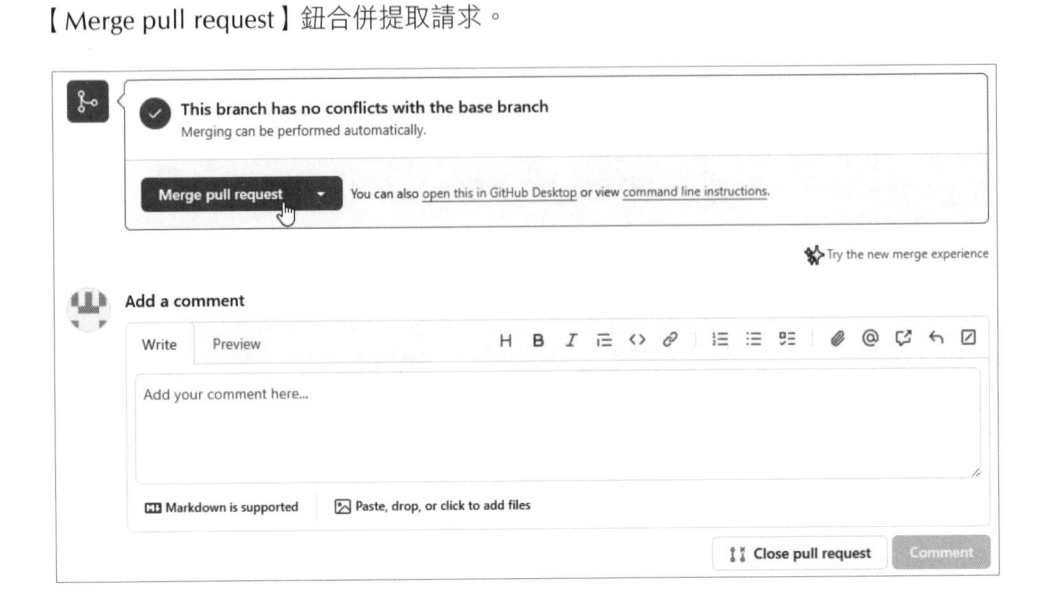

**Step 5** 然後再按【Confirm merge】鈕確認合併。

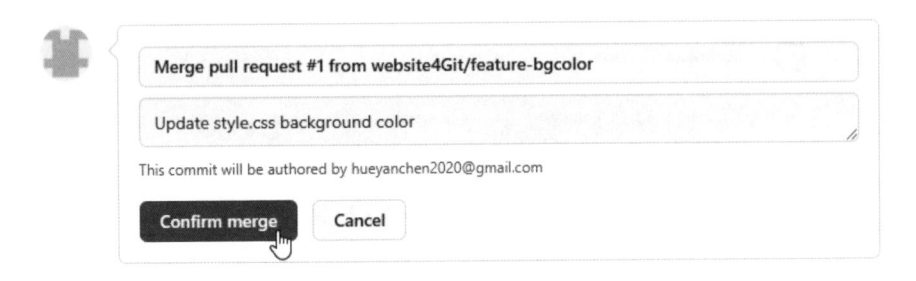

**Step 6** 在合併完成後,提取請求就會自動關閉,因為分支已經合併,我們可以刪除此分支,請按【Delete branch】鈕刪除遠端分支。

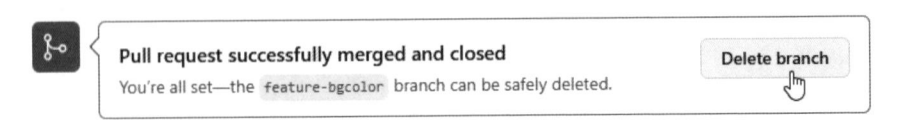

8-14

## 步驟七：更新本機 Git 儲存庫和刪除本機分支

因為在步驟六已經刪除遠端分支，我們還需要更新本機 Git 儲存庫和刪除本機分支，其步驟如下所示：

**Step 1** 請回到 Windows 終端機，首先切換回主分支，然後提取 GitHub 儲存庫 main 主分支的最新修改，如下所示：

> git checkout main [Enter]
> git pull origin main [Enter]

```
D:\repos\user3\repo (feature-bgcolor) > git checkout main
Switched to branch 'main'
Your branch is up to date with 'origin/main'.
D:\repos\user3\repo (main) > git pull origin main
remote: Enumerating objects: 1, done.
remote: Counting objects: 100% (1/1), done.
remote: Total 1 (delta 0), reused 0 (delta 0), pack-reused 0 (from 0)
Unpacking objects: 100% (1/1), 910 bytes | 33.00 KiB/s, done.
From https://github.com/website4Git/repo
 * branch            main       -> FETCH_HEAD
   2782d7a..3af2729  main       -> origin/main
Updating 2782d7a..3af2729
Fast-forward
 style.css | 2 +-
 1 file changed, 1 insertion(+), 1 deletion(-)
D:\repos\user3\repo (main) > |
```

**Step 2** 然後刪除本機 Git 的 feature-bgcolor 分支，如下所示：

> git branch -d feature-bgcolor [Enter]

```
D:\repos\user3\repo (main) > git branch -d feature-bgcolor
Deleted branch feature-bgcolor (was 2af1047).
D:\repos\user3\repo (main) > |
```

8-15

## 8-4 ChatGPT 輔助學習：產生 GitHub Flow 工作流程範例

我們只需詳細描述 GitHub 儲存庫的內容，所需新增的功能與錯誤修正分支，就可以詢問 ChatGPT 幫助我們產生 GitHub Flow 工作流程的完整範例。ChatGPT 提示詞（ch8-4.txt），如下所示：

> **Q 提問**
>
> 你是 GitHub 專家，請使用一個簡單 Web 網站的 index.html 檔案和 images\logo.png 圖檔為例，然後使用繁體中文舉出一個完整範例來建立 GitHub 儲存庫 githubflow 的 GitHub Flow 工作流程的範例，請分別舉一個 feature 和 hotfix 分支為例來說明建立提取請求的步驟。

- **Feature 分支**：在 index.html 新增 <img> 標籤。

- **Hotfix 分支**：href 屬性值錯誤，更正圖片的路徑。

> **A 回答**
>
> ChatGPT 的回答首先初始化專案，首先顯示文件結構（完整 ChatGPT 的回答請參閱 ch8-4.pdf），如下圖所示：

```markdown
1. 初始化專案
文件結構：

githubflow/
├── index.html
└── images/
    └── logo.png
```

然後，說明如何執行 Git 命令來初始化本機 Git 儲存庫和推送至遠端 GitHub 儲存庫，別忘了！在執行前需要先使用 GitHub 網頁介面建立名為 githubflow 的儲存庫，如下圖所示：

**初始化 Git 儲存庫：**

```bash
git init
git add .
git commit -m "Initial commit with basic website structure"
```

**推送到 GitHub：**

```bash
git remote add origin https://github.com/yourusername/githubflow.git
git branch -M main
git push -u origin main
```

接著，就是 Feature 分支 feature/add-image 的建立和修改，如下圖所示：

## 2. Feature 分支：新增 `<img>` 標籤

**建立分支：**

```bash
git checkout -b feature/add-image
```

**修改 `index.html`：**

在 `<body>` 標籤中新增以下程式碼：

```html
<img src="images/logo.png" alt="Website Logo">
```

在完成修改後，就可以加入暫存區、提交變更、推送分支至 GitHub 儲存庫和建立提取請求，在經過審查後，就可以合併到主分支和刪除分支，如下圖所示：

**提交更改：**

```bash
git add index.html
git commit -m "Add <img> tag to display logo"
git push -u origin feature/add-image
```

**建立提取請求（Pull Request）：**

1. 在 GitHub 項目頁面上，切換到 `feature/add-image` 分支。
2. 點擊 **Compare & pull request**。
3. 填寫提取請求的標題與描述（例如：`Add <img> tag`）。
4. 提交提取請求以進行程式碼審查。

**合併到主分支：**

經過審查後，在 GitHub 上點擊 **Merge pull request**，然後刪除分支。

最後，就是 Hotfix 分支 hotfix/fix-image-path 的建立和修改，如下圖所示：

### 3. Hotfix 分支：更正圖片路徑

**建立分支：**

```bash
git checkout -b hotfix/fix-image-path
```

**修改 `index.html`：**

更正 `<a>` 標籤中的 `href` 屬性：

```html
<a href="images/logo.png">Logo</a>
```

在完成修改後，就可以加入暫存區、提交變更、推送分支至 GitHub 儲存庫和建立提取請求，在經過審查後，就可以合併到主分支和刪除分支，如下圖所示：

**提交更改：**

```bash
git add index.html
git commit -m "Fix incorrect image path in href attribute"
git push -u origin hotfix/fix-image-path
```

**建立提取請求（Pull Request）：**

1. 在 GitHub 項目頁面上，切換到 `hotfix/fix-image-path` 分支。
2. 點擊 **Compare & pull request**。
3. 填寫提取請求的標題與描述（例如：`Fix incorrect image path`）。
4. 提交提取請求以進行程式碼審查。

**合併到主分支：**

經過審查後，在 GitHub 上點擊 **Merge pull request**，然後刪除分支。

# CHAPTER 09

# 管理與回復 Git 檔案狀態與提交記錄

- 9-1 Git 儲存庫「.git」的內容和合併策略
- 9-2 管理與回復 Git 檔案狀態
- 9-3 管理與回復 Git 提交記錄
- 9-4 ChatGPT 輔助學習：解決實作時遇到的 Git 操作問題

## 9-1 Git 儲存庫「.git」的內容和合併策略

當執行 git init 命令初始化 Git 儲存庫後，就是在工作目錄建立「.git」子目錄，此目錄就是儲存 Git 版本控制所有檔案和版本資訊的 Git 儲存庫。而合併策略（Merge Strategies）就是 git merge 命令如何合併分支所採用的方法。

### 9-1-1 認識 Git 儲存庫「.git」的內容

Git 儲存庫「.git」的內容就是 Git 資料結構的物件（Objects）和索引（Index），在 Git 是使用物件儲存每一版本的提交資料，包含檔案內容和目錄結構；索引物件儲存工作目錄的狀態資訊。在本章是繼續第 4 章建立的本機 Git 儲存庫 website，如右圖所示：

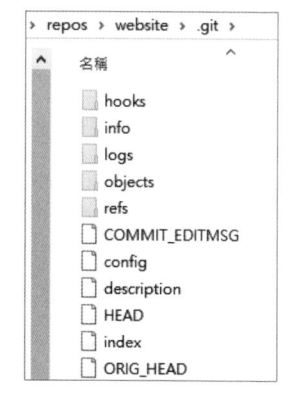

上述提交記錄和檔案版本都是儲存在 objects 資料夾，可以依據需求來進行提取或回復。名為 index 的二進位檔案是索引物件（即暫存區），其內容是執行 git status 命令查詢結果的狀態資料。

請啟動 Windows 終端機切換到「D:\repos\website」工作目錄後，執行 git ls-files 命令加上 -s 選項來顯示工作目錄的檔案狀態，即索引物件的檔案清單，包含檔案類型、SHA-1 編碼和暫存索引的檔案狀態，如下所示：

> git ls-files -s Enter

```
D:\repos\website (main) > git ls-files -s
100644 b31d5b140bc842d33aa5652438115e1f18328732 0    README.md
100644 dc7a733b2dd47ed914bcc2ce248bab89e1b9215e 0    about.html
100644 fbec3a1352b597b50c59cb99d09b8e8658e230a3 0    index.html
D:\repos\website (main) >
```

上述圖例可以看出 Git 是透過 SHA-1（哈希值）為每一個檔案及版本建立唯一的識別碼，以確保版本的完整和安全性。

## Git 儲存庫的主要內容

在工作目錄的「.git」子目錄就是 Git 儲存庫的目錄，其中包含 Git 所需的所有資料和設置資訊。其主要內容包括：

- **config**：儲存庫的設置檔，包含使用者名稱、電子郵件地址等。
- **HEAD**：這是一個指標，指向目前分支的最新提交。
- **index**：暫存區（Stage）狀態資料的二進位檔，其內容就是用來準備執行下一次提交。
- **objects 子目錄**：儲存每一版本的提交資料，包含檔案內容和目錄結構。
- **refs 子目錄**：儲存所有分支（Branches）和標籤（Tags）資料。

## 💻 Git 的 HEAD 指標

Git 的 HEAD 指標是在版本控制中扮演著導航角色,可以確保你知道目前所在的位置。對於 Git 儲存庫來說,HEAD 指標值就是指向 refs 子目錄的某一個分支,例如:refs/heads/main 主分支,或指向某一個提交的 SHA-1(哈希值)編碼。

我們可以使用 git symbolic-ref HEAD 命令查詢 HEAD 指標指向的分支,如下所示:

> git symbolic-ref HEAD [Enter]

```
D:\repos\website (main) > git symbolic-ref HEAD
refs/heads/main
D:\repos\website (main) >
```

當在 Git 儲存庫切換分支或合併等操作後,HEAD 指標就會發生變化以反映目前工作目錄的狀態,以下是一些常見情況,如下所示:

- **指向目前分支的最新提交**:一般來說,HEAD 指標是指向目前分支的最新提交。例如:執行 git log --oneline 命令,可以看到 HEAD 指向 main 主分支的最新提交,如下圖所示:

```
D:\repos\website (main) > git log --oneline
7a1124e (HEAD -> main) Resolve merge conflict in index.html
70dd297 Add a tag
3c9b9f5 (feature-link) Add a tag
```

- **當執行 git commit 命令建立提交**:HEAD 指標就會移動,指向最新建立的提交。

- **當切換到指定 SHA-1 編碼的提交**:當 git checkout 命令切換的不是分支,而是指定提交時,HEAD 指標就進入 Detached HEAD 狀態,此時的 HEAD 指標是指向此提交,而非某個分支,例如:在取得 Add a tag 提交的 SHA-1 編碼 3c9b9f5 後,就可以切換到此提交,顯示目前是在 Detached Head 狀態,如下所示:

> git checkout 3c9b9f5 [Enter]

```
D:\repos\website (main) > git checkout 3c9b9f5
Note: switching to '3c9b9f5'.

You are in 'detached HEAD' state. You can look around, make experimental
changes and commit them, and you can discard any commits you make in this
state without impacting any branches by switching back to a branch.

If you want to create a new branch to retain commits you create, you may
do so (now or later) by using -c with the switch command. Example:

  git switch -c <new-branch-name>

Or undo this operation with:

  git switch -

Turn off this advice by setting config variable advice.detachedHead to false

HEAD is now at 3c9b9f5 Add a tag
D:\repos\website ((HEAD detached at 3c9b9f5)) > |
```

我們只需再執行 git checkout main 命令，就可以將 HEAD 指標切換回指向 main 主分支的最新提交。

### 💬 Detached HEAD 狀態

Detached HEAD 狀態的主要目的是允許開發者能夠查詢特定提交，而不會影響到現有分支，其使用時機如下所示：

- **查詢歷史版本**：如果想查詢某個舊版本的程式碼，了解當時的狀況，就可以進入 Detached HEAD 狀態來查詢。

- **進行某些實驗**：你可以在 Detached HEAD 狀態進行一些實驗性質的修改或測試，而不會影響到目前分支。如果實驗成功，就可以建立新分支來保留這些變更。

- **建立 Patch 或合併**：如果需要從某個特定提交來建立 Patch，或進行一些複雜的合併操作，Detached HEAD 狀態就可以讓你更靈活的處理這些狀況。

請繼續上一小節,因為目前 HEAD 指標是指向提交 3c9b9f5,而不是任何分支,我們可以查詢或修改此提交,如果想要保留這些修改,就需要從此提交來建立一個新分支,如下所示:

```
> git checkout -b feature-patch Enter
```

上述命令可以讓你從 Detached HEAD 狀態轉換到新分支,並且保留所有的修改,如下圖所示:

```
D:\repos\website ((HEAD detached at 3c9b9f5)) > git checkout -b feature-patch
Switched to a new branch 'feature-patch'
D:\repos\website (feature-patch) > git log --oneline --graph
* 3c9b9f5 (HEAD -> feature-patch, feature-link) Add a tag
* 87dc588 Merge branch feature-about into main
|\
| * 666c16f Modify About page
| * 29028f2 Add About page
* | b0746ef Add hr tag
|/
* cc27b87 Add README.md
* 8988074 Initialize repository
D:\repos\website (feature-patch) > |
```

上述圖例接著執行 git log --oneline --graph 命令,可以看到目前的 HEAD 指標是指向 feature-patch 分支。

## 9-1-2 Git 合併策略

Git 合併策略(Merge Strategy)是在使用 git merge 命令合併分支時,決定如何將不同分支的變更合併到一起。Git 常見合併策略的簡單說明,如下所示:

- **Fast-forward Merge 合併**:當目標 feature 分支是目前 main 主分支的直接後繼延伸時,Git 在合併時就是直接將 HEAD 指標移動到 feature 分支的最新提交 E(不會產生新提交),如下圖所示:

```
A---B---C (main)            A---B---C---D---E (main)
         \                                  (feature)
          D---E (feature)
```

- **Three-way Merge 合併**：Git 最常用的合併方法，當 2 個分支從合併基準（Merge Base）的共同祖先 B 之後，都有新提交 C 和 F，2 個分支已經明顯的分叉，在合併時 Git 就會產生一個新的合併提交 D，將兩個分支最新提交的 C 和 F 分叉合併起來，如下圖所示：

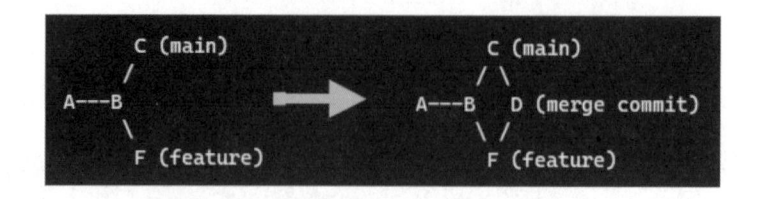

```
      C (main)                      C (main)
     /                              / \
A---B            ====>         A---B   D (merge commit)
     \                              \ /
      F (feature)                    F (feature)
```

- **Recursive Merge 合併**：Recursive 合併就是使用遞迴 Three-way Merge 合併來處理合併，這是 Git 2.34 之前版本預設的合併策略。

- **ORT Merge（Ostensibly Recursive's Twin Merge）合併**：這是 Git 2.34 之後版本預設的合併策略，相較於 Recursive 策略，ORT 改進了性能和準確性，可以在處理大型和複雜狀況時，仍然保持穩定度和高效率。事實上，ORT 在核心合併策略上，仍然是使用 Three-way Merge 合併來合併分支。

## 9-2 管理與回復 Git 檔案狀態

當在 Git 工作目錄進行程式開發時，開發者常常有可能誤將檔案加入暫存區，或檔案改壞了，希望能夠從最新提交取回檔案來重新開發，在這一節就是在說明如何管理與回復 Git 工作目錄的檔案狀態。

### 9-2-1 從暫存區回復檔案到工作目錄

當檔案加入暫存區後，因為某種原因開發者可能需要將檔案再回復到工作目錄，即撤銷將檔案加入暫存區。例如：我們準備在工作目錄將 style.css 檔案加入暫存區後，再從暫存區回復 style.css 檔案到工作目錄，其步驟如下所示：

**Step 1** 請啟動 Windows 終端機切換到「D:\repos\website」工作目錄,然後切換到 main 主分支,如下所示:

> git checkout main Enter

```
D:\repos\website (feature-patch) > git checkout main
Switched to branch 'main'
D:\repos\website (main) >
```

**Step 2** 在本機 Git 儲存庫的 style.css 檔案是未追蹤檔案,請將此檔案加入暫存區後,查詢目前的狀態,可以看到 style.css 是「已暫存」狀態,如下所示:

> git add style.css Enter
> git status Enter

```
D:\repos\website (main) > git add style.css
D:\repos\website (main) > git status
On branch main
Changes to be committed:
  (use "git restore --staged <file>..." to unstage)
        new file:   style.css

D:\repos\website (main) >
```

**Step 3** 我們是使用 git restore 命令,加上 --staged 選項來指定回復暫存區的檔案,在最後是欲回復的檔案名稱,可以看到 style.css 已經再次成為「未追蹤」檔案,如下所示:

> git restore --staged style.css Enter
> git status Enter

```
D:\repos\website (main) > git restore --staged style.css
D:\repos\website (main) > git status
On branch main
Untracked files:
  (use "git add <file>..." to include in what will be committed)
        style.css

nothing added to commit but untracked files present (use "git add" to track)
D:\repos\website (main) >
```

> **說明**
>
> 除了使用 git restore 命令（此命令是一個專門還原檔案狀態的新版命令）外，撤銷加入暫存區的檔案，也可以使用 git reset 命令加上檔案名稱，如下所示：
>
> ```
> > git reset style.css  Enter
> ```

## 9-2-2 將檔案回復到最新提交的狀態

當開發者將一個檔案改壞了，就可以從最新提交取回檔案並覆蓋工作目錄的檔案，來重新開發，請繼續第 9-2-1 節的步驟，如下所示：

**Step 1** 請先將 style.css 加入暫存區和提交第 1 版的 CSS，如下所示：

```
> git add style.css  Enter
> git commit -m "Add CSS Version 1"  Enter
```

**Step 2** 在工作目錄使用【記事本】修改 style.css 的 padding 成為 100px 且儲存後，執行 git diff 命令，可以看到 padding 已經變更，如下圖所示：

```
> git diff  Enter
```

9-8

```
D:\repos\website (main) > git diff
diff --git a/style.css b/style.css
index 512ad3c..d169e14 100644
--- a/style.css
+++ b/style.css
@@ -4,7 +4,7 @@ body {
 div {
     width: 600px;
     margin: 5em auto;
-    padding: 50px;
+    padding: 100px;
     background-color: #fff;
     border-radius: 1em;
 }
\ No newline at end of file
D:\repos\website (main) >
```

**Step 3** 因為開發者發現檔案改錯了，而且忘了原始值，此時可以執行 git store 命令，加上檔名來回復檔案成為最新的提交狀態，如下所示：

```
> git restore style.css [Enter]
> type style.css [Enter]
```

```
D:\repos\website (main) > git restore style.css
D:\repos\website (main) > type style.css
body {
    background-color: #f0f0f2;
}
div {
    width: 600px;
    margin: 5em auto;
    padding: 50px;
    background-color: #fff;
    border-radius: 1em;
}
D:\repos\website (main) >
```

## 9-2-3 將檔案回復到特定提交的狀態

如果發現檔案需要回復到特定提交版本的狀態，也就是從特定提交取回檔案並覆蓋工作目錄的檔案，其步驟如下所示：

**Step 1** 請使用第 9-2-2 節的 Step 2.，修改 style.css 的 padding 成為 80px 後，即可加入暫存區和提交，目前有 2 個版本的 CSS 提交，如下所示：

```
> git add style.css  Enter
> git commit -m "Add CSS Version 2"  Enter
```

```
D:\repos\website (main) > git add style.css
D:\repos\website (main) > git commit -m "Add CSS Version 2"
[main b5cfd6b] Add CSS Version 2
 1 file changed, 1 insertion(+), 1 deletion(-)
D:\repos\website (main) >
```

**Step 2** 再次使用第 9-2-2 節的 Step 2.，修改 style.css 的 padding 成為 100px 後，即可加入暫存區和提交，目前有 3 個版本的 CSS 提交，如下所示：

```
> git add style.css  Enter
> git commit -m "Add CSS Version 3"  Enter
```

**Step 3** 經過開發者討論後，決定使用第 2 版的 padding，在 Step 1. 可以看到提交的 SHA-1 編碼是 b5cfd6b，我們可以使用 git checkout 命令切換到此提交來取回「--」後的檔案，可以看到已經改回 80px，如下所示：

```
> git checkout b5cfd6b -- style.css  Enter
> type style.css  Enter
```

```
D:\repos\website (main) > git checkout b5cfd6b -- style.css
D:\repos\website (main) > type style.css
body {
    background-color: #f0f0f2;
}
div {
    width: 600px;
    margin: 5em auto;
    padding: 80px;
    background-color: #fff;
    border-radius: 1em;
}
D:\repos\website (main) >
```

## 9-2-4 將整個工作目錄回復到最後一次提交的版本

請繼續第 9-2-3 節,因為主管會議再次推翻了 padding 值 80px,開發者需放棄所有未提交的檔案更改,回復到最新的提交,即 padding 值 100px 的第 3 個版本,如下所示:

```
> git reset --hard HEAD Enter
> type style.css Enter
```

上述 git reset 命令加上 --hard 選項就會捨棄所有未提交的變更,包括工作目錄和暫存區,HEAD 是指向目前的最新提交,所以就是將整個工作目錄回復到最後一次提交的版本,可以看到 padding 值是 100,如下圖所示:

```
D:\repos\website (main) > git reset --hard HEAD
HEAD is now at 499280b Add CSS Version 3
D:\repos\website (main) > type style.css
body {
    background-color: #f0f0f2;
}
div {
    width: 600px;
    margin: 5em auto;
    padding: 100px;
    background-color: #fff;
    border-radius: 1em;
}
D:\repos\website (main) >
```

## 9-2-5 比對工作目錄、暫存區與提交的檔案差異

在 Git 可以使用 git diff 命令比對工作目錄、暫存區與提交的檔案差異,首先在工作目錄修改 style.css 的 padding 成為 120px 後,將檔案加入暫存區,如下所示:

```
> git add style.css Enter
```

然後,再次在工作目錄修改 style.css 的 padding 成為 150px 後,執行 git status 命令,可以看到 style.css 檔案的狀態是「已暫存」且「已修改」,如下圖所示:

```
D:\repos\website (main) > git status
On branch main
Changes to be committed:
  (use "git restore --staged <file>..." to unstage)
        modified:   style.css

Changes not staged for commit:
  (use "git add <file>..." to update what will be committed)
  (use "git restore <file>..." to discard changes in working directory)
        modified:   style.css

D:\repos\website (main) >
```

我們準備分別比對工作目錄、暫存區和提交的檔案差異。

### 💬 比對工作目錄和暫存區的差異

在完成上述操作後,就可以使用 git diff 命令比對工作目錄和暫存區的差異,如下所示:

> git diff [Enter]

```
D:\repos\website (main) > git diff
diff --git a/style.css b/style.css
index 608cb6a..84d8e50 100644
--- a/style.css
+++ b/style.css
@@ -4,7 +4,7 @@ body {
 div {
     width: 600px;
     margin: 5em auto;
-    padding: 120px;
+    padding: 150px;
     background-color: #fff;
     border-radius: 1em;
 }
\ No newline at end of file
D:\repos\website (main) >
```

## 比對暫存區與最新提交的差異

在 git diff 命令加上 --cached 選項，可以比對暫存區與最新提交的差異，如下所示：

> `git diff --cached` Enter

```
D:\repos\website (main) > git diff --cached
diff --git a/style.css b/style.css
index d169e14..608cb6a 100644
--- a/style.css
+++ b/style.css
@@ -4,7 +4,7 @@ body {
 div {
    width: 600px;
    margin: 5em auto;
-   padding: 100px;
+   padding: 120px;
    background-color: #fff;
    border-radius: 1em;
 }
\ No newline at end of file
D:\repos\website (main) >
```

## 比對工作目錄與最新提交的差異

在 git diff 命令可以使用 HEAD 指標，比對工作目錄與最新提交的差異，如下所示：

> `git diff HEAD` Enter

```
D:\repos\website (main) > git diff HEAD
diff --git a/style.css b/style.css
index d169e14..84d8e50 100644
--- a/style.css
+++ b/style.css
@@ -4,7 +4,7 @@ body {
 div {
    width: 600px;
    margin: 5em auto;
-   padding: 100px;
+   padding: 150px;
    background-color: #fff;
    border-radius: 1em;
 }
\ No newline at end of file
D:\repos\website (main) >
```

9-13

我們只需取得指定提交的 SHA-1 編碼，就可以比對工作目錄與指定提交的差異，如下所示：

```
> git diff b5cfd6b Enter
```

```
D:\repos\website (main) > git diff b5cfd6b
diff --git a/style.css b/style.css
index 4d1fa98..84d8e50 100644
--- a/style.css
+++ b/style.css
@@ -4,7 +4,7 @@ body {
 div {
    width: 600px;
    margin: 5em auto;
-   padding: 80px;
+   padding: 150px;
    background-color: #fff;
    border-radius: 1em;
 }
\ No newline at end of file
D:\repos\website (main) >
```

## 9-3 管理與回復 Git 提交記錄

在 GitHub Desktop 選【History】標籤可以顯示提交的歷史記錄，在【右】鍵快顯功能表的命令，就是本節準備說明的 Git 命令，如下圖所示：

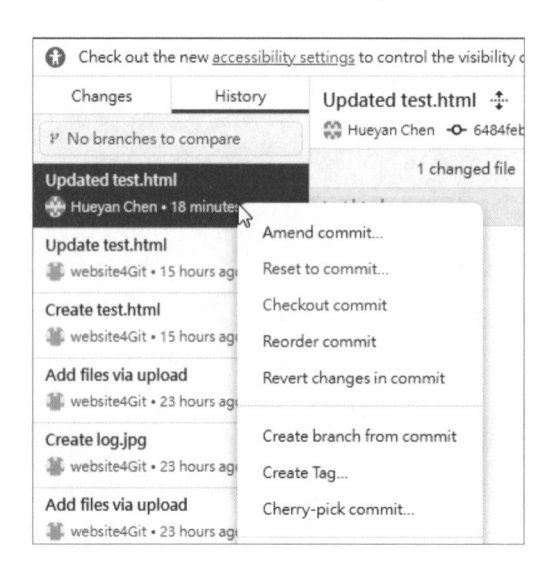

請注意！因為這一節的命令除了 git revert 命令外，都會改寫提交的歷史記錄，這些命令適合使用在本機 Git 儲存庫，如果是公開或共享的遠端 GitHub 儲存庫，就需要謹慎使用，因為當重寫提交歷史，就有可能導致版本控制的衝突。

## 9-3-1 編輯修改最後一次提交

在 Git 的 git commit 命令只需加上 --amend 選項，就可以修改最後一次提交，即 Git 儲存庫最新或最近的提交。在本書的最後一次、最新和最近提交都是指相同的提交。

### 💬 編輯修改最後一次提交的提交訊息

在 git commit 命令加上 --amend 選項，就可以修改最新提交的提交訊息，如下所示：

```
> git commit --amend Enter
```

上述命令會開啟預設文字編輯器，編輯新的提交訊息。例如：將原訊息 "Add CSS Version 3" 改為 "Update CSS Final Version"，如下圖所示：

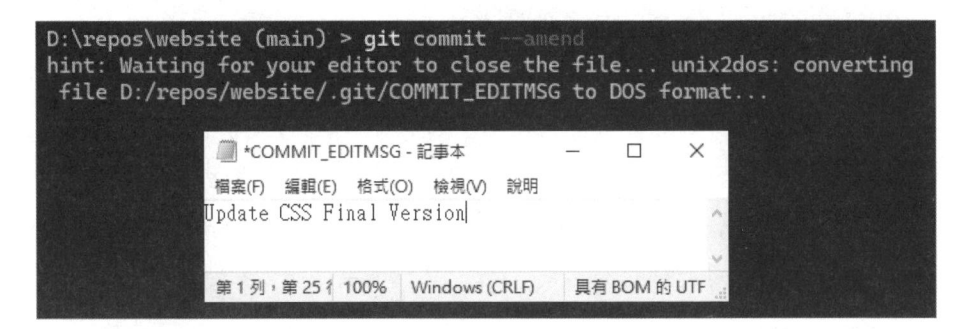

```
D:\repos\website (main) > git commit --amend
hint: Waiting for your editor to close the file... unix2dos: converting
 file D:/repos/website/.git/COMMIT_EDITMSG to DOS format...
```

```
*COMMIT_EDITMSG - 記事本
檔案(F) 編輯(E) 格式(O) 檢視(V) 說明
Update CSS Final Version
第 1 列，第 25 行  100%  Windows (CRLF)  具有 BOM 的 UTF
```

在儲存且離開後，提交訊息就會更新，但是，提交檔案內容並不會改變。請執行 git log --oneline 命令，可以看到提交訊息已經更改，如下圖所示：

```
D:\repos\website (main) > git log --oneline
907a8f7 (HEAD -> main) Update CSS Final Version
b5cfd6b Add CSS Version 2
ca4c757 Add CSS Version 1
```

## 💬 將漏提交檔案加入最後一次提交

開發者在最後一次提交後，才發現漏提交了 README.md 檔案，我們一樣可以使用 --amend 選項來更新最後一次的提交檔案，首先編輯 README.md 檔案加上 v1.0，如下圖所示：

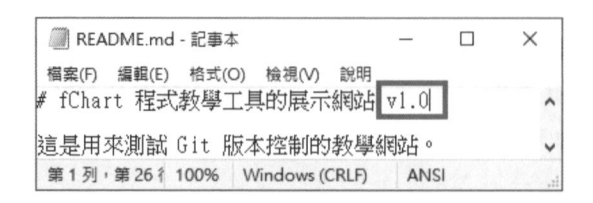

在儲存後，就可以將漏掉的 README.md 檔案加入暫存區，和使用 --amend 選項來再次提交，如下所示：

> `git add README.md` Enter
> `git commit --amend` Enter

當執行上述命令後，就會開啟預設文字編輯器，顯示最後一次的提交訊息，你可以修改，如果不修改，請直接離開即可。

## 💬 更新最後一次提交的已存在檔案

目前在最後一次提交已經包含 README.md 檔案，但是，補提交後，才發現內容還需修正。請啟動【記事本】修改 README.md，將 v1.0 改成 v1.0.0 後，就可以再次將更新檔案加入暫存區，和使用 --amend 更新最近一次的提交，如下所示：

> `git add README.md` Enter
> `git commit --amend` Enter

上述命令的執行結果可以修改最後一次提交的 README.md 檔案。

## 9-3-2 重置歷史記錄來刪除提交

Git 的 git reset 命令可以重置提交歷史記錄，例如：找到提交 C，將 HEAD 指向提交 C，將 C 重置成最新提交，如下圖所示：

```
A---B---C---D---E main    →    A---B---C (HEAD)
```

### 💬 軟重置 (--soft)

Git 是使用 git reset 命令來重置提交，即可改寫歷史來刪除提交，軟重置 --soft 會保留檔案的修改，僅移除提交，如下所示：

```
> git reset --soft HEAD~1 Enter
> git log --oneline Enter
```

上述 --soft 選項是軟重置，HEAD 是指向目前的提交，「～」符號是往回移動幾個，1 就是前一個，也就是重置成前一次提交（也可以使用 SHA-1 編碼取代 HEAD～1 重置成指定提交），換句話說，就是刪除目前的提交，如下圖所示：

```
D:\repos\website (main) > git reset --soft HEAD~1
D:\repos\website (main) > git log --oneline
b5cfd6b (HEAD -> main) Add CSS Version 2
ca4c757 Add CSS Version 1
7a1124e Resolve merge conflict in index.html
```

### 💬 硬重置 (--hard)

因為軟重置 --soft 會保留提交的修改，將這些修改的檔案退回到暫存區，所以，可以馬上再次提交來恢復成最後 1 次提交，如下所示：

```
> git commit -m "Update CSS Final Version" Enter
```

硬重置 --hard 就是徹底刪除最近一次提交和其修改，並且將狀態還原成前一次提交的狀態和檔案內容，如下所示：

> git reset --hard HEAD~1 [Enter]

```
D:\repos\website (main) > git commit -m "Update CSS Final Version"
[main 4b1e88f] Update CSS Final Version
 2 files changed, 2 insertions(+), 2 deletions(-)
D:\repos\website (main) > git reset --hard HEAD~1
HEAD is now at b5cfd6b Add CSS Version 2
D:\repos\website (main) >
```

## 9-3-3 撤銷提交不刪除提交歷史

Git 的 git revert 命令並不會刪除提交歷史，而是建立一個新提交來撤銷指定的提交，它是回到撤銷提交的前一個提交狀態。例如：撤銷提交 C 的變更，建立新提交 E，原始提交 D 仍然保留，新增反轉的提交 E 是回到提交 B 的狀態，如下圖所示：

```
A---B---C---D main    ➡    A---B---C---D---E main
```

請繼續第 9-3-2 節，目前的最新提交是 "Add CSS Version 2"，首先修改 style.css 的 padding 成為 100px 後，就可以加入暫存區和提交建立 Version 3，如下所示：

> git add style.css [Enter]

> git commit -m "Add CSS Version 3" [Enter]

然後再次修改 style.css 的 padding 成為 120px 後，加入暫存區和提交來建立 Version 4，如下所示：

> git add style.css [Enter]

> git commit -m "Add CSS Version 4" [Enter]

請執行 git log --oneline 命令，可以看到 Version 1～4 的提交，如下圖所示：

```
D:\repos\website (main) > git log --oneline
78606b9 (HEAD -> main) Add CSS Version 4
f2d31d5 Add CSS Version 3
b5cfd6b Add CSS Version 2
ca4c757 Add CSS Version 1
7a1124e Resolve merge conflict in index.html
70dd297 Add a tag
```

我們可以反轉 1 個或多個提交，例如：反轉提交 Version 2，SHA-1 編碼是 b5cfd6b，可以撤銷此提交回到 Version 1 的狀態，--no-edit 可跳過不輸入提交訊息，如下所示：

> git revert b5cfd6b --no-edit [Enter]

當執行 git revert 命令遇到衝突時，Git 就會停止操作並顯示衝突訊息，如下圖所示：

```
D:\repos\website (main) > git revert b5cfd6b --no-edit
Auto-merging style.css
CONFLICT (content): Merge conflict in style.css
error: could not revert b5cfd6b... Add CSS Version 2
hint: After resolving the conflicts, mark them with
hint: "git add/rm <pathspec>", then run
hint: "git revert --continue".
hint: You can instead skip this commit with "git revert --skip".
hint: To abort and get back to the state before "git revert",
hint: run "git revert --abort".
hint: Disable this message with "git config advice.mergeConflict false"
D:\repos\website (main) >
```

請檢查衝突檔案 style.css，因為 Version 2 提交的 padding 值 80px 被撤銷，所以顯示的值是 Version 1 的 50px（parent of b5cfd6b），如下圖所示：

```
style.css - 記事本
body {
    background-color: #f0f0f2;
}
div {
    width: 600px;
    margin: 5em auto;
<<<<<<< HEAD
    padding: 120px;
=======
    padding: 50px;
>>>>>>> parent of b5cfd6b (Add CSS Version 2)
    background-color: #fff;
    border-radius: 1em;
}
```

```
style.css - 記事本
body {
    background-color: #f0f0f2;
}
div {
    width: 600px;
    margin: 5em auto;
    padding: 50px;
    background-color: #fff;
    border-radius: 1em;
}
```

請手動修改 style.css 保留 padding 值 50px，就可以儲存檔案後，將檔案加入暫存區，和執行 git revert --continue 命令來繼續撤銷（git revert --abort 命令是取消撤銷），如下所示：

```
> git add style.css  Enter
> git revert --continue  Enter
```

```
D:\repos\website (main) > git add style.css
D:\repos\website (main) > git revert --continue
hint: Waiting for your editor to close the file... unix2dos: converting
 file D:/repos/website/.git/COMMIT_EDITMSG to DOS format...
```

```
COMMIT_EDITMSG - 記事本
檔案(F) 編輯(E) 格式(O) 檢視(V) 說明
Revert "Add CSS Version 2"

This reverts commit
b5cfd6b4400cf5d34f21e6e164a03d26b7c4ec
bb.

第 1  100%  Windows (CRLF)  具有 BOM 的 UTF
```

請關閉編輯器不更改提交訊息，即可完成反轉操作。Git 會自動建立一個新提交來記錄反轉操作，並且撤銷該次更改，如下圖所示：

```
D:\repos\website (main) > git log --oneline
f299ba0 (HEAD -> main) Revert "Add CSS Version 2"
78606b9 Add CSS Version 4
f2d31d5 Add CSS Version 3
b5cfd6b Add CSS Version 2
ca4c757 Add CSS Version 1
```

## 9-3-4 重新整理提交的歷史記錄

Git 的 git rebase 和 git merge 命令都可以合併分支，其最大差異在於使用 Three-way Merge 合併時，使用 git merge 命令會新增一個合併提交，當頻繁合併分支後，整個提交歷史記錄就會有很多這種合併提交，讓歷史記錄有些繁瑣，而 git rebase 命令可以達成 git merge 命令的功能，但不會新增這個合併提交，如下圖所示：

```
A---B---C---D---E (main)          A---B---C---D---E (main)
         \                                         \
          F---G---H (feature)                       F'---G'---H' (feature)
```

上述圖例是使用 git rebase 命令合併分支，合併方式是調整當初建立分支的基準提交 B 成為 E 來進行合併，可以建立出線性化分支歷史。

我們準備使用 git branch 命令建立新分支，並且使用第 9-3-3 節的 Version 2（SHA-1 編碼是 b5cfd6b）作為 feature-readme 分支的基準提交，和切換到此新分支，如下所示：

> git branch feature-readme b5cfd6b [Enter]

> git checkout feature-readme [Enter]

```
D:\repos\website (main) > git branch feature-readme b5cfd6b
D:\repos\website (main) > git checkout feature-readme
Switched to branch 'feature-readme'
D:\repos\website (feature-readme) > |
```

然後，在 README.md 的結尾依序新增 2 行文字內容，和直接使用 -am 選項加入暫存區且提交，共可建立 2 次提交，如下所示：

> echo "Author: Hueyan Chen" >> README.md [Enter]

> git commit -am "Add author" [Enter]

> echo "Email: hueyan@ms2.hinet.net" >> README.md [Enter]

> git commit -am "Add email" [Enter]

請回到主分支使用 git log 顯示提交歷史，--all 選項是顯示所有分支的提交記錄，如下所示：

> git checkout main [Enter]

> git log --oneline --graph --all [Enter]

```
D:\repos\website (feature-readme) > git checkout main
Switched to branch 'main'
D:\repos\website (main) > git log --oneline --graph --all
* 56a2045 (feature-readme) Add email
* a4b7fd3 Add author
| * f299ba0 (HEAD -> main) Revert "Add CSS Version 2"
| * 78606b9 Add CSS Version 4
| * f2d31d5 Add CSS Version 3
|/
* b5cfd6b Add CSS Version 2
* ca4c757 Add CSS Version 1
*   7a1124e Resolve merge conflict in index.html
```

現在，我們就可以執行 git rebase 命令，將 feature-readme 分支的基準改為 main 分支的最新提交，其執行方式和 git merge 命令相反，我們是切換到 feature-readme 分支後，執行 git rebase main 命令，如下所示：

> git checkout feature-readme [Enter]

> git rebase main [Enter]

```
D:\repos\website (main) > git checkout feature-readme
Switched to branch 'feature-readme'
D:\repos\website (feature-readme) > git rebase main
Successfully rebased and updated refs/heads/feature-readme.
D:\repos\website (feature-readme) >
```

請再次使用 git log 顯示提交歷史，--all 選項是顯示所有分支的提交記錄，可以看到線性化的提交歷史記錄，如下所示：

> git log --oneline --graph --all [Enter]

```
D:\repos\website (feature-readme) > git log --oneline --graph --all
* cd863cb (HEAD -> feature-readme) Add email
* 03da839 Add author
* f299ba0 (main) Revert "Add CSS Version 2"
* 78606b9 Add CSS Version 4
* f2d31d5 Add CSS Version 3
* b5cfd6b Add CSS Version 2
* ca4c757 Add CSS Version 1
*   7a1124e Resolve merge conflict in index.html
|\
| * 3c9b9f5 (feature-patch, feature-link) Add a tag
* | 70dd297 Add a tag
|/
*   87dc588 Merge branch feature-about into main
```

如果有合併衝突,其處理方式和 git revert 命令相同,在手動處理衝突後,就可以將衝突檔案加入暫存區和繼續 rebase(git rebase --abort 命令是取消 rebase),如下所示:

```
> git add <衝突檔案> Enter
> git rebase --continue Enter
```

## 9-3-5 將特定提交從一個分支複製到另一個分支

Git 的 git cherry-pick 命令也會更改提交歷史記錄,可以將特定提交,或挑選幾個提交,從一個分支複製到另一分支,而不需要合併整個分支,例如:從 feature 分支複製提交 C 至 main 主分支,如下圖所示:

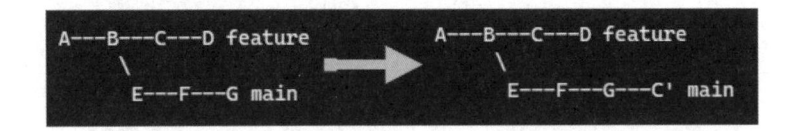

```
A---B---C---D feature          A---B---C---D feature
     \                              \
      E---F---G main                 E---F---G---C' main
```

首先使用第 9-3-1 節的硬重置來刪除提交,以便還原狀態至 Version 4 的提交,SHA-1 編碼是 78606b9,其命令依序是切換到 main 主分支和執行 git reset 命令,如下所示:

```
> git checkout main Enter
> git reset --hard 78606b9 Enter
```

```
D:\repos\website (feature-readme) > git checkout main
Switched to branch 'main'
D:\repos\website (main) > git reset --hard 78606b9
HEAD is now at 78606b9 Add CSS Version 4
D:\repos\website (main) >
```

然後,使用 git branch 命令建立新分支,並且使用第 9-3-3 節的 Version 2(SHA-1 編碼是 b5cfd6b)作為 feature-readme2 分支的基準提交,和切換到新分支,如下所示:

```
> git branch feature-readme2 b5cfd6b Enter
> git checkout feature-readme2 Enter
```

9-23

然後，在 README.md 的結尾依序新增 2 行文字內容，使用 -am 選項直接加入暫存區且提交，共可建立 2 次提交，如下所示：

```
> echo "Author: Hueyan Chen" >> README.md Enter
> git commit -am "Add author" Enter
> echo "Email: hueyan@ms2.hinet.net" >> README.md Enter
> git commit -am "Add email" Enter
```

請使用 git log 顯示提交歷史，--all 選項是顯示所有分支的提交記錄，如下所示：

```
> git log --oneline --graph --all Enter
```

```
D:\repos\website (feature-readme2) > git log --oneline --graph --all
* cf10e7a (HEAD -> feature-readme2) Add email
* 4cf7f87 Add author
| * cd863cb (feature-readme) Add email
| * 03da839 Add author
| * f299ba0 Revert "Add CSS Version 2"
| * 78606b9 (main) Add CSS Version 4
| * f2d31d5 Add CSS Version 3
|/
* b5cfd6b Add CSS Version 2
* ca4c757 Add CSS Version 1
```

在上述 feature-readme2 分支新增了 2 次提交，都是修改 README.md 檔案，我們準備將 Add author 分支（SHA-1 編碼是 4cf7f87）複製到 main 主分支，請切換到 main 目標分支後，就可以使用 git cherry-pick 命令來複製此提交，如下所示：

```
> git checkout main Enter
> git cherry-pick 4cf7f87 Enter
```

```
D:\repos\website (feature-readme2) > git checkout main
Switched to branch 'main'
D:\repos\website (main) > git cherry-pick 4cf7f87
[main 7f4ee8f] Add author
 Date: Mon Jan 6 19:26:08 2025 +0800
 1 file changed, 0 insertions(+), 0 deletions(-)
D:\repos\website (main) >
```

在執行後,該提交就會被複製到 main 主分支。請使用 git log 顯示提交歷史,--all 選項是顯示所有分支的提交記錄,如下所示:

```
> git log --oneline --graph --all Enter
```

```
D:\repos\website (main) > git log --oneline --graph --all
* 7f4ee8f (HEAD -> main) Add author
| * cf10e7a (feature-readme2) Add email
| * 4cf7f87 Add author
| | * cd863cb (feature-readme) Add email
| | * 03da839 Add author
| | * f299ba0 Revert "Add CSS Version 2"
| |/
|/|
* | 78606b9 Add CSS Version 4
* | f2d31d5 Add CSS Version 3
|/
* b5cfd6b Add CSS Version 2
* ca4c757 Add CSS Version 1
```

如果有合併衝突,其處理方式和 git revert/git rebase 命令相同,在手動處理衝突後,就可以將衝突檔案加入暫存區和繼續 cherry-pick(git cherry-pick --abort 命令是取消 cherry-pick),如下所示:

```
> git add <衝突檔案> Enter
> git cherry-pick --continue Enter
```

## 9-4 ChatGPT 輔助學習:解決實作時遇到的 Git 操作問題

ChatGPT 是一位 Git/GitHub 專家,任何 Git 操作上的問題,我們都可以詢問 ChatGPT 來得到解答,並且透過 ChatGPT 的回答來加深 / 加廣 Git/GitHub 的學習。

### 將遠端 GitHub 儲存庫重置成指定提交

對於本機 Git 儲存庫,我們可以使用 git reset 命令來重置成指定提交,問題是如何將遠端 GitHub 儲存庫也重置成指定提交。ChatGPT 提示詞(ch9-4.txt),如下所示:

### Q 提問

你是 Git/GitHub 專家，請使用繁體中文一一列出詳細的操作步驟，可以將遠端 GitHub 儲存庫退回到指定提交，提交的 SHA-1 編碼是：01e2a31，本機 Git 儲存庫的工作目錄是 Windows 作業系統的「D:\repos\user3\repo」。

### A 回答

ChatGPT 回答的操作步驟依序是開啟命令提示字元或 Git Bash、移動到本機 Git 儲存庫目錄、檢查目前的分支狀態後，就可以退回到指定提交（完整 ChatGPT 的回答請參閱 ch9-4.pdf），如下圖所示：

#### 4. 退回到指定提交

執行以下指令將儲存庫退回到提交 `01e2a31`：

```bash
git reset --hard 01e2a31
```

注意：這個指令會將本地儲存庫硬性重置到指定提交，未提交的修改將會遺失。

然後使用 git push 命令，以 --force 選項強制推送變更到遠端 GitHub 儲存庫，如下圖所示：

#### 5. 強制推送到遠端儲存庫

使用以下指令將變更強制推送到遠端儲存庫：

```bash
git push origin --force
```

注意：這將覆蓋遠端儲存庫的歷史記錄，請確認操作的必要性。

最後，ChatGPT 還貼心的提出了一些注意事項，如下圖所示：

> **其他注意事項：**
> 1. **溝通與通知**：如果這是團隊協作的專案，務必告知團隊成員這次操作，因為強制推送可能會影響其他人的工作流程。
> 2. **備份與確認**：在執行 `git reset --hard` 和 `git push --force` 之前，建議備份原始分支（例如透過 `git branch backup` 建立備用分支）。
> 3. **分支範圍**：以上操作默認於當前分支。如果需要針對特定分支進行操作，請先切換到該分支（例如 `git checkout branch_name`）。

## 🗨 忘了新增分支直接在錯誤分支上修改檔案

在進行新功能開發時，忘了先新增分支，就直接在 main 主分支上修改檔案，但是尚未提交，當出現此問題就可以詢問 ChatGPT 如何解決。ChatGPT 提示詞（ch9-4a.txt），如下所示：

> **Q 提問**
>
> 你是 Git/GitHub 專家，我忘了新增 feature-addtitle 分支，而是直接在目前的 main 主分支修改檔案進行開發，但是尚未提交，請問如何建立 feature-addtitle 分支是目前 main 主分支的更改內容，而且 main 主分支回復到修改前的狀態。
> 本機 Git 儲存庫的工作目錄是「D:\repos\user3\repo」。

**A 回答**

ChatGPT 的回答首先建立新分支來保留未提交的修改（完整 ChatGPT 的回答請參閱 ch9-4a.pdf），如下圖所示：

> **1. 建立新分支並保留未提交的修改**
>
> 當你在 `main` 分支進行了尚未提交的修改時，可以執行以下指令，將這些更改移到新分支中。
>
> ```bash
> # 切換到工作目錄
> cd D:\repos\user3\repo
>
> # 建立並切換到 feature-addtitle 分支
> git checkout -b feature-addtitle
> ```

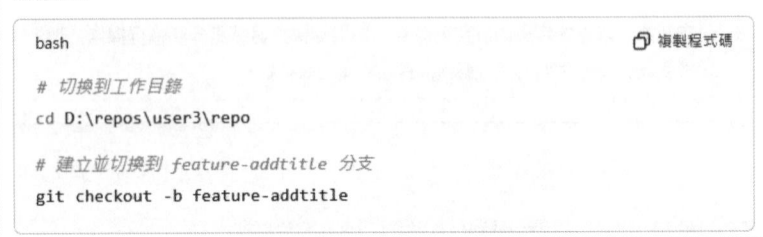

然後，回到 main 主分支來捨棄未提交的修改，如下圖所示：

> **2. 回到 `main` 分支並捨棄未提交的修改**
>
> 現在你已經將未提交的更改移到新分支，接著需要讓 `main` 分支恢復到修改前的狀態。
>
> ```bash
> # 切換回 main 分支
> git checkout main
>
> # 重置 main 分支，捨棄工作目錄的修改
> git reset --hard
> ```

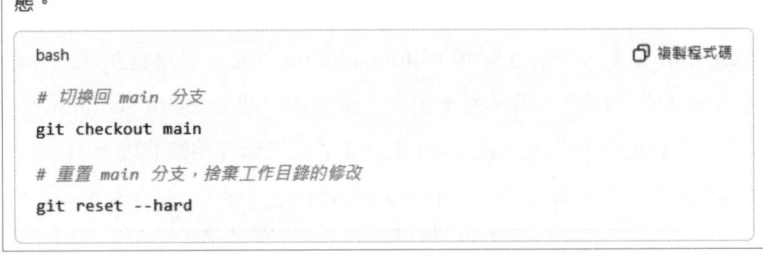

ChatGPT 提示詞 ch9-4b.txt 是在 main 主分支有修改且提交過變更的解決方法（完整 ChatGPT 的回答請參閱 ch9-4b.pdf）。

PART

# 5

# 使用開發工具內建的
# 版本控制與常用工具

CHAPTER 10　Visual Studio Code 的版本控制

CHAPTER 11　Visual Studio Community 的版本控制

CHAPTER 12　Git/GitHub 版本控制的常用工具

# CHAPTER 10

# Visual Studio Code 的版本控制

- 10-1 在 VS Code 複製 GitHub 儲存庫
- 10-2 在 VS Code 使用 Git/GitHub 版本控制

## 10-1 在 VS Code 複製 GitHub 儲存庫

Visual Studio Code（簡稱 VS Code）是微軟公司所開發，跨平台支援 Windows、macOS 和 Linux 作業系統的一套輕量且免費的程式碼編輯器。VS Code 適用在 Web、雲端和本機應用程式開發的程式碼撰寫，不同於 Visual Studio IDE，輕量化 VS Code 非常適合在小型專案的程式碼編輯。

在 VS Code 內建有 Git 版本控制，我們準備啟動 VS Code，複製遠端 GitHub 儲存庫 flaskdemo 至「D:\repos\flaskdemo」工作目錄來建立本機 Git 儲存庫，其步驟如下所示：

**Step 1** 請在 GitHub 建立名為 flaskdemo 的公開儲存庫，記得勾選【Add a README file】新增 README.md 檔案後，按【Create repository】鈕建立 GitHub 儲存庫。

*Step 2* 然後開啟 GitHub 儲存庫 flaskdemo 的頁面，點選【Code】後，選【HTTPS】，就可以點選後方【複製】圖示，複製儲存庫的 HTTPS URL，如下圖所示：

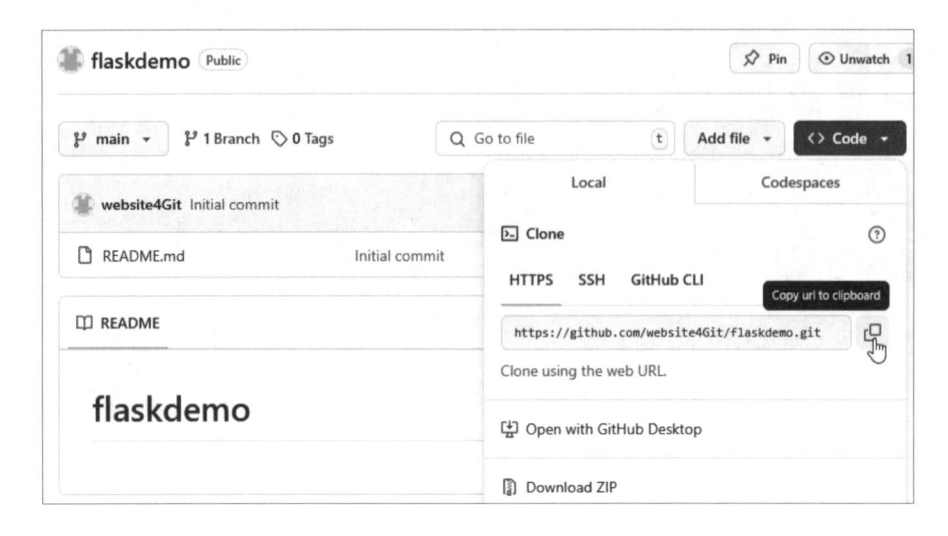

*Step 3* 請執行「開始＞Visual Studio Code＞Visual Studio Code」命令啟動 VS Code 後，在中間點選【複製 Git 存放庫…】，即可在上方選【從 GitHub 複製】。

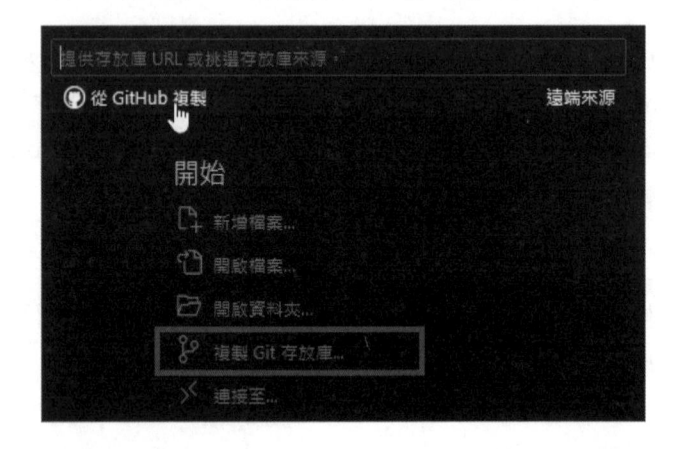

*Step 4* 接著在上方輸入框貼上 flaskdemo 儲存庫的 URL 後，再選此 URL，即可複製 GitHub 儲存庫。

Visual Studio Code 的版本控制 ⑩

Step 5 請選擇複製儲存庫名稱的上一層目錄，以此例是選「D:\repos」後，按【選取為存放庫目的地】鈕。

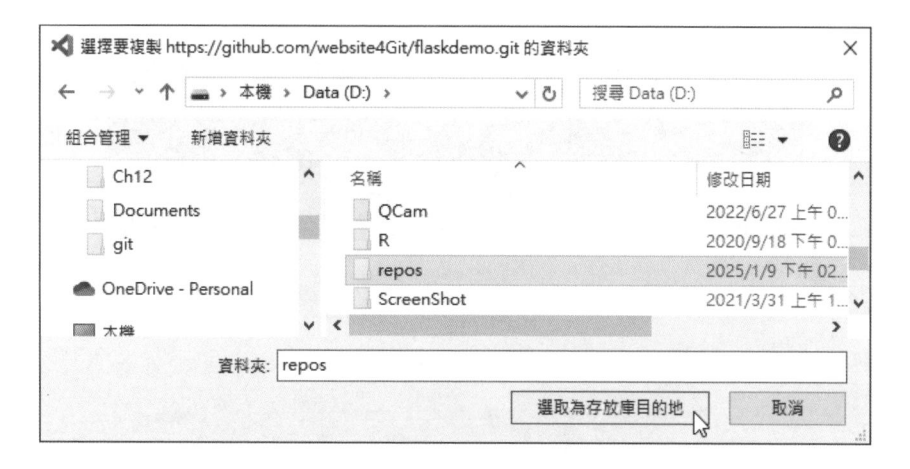

Step 6 請按【新增到工作區】鈕，新增到 VS Code 工作區。

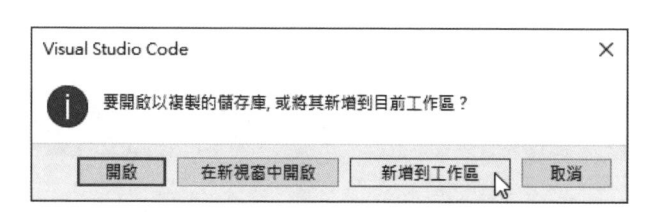

10-3

**Step 7** 選側邊欄第一個【檔案總管】檢視,可以看到 flaskdemo 已經新增到目前的未命名工作區,如下圖所示:

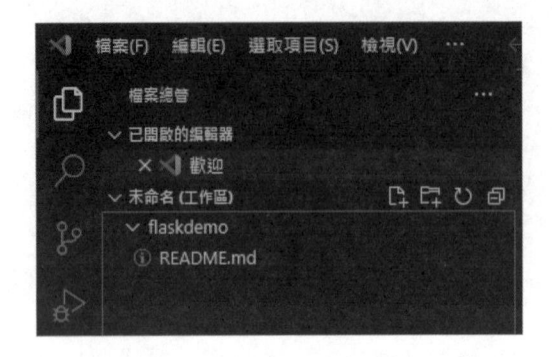

**Step 8** 請在 VS Code 功能表執行「…> 終端機 > 新增終端」命令,可以在下方開啟終端機,然後輸入 git remote -v 命令,查詢遠端儲存庫的 URL,如下圖所示:

在「D:\repos\flaskdemo」工作目錄可以看到複製的本機 Git 儲存庫,如下圖所示:

## 10-2 在 VS Code 使用 Git/GitHub 版本控制

Flask 框架是 Miguel Grinberg 使用 Python 開發的輕量級 Web 框架,也稱為微框架(Microframework),因為核心簡單,但保留相當大的擴充性,可以幫助我們快速建立 Web 網站和 Web API。

我們準備使用 Flask 的 Python 程式 app.py 為例，說明如何在 VS Code 進行 Git/GitHub 的版本控制。

## 10-2-1 在 VS Code 使用 Git 基本操作

當成功複製 GitHub 儲存庫後，我們就可以在 VS Code 新增 app.py 檔案，然後執行 Git 基本操作的版本控制，即加入暫存區、提交變更和推送至 GitHub 儲存庫，其步驟如下所示：

*Step 1* 在檔案總管的工作區，按第 1 個圖示來新增檔案。

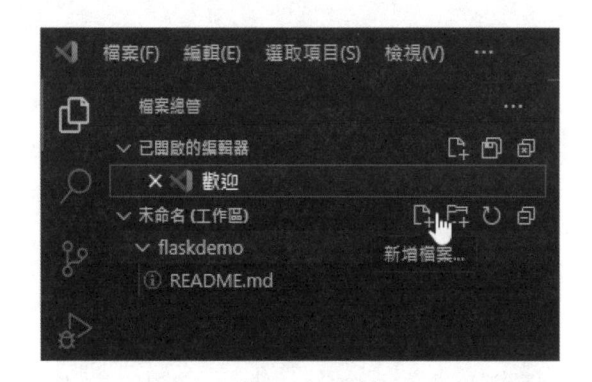

*Step 2* 然後在輸入框輸入【app.py】檔名後，按 Enter 鍵建立檔案。

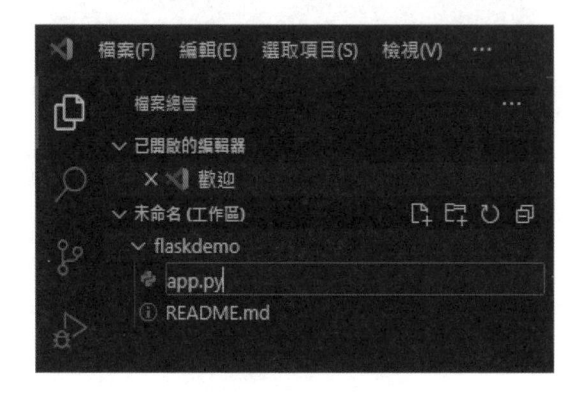

**Step 3** 點選 app.py，可以在右邊標籤頁編輯 Python 程式碼，其內容是書附範例「\ch10\flaskdemo\app.py」，你也可以直接複製此檔案至本機 Git 儲存庫的工作目錄。

**Step 4** 在儲存後，可以看到左邊側邊欄的第 3 個【原始檔控制】圖示顯示數字 1，表示有 1 個檔案有修改，請切換到此檢視，可以在下方看到提交記錄的 main 主分支，請移至 app.py 項目上，點選之後的【＋】號來加入暫存區。

*Step 5* 可以看到檔案已經加入暫存區，如果移至 app.py 項目上，點選之後的【 - 】號，可以取消加入暫存區。

*Step 6* 請在上方輸入框輸入提交訊息後，按【提交】鈕提交變更。

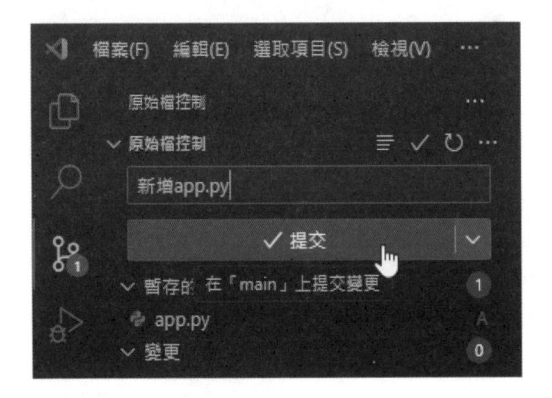

**Step 7** 可以在下方看到新增的提交，請按【同步變更】鈕，提取更新和推送變更來同步遠端 Git 儲存庫。

**Step 8** 可以看到一個訊息視窗，請按【確定】鈕確認執行 git pull 提取和 git push 推送命令來同步儲存庫。

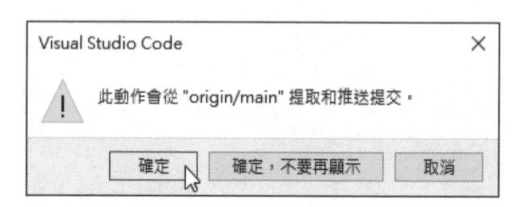

在 GitHub 的 flaskdemo 儲存庫，可以看到 Python 檔案 app.py 已經同步更新，在中間顯示的就是輸入的提交訊息，如下圖所示：

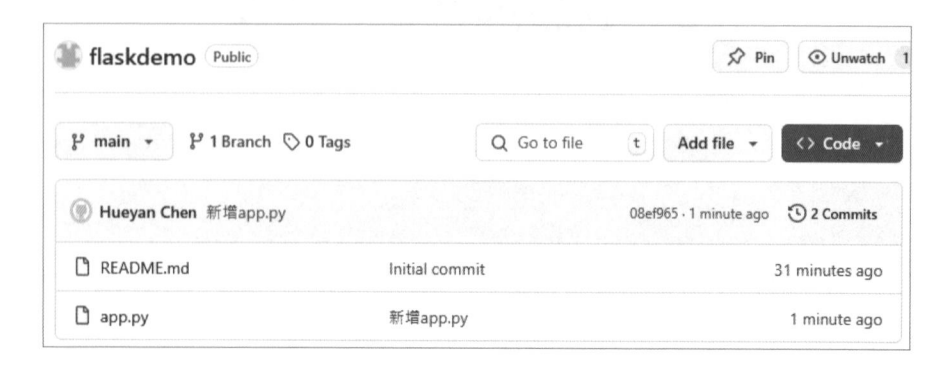

## 10-2-2 在 VS Code 建立與合併 Git 分支

VS Code 內建 Git 分支管理，我們準備建立名為 feature-update-msg 的分支後，切換到此分支來更新 Python 程式檔案 app.py、加入暫存區、提交變更來完成程式開發後，再執行合併分支操作。

### 🗨 在本機 Git 建立 feature-update-msg 分支

首先，在本機 Git 儲存庫從 main 主分支建立名為 feature-update-msg 的分支，其步驟如下所示：

**Step 1** 請啟動 VS Code 開啟本機 Git 的工作目錄後，切換到【原始檔控制】檢視（或按 Ctrl + Shift + G 鍵），然後點選右上角【...】鈕，執行「分支 > 建立分支…」命令。

**Step 2** 在上方輸入框輸入新分支名稱【feature-update-msg】後，按 Enter 鍵。

**Step 3** 可以在左下方看到已經建立且切換到新分支，我們也可以在 VS Code 功能表執行「…＞終端機＞新增終端」命令開啟終端機，確認目前是在 feature-update-msg 分支，如下圖所示：

## 💬 更新 Python 程式檔案 app.py 和提交變更

目前已經在 feature-update-msg 分支，我們準備在此分支修改 app.py 程式後，加入暫存區和提交，其步驟如下所示：

**Step 1** 請切換到【檔案總管】檢視後，開啟 app.py 檔案，就可以將 return "Hello World!" 這一行程式碼的訊息文字改為下列訊息文字，如下所示：

```
return "Hello from the new feature branch!"
```

10-10

## Visual Studio Code 的版本控制 ⑩

**Step 2** 在儲存後，可以看到有 1 個變更，請切換到【原始檔控制】檢視，可以看到剛剛修改的 app.py 檔案，請在上方輸入框輸入提交訊息後，按【提交】鈕。

**Step 3** 因為沒有將 app.py 加入暫存區，就會看到一個訊息視窗，請按【是】鈕將所有變更檔案加入暫存區並直接提交。

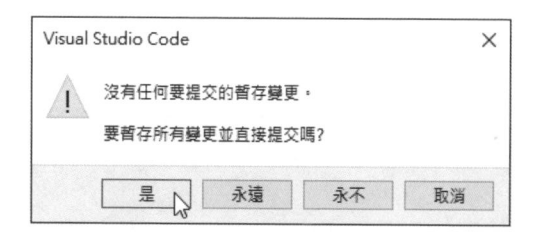

**Step 4** 在成功提交後，可以在下方看到新增的提交，如下圖所示：

10-11

## 💬 在 main 主分支合併 feature-update-msg 分支

在完成 feature-update-msg 分支的程式開發後，我們就可以將此分支合併回 main 主分支，其步驟如下所示：

**Step 1** 請切換到【原始檔控制】檢視，點選【...】鈕，執行【簽出至…】命令。

**Step 2** 在上方輸入框的下拉式選單選【main】主分支，即可切換回 main 主分支。

**Step 3** 可以在右下方看到已經切換回 main 主分支，如下圖所示：

10-12

*Step 4* 請再次點選【...】鈕,執行「分支 > 合併…」命令來合併分支。

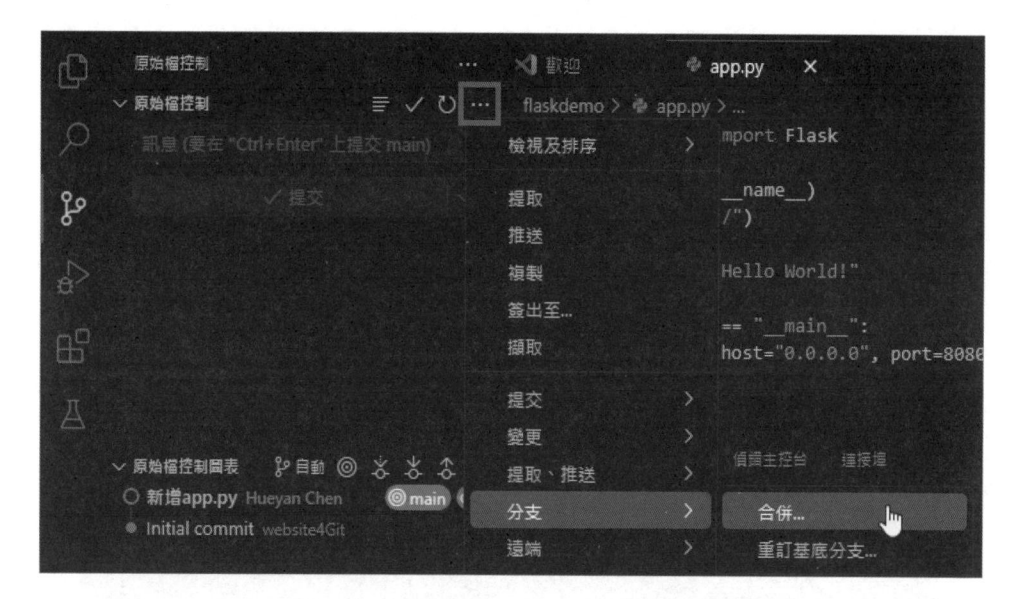

*Step 5* 在上方輸入框的下拉式選單選【feature-update-msg】後,按 Enter 鍵合併分支。

*Step 6* 在確認合併成功後,就可以在 main 主分支看到新建立的提交,如下圖所示:

## 💬 刪除 feature-update-msg 分支

因為 feature-update-msg 分支已經完成開發，我們可以刪除此本機分支，其步驟如下所示：

**Step 1** 請點選【...】鈕，執行「分支 > 刪除分支…」命令來刪除分支。

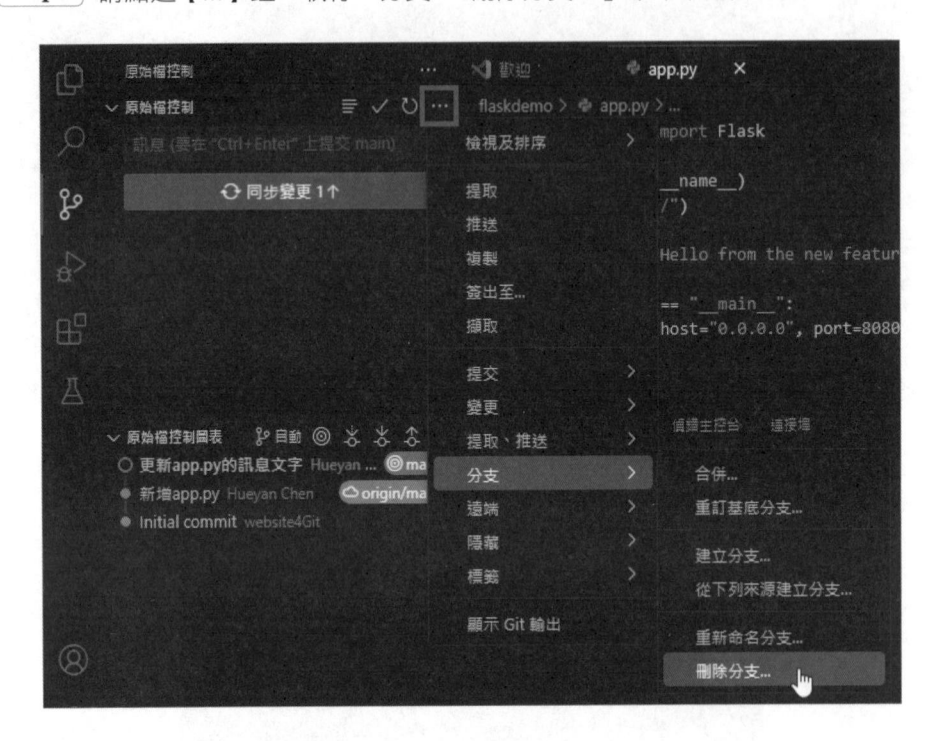

**Step 2** 在上方輸入框的下拉式選單選【feature-update-msg】後，按 Enter 鍵刪除此分支。

## Visual Studio Code 的版本控制 ⑩

**Step 3** 請在 VS Code 功能表執行「 … > 終端機 > 新增終端」命令開啟終端機，執行 git branch 命令，可以看到 feature-update-msg 分支已經不存在了，如下圖所示：

### 💬 推送到遠端 GitHub 儲存庫

現在，新功能已經在本機 Git 儲存庫完成開發，我們就可以推送更新到遠端 GitHub 儲存庫，其步驟如下所示：

**Step 1** 點選【…】鈕，執行【推送】命令將更新推送到遠端 GitHub 儲存庫。

我們也可以在上述圖例按【同步變更】鈕來同步變更，這是執行提取更新和推出變更來同步 GitHub 儲存庫。

在程式碼控制下方的提交歷史記錄，只需選擇提交，就可以在右邊比對 app.py 檔案的版本變更內容，如下圖所示：

# CHAPTER 11

# Visual Studio Community 的版本控制

▶ 11-1 在 Visual Studio 複製 GitHub 儲存庫和建立專案
▶ 11-2 在 Visual Studio 使用 Git/GitHub 進行專案開發

## 11-1 在 Visual Studio 複製 GitHub 儲存庫和建立專案

微軟 Visual Studio 是一套功能強大的整合開發環境（IDE），支援多種程式語言來開發 Web、桌面和手機應用程式等，主要是使用在大型專案的管理與開發，在本章是使用 Visual Studio 2022 Community 版。

### 11-1-1 在 Visual Studio 複製 GitHub 儲存庫

在 Visual Studio 內建有 Git 版本控制，支援使用 GitHub 儲存庫進行應用程式的協同開發。我們準備啟動 Visual Studio，複製遠端 GitHub 儲存庫 winform 至「D:\repos\winform」工作目錄來建立本機 Git 儲存庫，其步驟如下所示：

**Step 1** 請在 GitHub 建立名為 winform 的公開儲存庫，記得勾選【Add a README file】新增 README.md 檔案後，按【Create repository】鈕建立 GitHub 儲存庫。

> Initialize this repository with:
> ☑ Add a README file
> This is where you can write a long description for your project. Learn more about READMEs.

**Step 2** 然後開啟 GitHub 儲存庫 winform 的頁面，點選【Code】後，選【HTTPS】，就可以點選後方【複製】圖示，複製儲存庫的 HTTPS URL，如下圖所示：

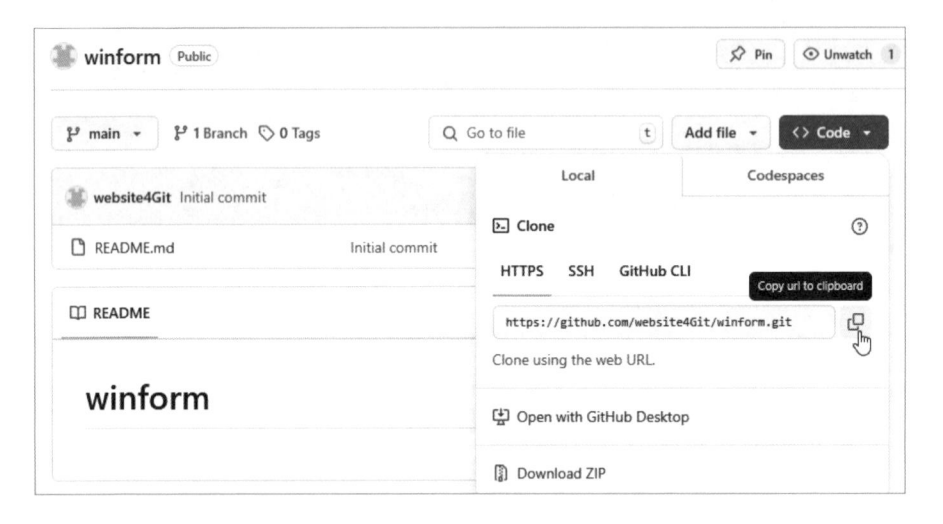

**Step 3** 請建立「D:\repos\winform」空目錄（winform 就是專案名稱）後，執行「開始 > Visual Studio 2022」命令啟動 Visual Studio Community，按【複製存放庫】鈕來複製 GitHub 儲存庫。

Visual Studio Community 的版本控制 **11**

**Step 4** 在【存放庫位置】欄輸入 Step 2. 取得的 HTTPS URL，【路徑】欄選「D:\repos\winform」目錄，按【複製】鈕複製儲存庫。

**Step 5** 可以在 Visual Studio 的「Git 變更」視窗看到複製的本機 Git 儲存庫，如下圖所示：

11-3

在「D:\repos\winform」工作目錄可以看到複製的本機 Git 儲存庫，如下圖所示：

## 11-1-2 在本機 Git 工作目錄建立 Visual Studio 專案

當成功複製遠端 GitHub 儲存庫後，我們就可以在本機 Git 工作目錄新增名為 winform 的 Visual Studio 專案，其步驟如下所示：

**Step 1** 請繼續第 11-1-1 節的步驟，在 Visual Studio 執行「檔案 > 新增 > 專案」命令來新增專案。

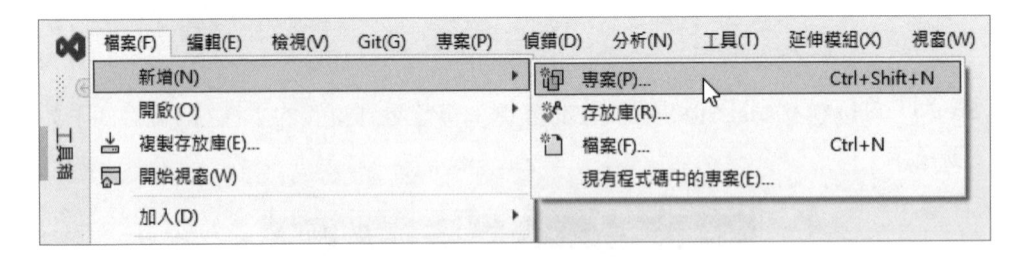

**Step 2** 可以啟動新增專案的精靈畫面，請選 C# 語言 Windows 視窗應用程式的【Windows Forms 應用程式】專案類型後，按【下一步】鈕。

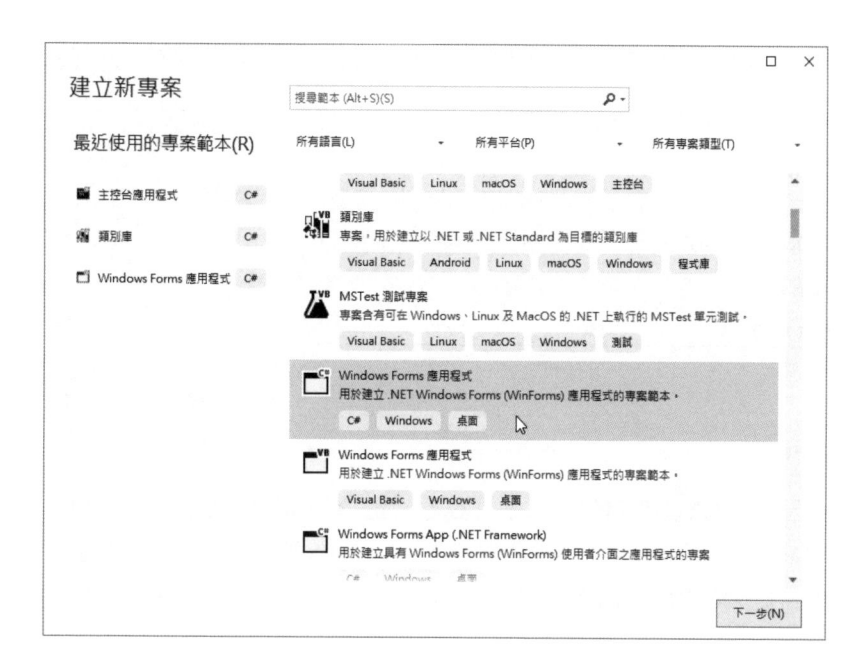

Step 3　在設定新專案步驟的【專案名稱】欄輸入【winform】(即 Git 工作目錄名稱),【位置】欄選本機 Git 工作目錄的上一層「D:\repos\」後,按【下一步】鈕。

*Step 4* 在其他資訊步驟是選擇 .NET 架構，不用更改，請按【建立】鈕建立專案。

*Step 5* 因為在 Git 工作目錄的檔案有變更，在「Git 變更」視窗下方可以看到檔案變更清單共有 32 個，請在上方輸入框輸入【新增 VS 專案】的提交訊息後，按【全部提交】鈕提交專案的全部變更。

**Step 6** 可以看到已經成功建立本機提交，請點選游標所在的【同步】圖示，可以同步遠端 GitHub 儲存庫。

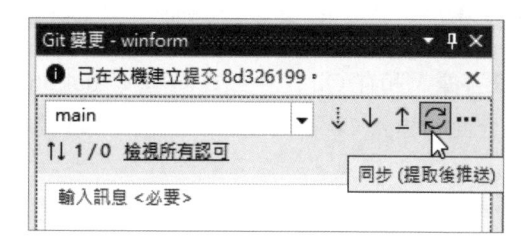

**Step 7** 稍等一下，可以看到已經成功同步推送和提取 GitHub 儲存庫。

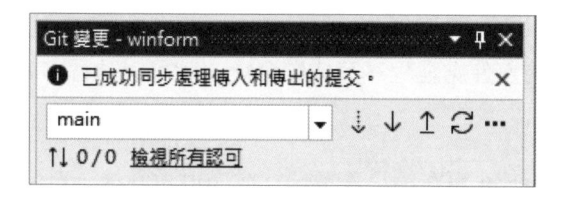

**Step 8** 請啟動瀏覽器登入 GitHub 帳戶和開啟 winform 儲存庫的頁面，可以看到新增的 VS 專案已經同步到 GitHub 儲存庫，如下圖所示：

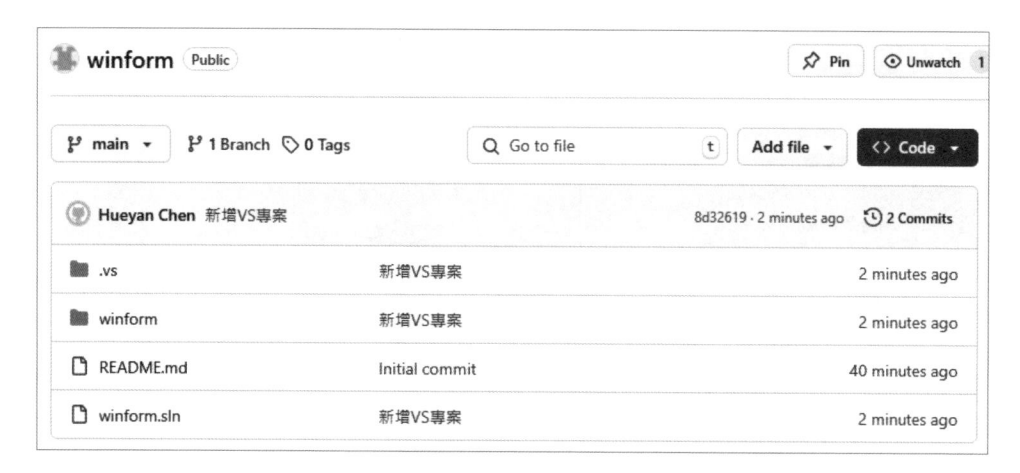

## 11-2 在 Visual Studio 使用 Git/GitHub 進行專案開發

當成功複製 GitHub 儲存庫，和在 Git 工作目錄新增 Visual Studio 專案後，我們就可以在專案建立表單介面和輸入 C# 程式碼，然後使用 Git 基本操作來提交變更，和新增分支來使用 GitHub 提取請求。

### 11-2-1 在 Visual Studio 使用 Git 基本操作

我們準備在 Visual Studio 專案調整表單尺寸後，新增 1 個按鈕控制項和 1 個標籤控制項，再加上按鈕的事件處理程序完成開發後，就可以執行 Git 基本操作的提交變更，其步驟如下所示：

**Step 1** 首先在 winform 專案縮小表單尺寸成 300,300 後，新增 1 個按鈕和 1 個標籤控制項，在調整控制項尺寸、位置和修改屬性後，就可以建立 Windows 視窗程式的表單介面，如下圖所示：

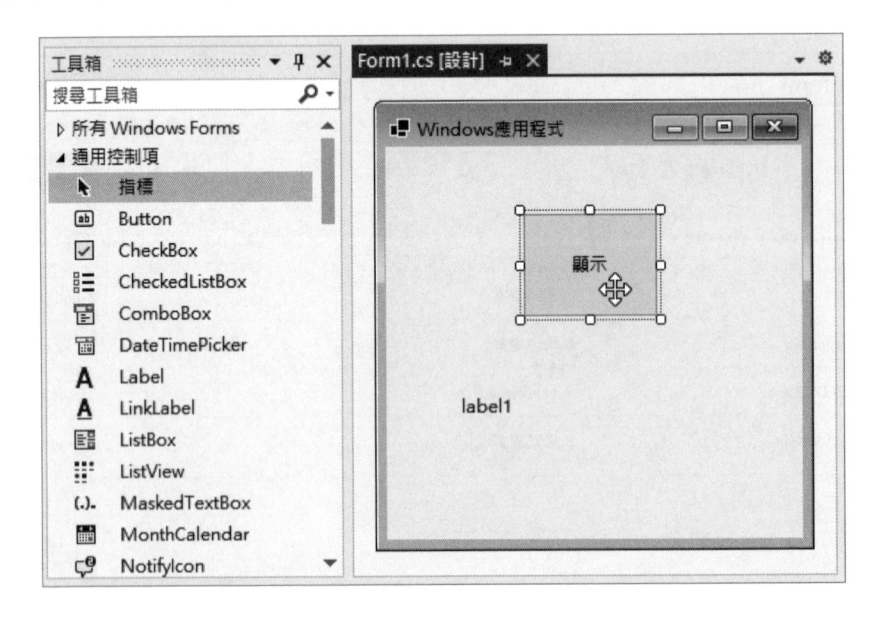

***Step 2*** 請雙擊按鈕控制項，可以建立按鈕的 button1_Click() 事件處理程序，就可以在程式區塊中輸入下列 C# 程式碼，如下所示：

```
label1.Text = "歡迎使用Windows應用程式-v2.0";
```

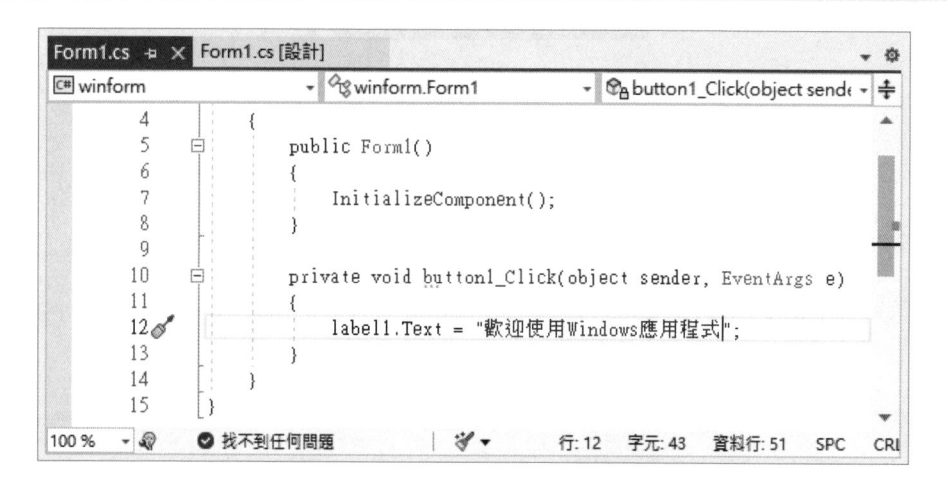

***Step 3*** 執行「偵錯 > 開始偵錯」命令，可以測試執行 Windows 應用程式，按【顯示】鈕，就可以在下方顯示歡迎訊息文字，如下圖所示：

11-9

**Step 4** 在完成開發和儲存專案後，在「Git 變更」視窗可以看到檔案變更清單，共有 30 個，請移動游標至下方清單的項目，點選之後的【+】號，可以將此檔案加入暫存區，以此例是點選【變更】後的【+】號，將全部變更檔案都加入暫存區。

**Step 5** 當所有變更檔案已經加入暫存區成為暫存變更後，請在上方輸入框輸入【建立表單介面和事件處理】提交訊息，按【暫存提交】鈕提交變更。

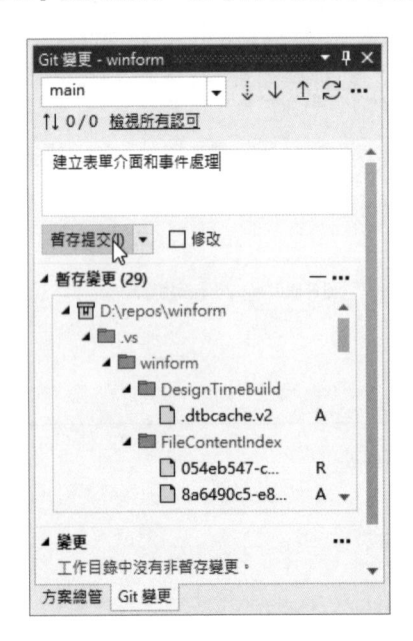

**Step 6** 可以看到已經成功建立本機提交，請點選游標所在的【同步】圖示，可以同步遠端 GitHub 儲存庫。

**Step 7** 稍等一下，可以看到已經成功同步 GitHub 儲存庫。

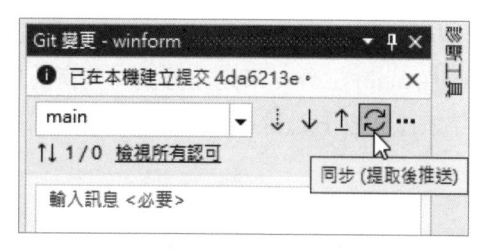

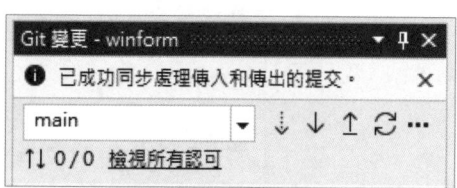

## 11-2-2 在 Visual Studio 使用 GitHub 提取請求

我們準備使用 GitHub 提取請求來建立小組的協同開發，請在 Visual Studio 專案建立 feature-label 分支和切換到此分支，即可修改 label1 輸出文字內容後，使用 GitHub 提取請求來合併回 main 主分支，其步驟如下所示：

**Step 1** 請啟動 Visual Studio 開啟本機 Git 工作目錄「D:\repos\winform」的 winform 專案後，開啟「Git 變更」視窗，在 main 主分支後，點選【…】鈕，執行【新增分支…】命令來建立新分支。

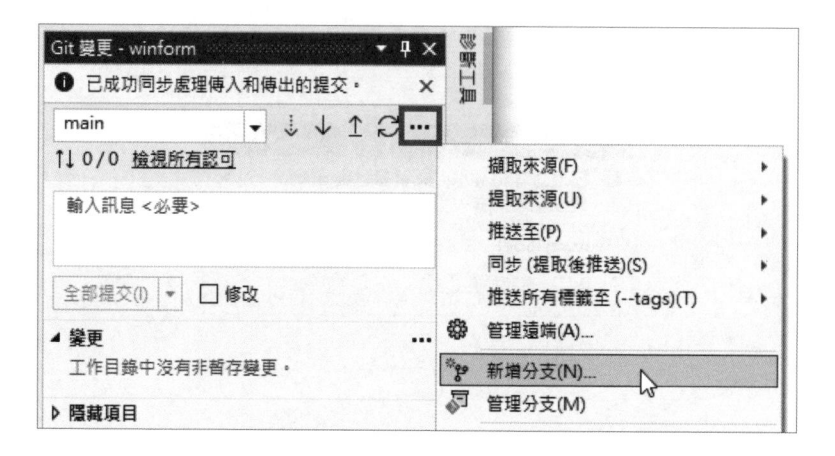

***Step 2*** 在【分支名稱】欄位輸入分支名稱【feature-label】,【依據】欄是 main,即從 main 主分支來建立分支,勾選【簽出分支】就會在建立後切換到此新分支,請按【建立】鈕建立分支。

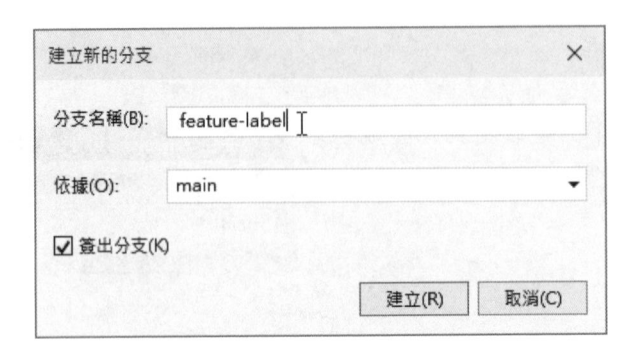

***Step 3*** 在「Git 變更」視窗可以看到已經切換到新分支,請點選【推送】鈕,將 feature-label 分支推送更新遠端的 GitHub 儲存庫。

***Step 4*** 稍等一下,可以看到已經成功將 feature-label 分支推送到遠端 GitHub 儲存庫。

***Step 5*** 目前 Visual Studio 開啟的是 feature-label 分支的專案，我們準備修改 button1_Click() 事件處理程序，在 label1 標籤顯示的文字內容後加上【-v2.0】，如下圖所示：

***Step 6*** 在儲存後，可以在「Git 變更」視窗看到有一個檔案變更，請在上方輸入框輸入提交的訊息文字【更新至 2.0 版】後，選【全部提交】鈕旁的箭頭，執行【全部提交並推送】命令，同時提交變更和推送本機變更到遠端 GitHub 儲存庫。

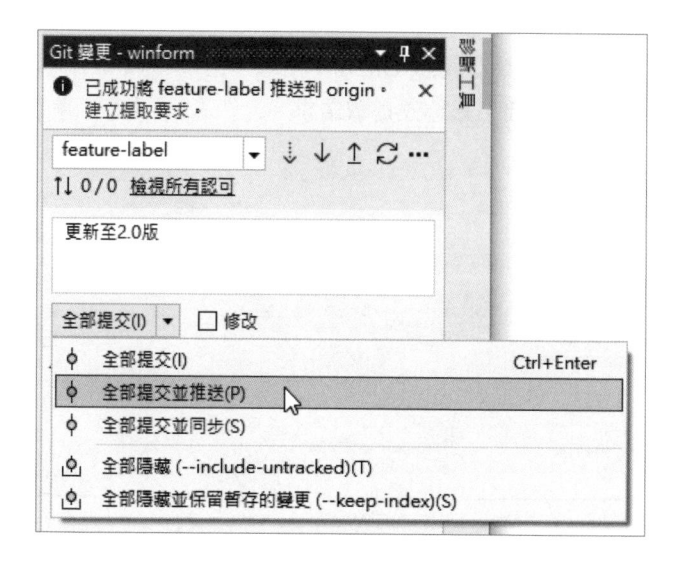

**Step 7** 當成功提交變更後，就會推送專案更新到遠端儲存庫的 feature-label 分支，請選【建立提取要求】超連接來建立提取請求（Pull Request）。

**Step 8** 可以自動啟動瀏覽器開啟 GitHub 表單，請填寫提取請求的標題和描述後，按【Create pull request】鈕建立提取請求。

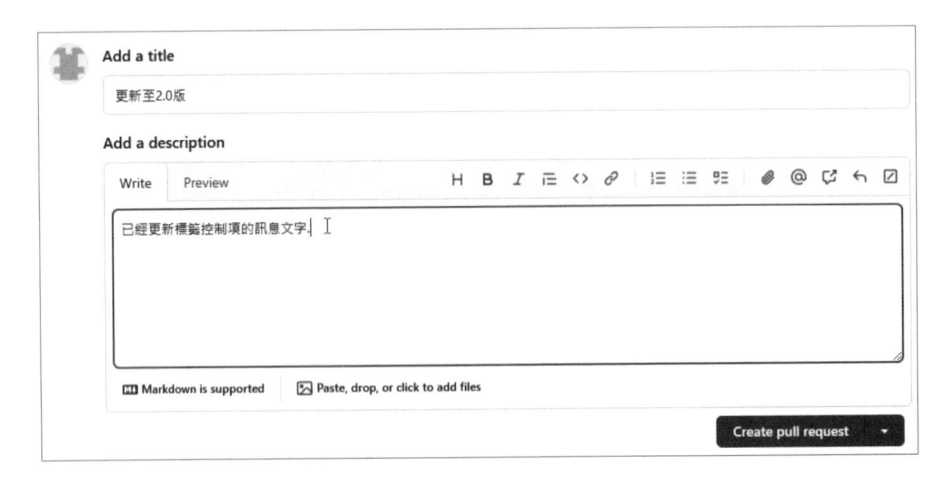

## Visual Studio Community 的版本控制 ⑪

**Step 9** 可以看到建立的提取請求，協同開發者可以審查修改並提出建議，當審查完成後，請按【Merge pull request】鈕合併提取請求。

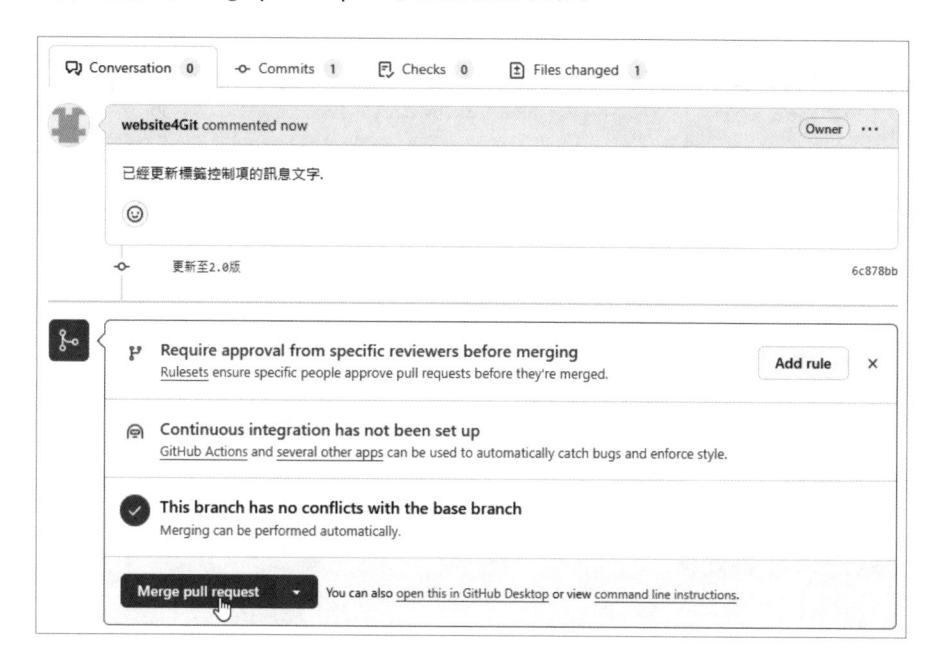

**Step 10** 再按【Confirm merge】鈕確認合併。

11-15

***Step 11*** 在完成合併後,提取請求就會自動關閉,請按【Delete branch】鈕刪除遠端分支。

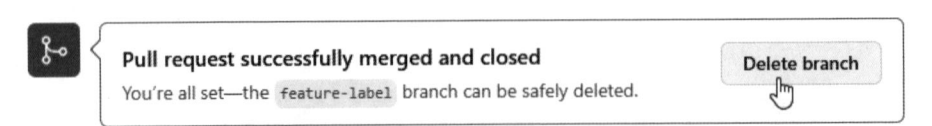

***Step 12*** 可以看到整個提取請求過程的完整記錄,在最後就是刪除遠端分支,如下圖所示:

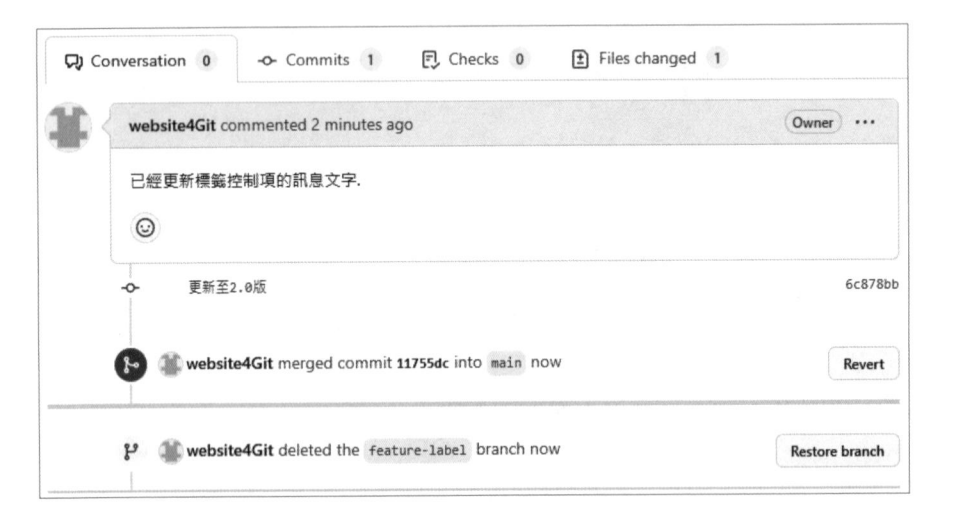

***Step 13*** 在合併和刪除遠端分支後,我們接著需要刪除本機 feature-label 分支,請回到「Git 變更」視窗,在下拉式選單選【main】主分支切換到此分支。

**Step 14** 因為遠端 GitHub 已經使用提取請求合併分支，所以在本機 Git 並不需要保留此分支的變更，請選【捨棄變更】，按【繼續簽出】鈕切換到 main 主分支。

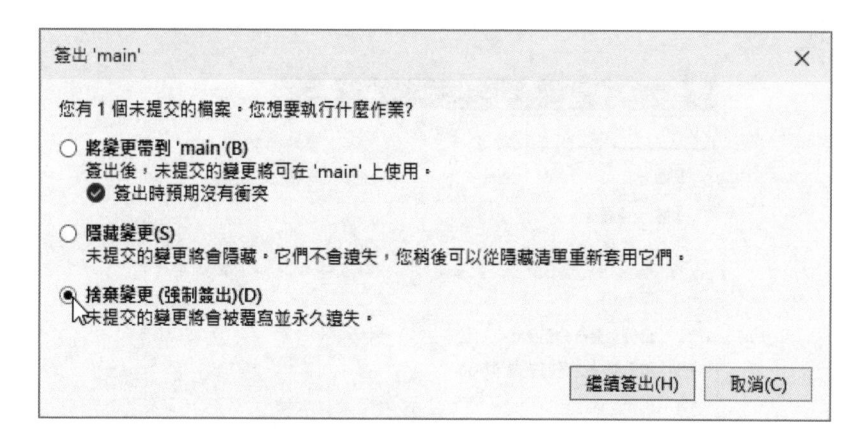

**Step 15** 因為是強制切換，請按【是】鈕確認切換到 main 主分支。

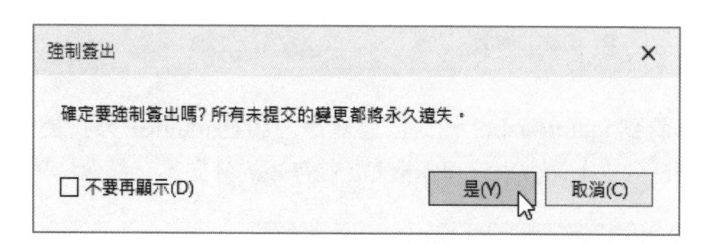

**Step 16** 請點選游標所在的【提取】圖示，提取遠端 GitHub 儲存庫的最新更新。

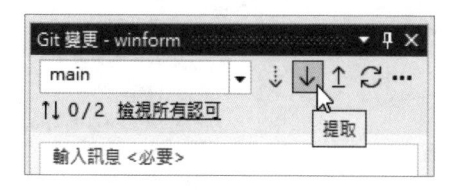

11-17

**Step 17** 在完成本機 Git 儲存庫的更新後，就可以刪除本機 feature-label 分支，請展開下拉式選單，在【feature-label】分支上，執行【右】鍵快顯功能表的【刪除】命令來刪除此分支。

**Step 18** 可以看到 feature-label 分支已經刪除，請在 main 主分支後，點選【...】鈕，執行【管理分支】命令來管理本機 Git 儲存庫的分支。

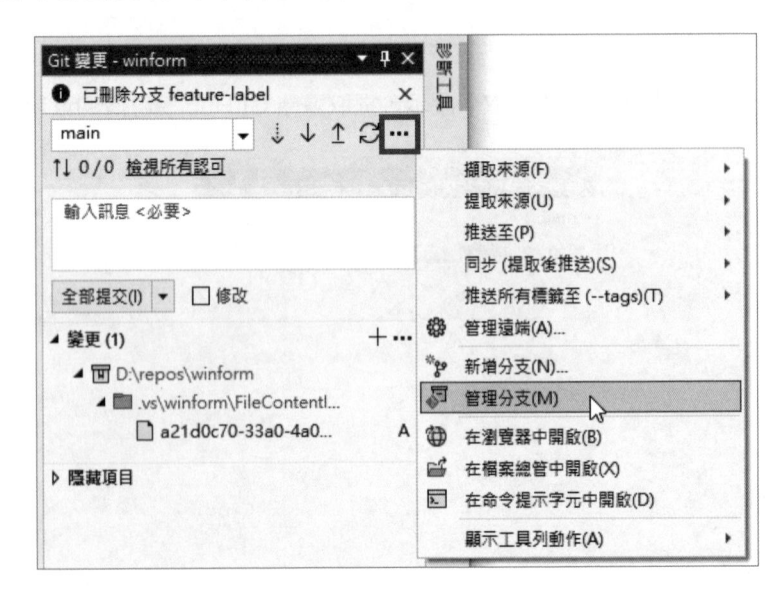

**Step 19** 目前只剩下 main 主分支，我們可以看到 main 主分支的提交歷史記錄，如下圖所示：

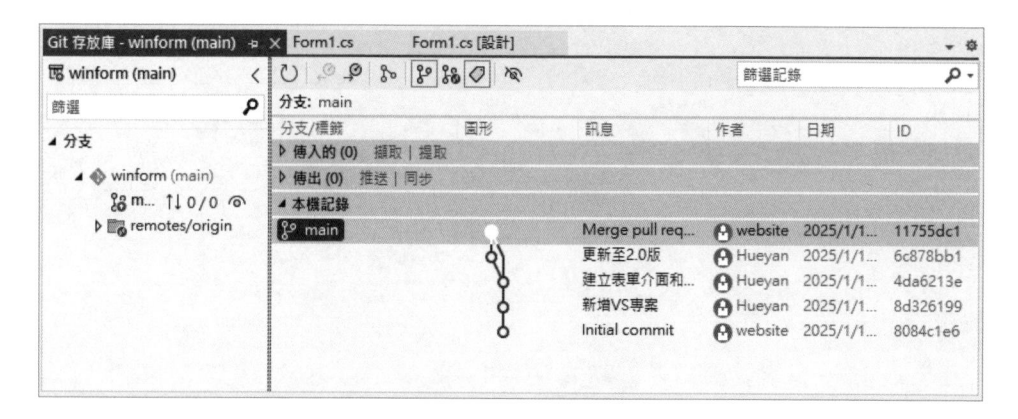

```
Git 存放庫 - winform (main)      Form1.cs      Form1.cs [設計]
winform (main)                                                      篩選記錄
篩選                          分支: main
▲ 分支                        分支/標籤        圖形      訊息              作者       日期        ID
  ▲ winform (main)           ▷ 傳入的 (0)  擷取 | 提取
     m... ↑↓ 0/0             ▷ 傳出 (0)  推送 | 同步
  ▷ remotes/origin           ▲ 本機記錄
                              main                     Merge pull req...  website  2025/1/1...  11755dc1
                                                       更新至2.0版         Hueyan   2025/1/1...  6c878bb1
                                                       建立表單介面和...   Hueyan   2025/1/1...  4da6213e
                                                       新增VS專案         Hueyan   2025/1/1...  8d326199
                                                       Initial commit    website  2025/1/1...  8084c1e6
```

上述第 1 個提交是使用提取請求合併 feature-label 分支所建立的提交，第 2 個提交是在 feature-label 分支開發時提交的變更，第 3 個是第 11-2-1 節建立的提交，第 4 個是第 11-1-2 節建立的提交，最後 1 個是在第 11-1-1 節的 Step 1.，在 GitHub 建立 winform 儲存庫所建立的提交。

# CHAPTER 12

# Git/GitHub 版本控制的常用工具

- 12-1 Git 圖形介面工具：SourceTree
- 12-2 整合在 Windows 檔案總管的 Git 工具：TortoiseGit
- 12-3 解決合併衝突的工具：KDiff3
- 12-4 設定與使用 Git 預設解決合併衝突工具

## 12-1 Git 圖形介面工具：SourceTree

SourceTree 是類似 GitHub Desktop 的 Git 圖形介面工具，這是一套免費的 Git 客戶端，可以提供 GUI 圖形使用者介面來簡化你與 Git 儲存庫的互動方式，例如：圖形化提交歷史記錄，讓你可以輕鬆的使用視覺化方式來管理你的 Git/GitHub 儲存庫。

### 12-1-1 下載與安裝 SourceTree

SourceTree 可以在官方網站免費下載，其 URL 網址如下所示：

**URL** https://www.sourcetreeapp.com/

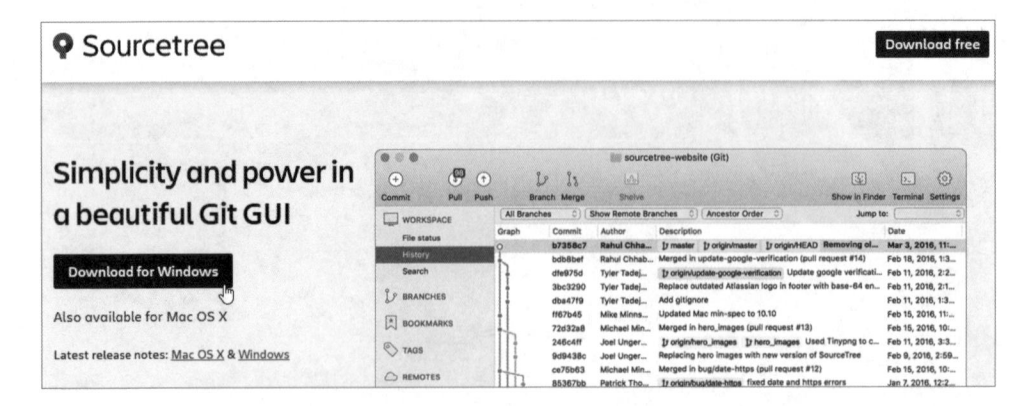

請按【Download for Windows】鈕下載 Windows 版的 SourceTree，可以看到一個重要訊息的訊息視窗，如下圖所示：

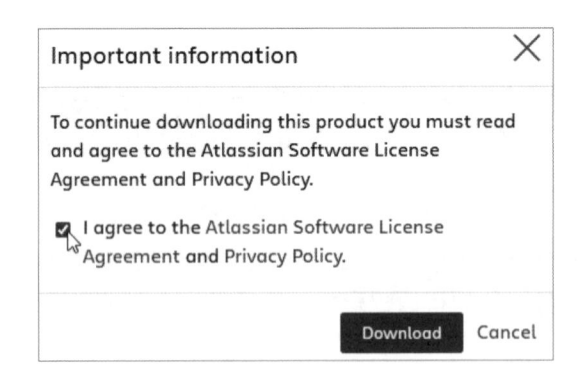

請勾選同意軟體授權後，按【Download】鈕下載 SourceTree，在本書的下載檔案是【SourceTreeSetup-3.4.21.exe】，其安裝步驟如下所示：

*Step 1* 請雙擊【SourceTreeSetup-3.4.21.exe】啟動安裝程式，因為我們並不是使用 Bitbucket，請按【Skip】鈕跳過此步驟。

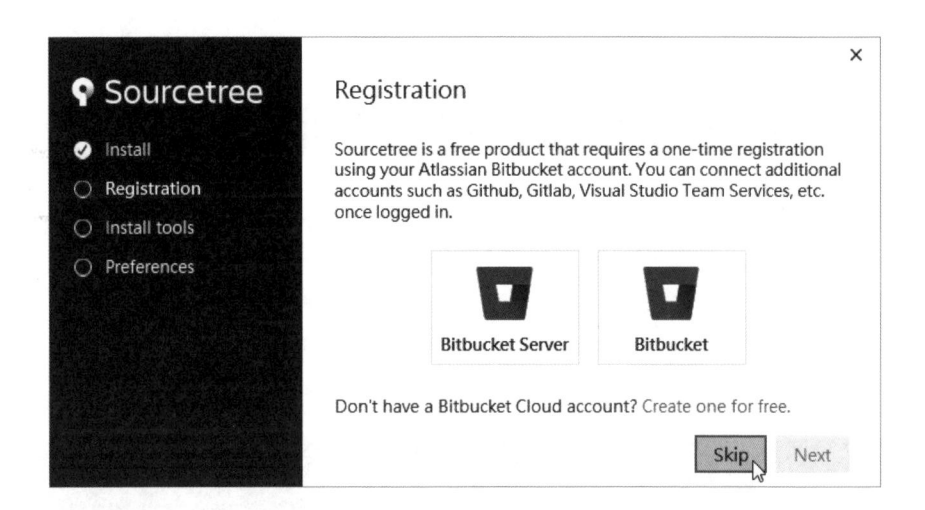

# Git/GitHub 版本控制的常用工具

[Sourcetree Registration 視窗圖]

**Step 2** 訊息顯示已經找到 Git，請取消勾選【Mercurial】，按【Next】鈕繼續。

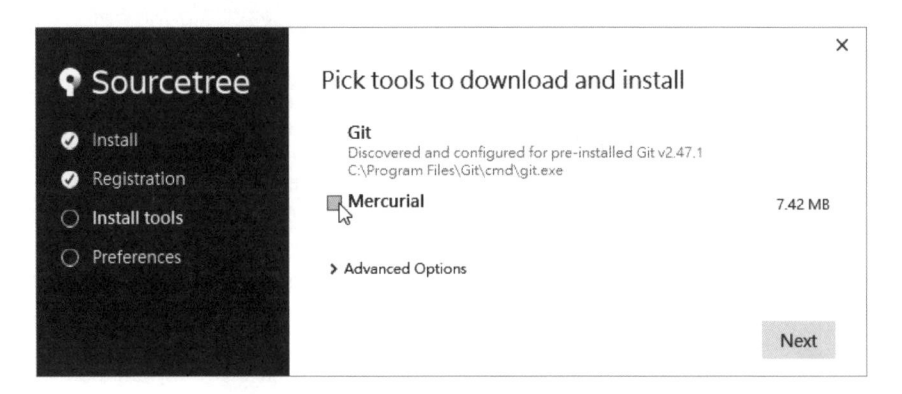

[Sourcetree Pick tools to download and install 視窗圖]

**Step 3** 可以看到取得的 Git 設定，不用更改，按【Next】鈕。

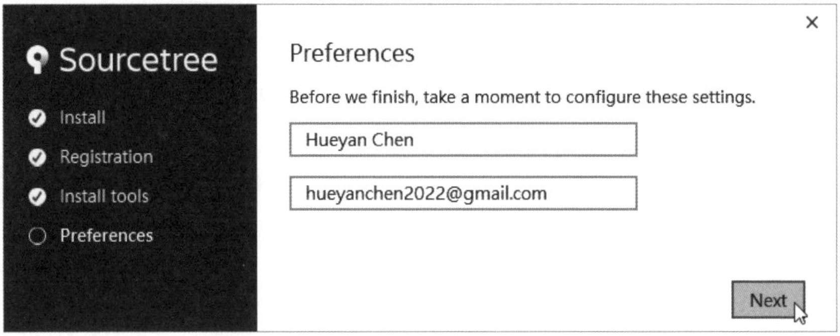

[Sourcetree Preferences 視窗圖]

12-3

**Step 4** 因為筆者並沒有 SSH Key，所以按【No】鈕繼續。

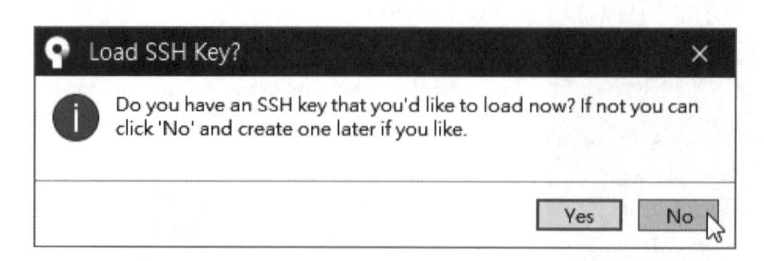

**Step 5** 可以看到 SourceTree 的執行畫面，如下圖所示：

## 12-1-2 SourceTree 的基本操作

SourceTree 操作的第 1 步就是複製、新增或建立 Git 儲存庫，例如：新增本機 Git 儲存庫，其步驟如下所示：

**Step 1** 在 SourceTree 上方工具列，按【Clone】鈕複製 GitHub 儲存庫；按【Create】鈕是建立全新本機 Git 儲存庫，請按【Add】鈕新增本機 Git 儲存庫。

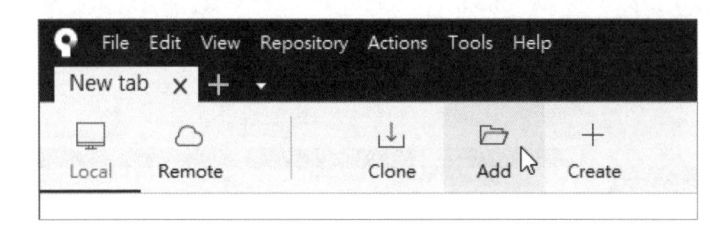

**Step 2** 請按【Browse】鈕選「D:\repos\website」目錄，可以看到這是一個 Git 儲存庫，按【Add】鈕新增 Git 儲存庫。

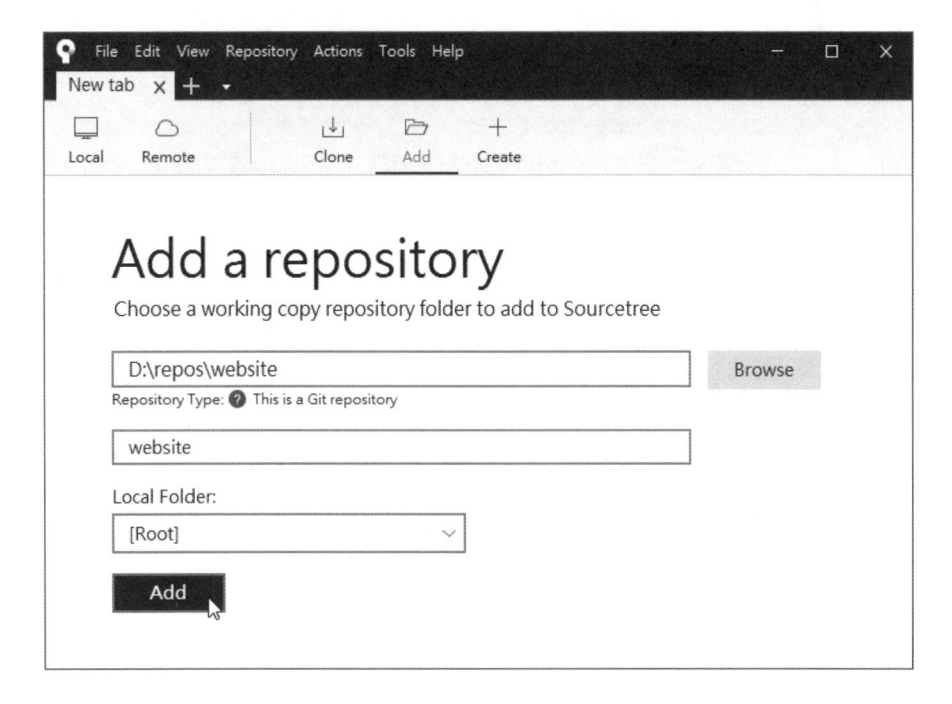

**Step 3** 可以看到 SourceTree 開啟的本機 Git 儲存庫，如下圖所示：

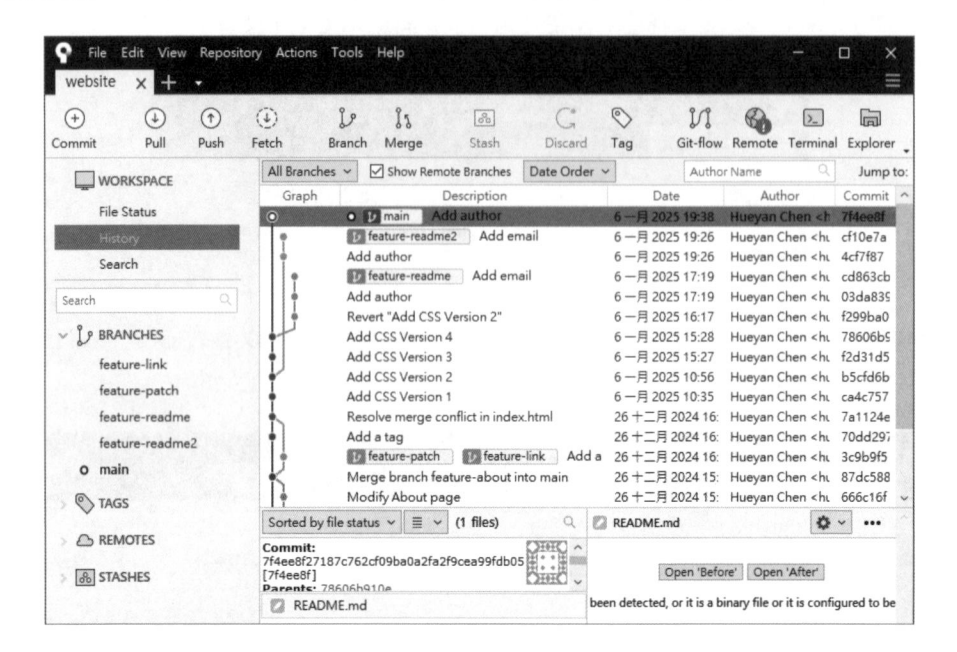

在左邊 WORKSPACE 下方可以選擇分支，預設是 main 主分支，在選取分支後，可以在上方切換檢視，目前是在【History】標籤，顯示的是提交歷史記錄，可以看到圖形化顯示的提交記錄，選【File Status】標籤是工作目錄的檔案狀態，請按【Open in Explorer】鈕開啟工作目錄。

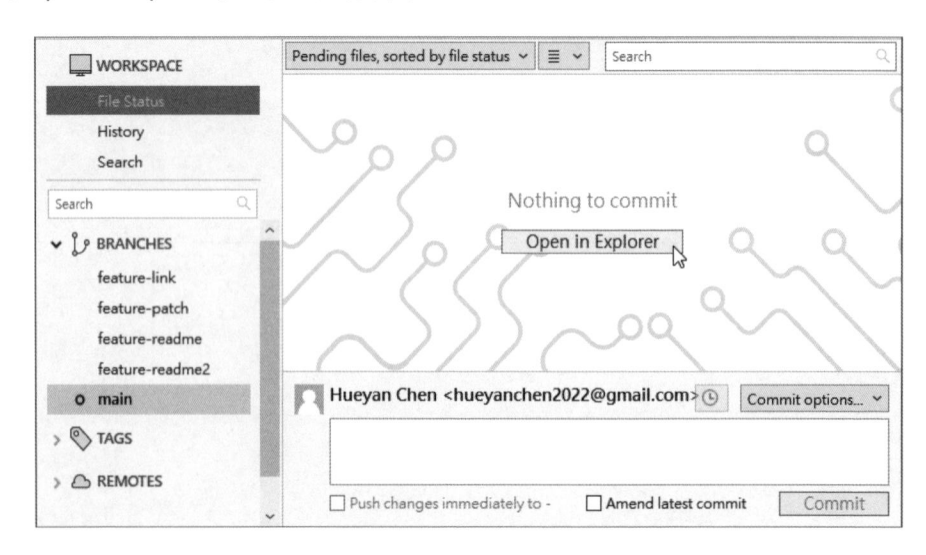

請修改 style.css 檔案的 width 寬度成為 500px,如下所示:

```
width: 500px;
```

在儲存後,可以看到 style.css 顯示在未暫存區,點選後方【+】號,可以加入上方暫存區,如下圖所示:

現在,style.css 已經移至上方暫存區,點選後方的【-】號可以取消加入暫存區,請在下方輸入框輸入提交訊息後,按右下角【Commit】鈕來提交變更,如下圖所示:

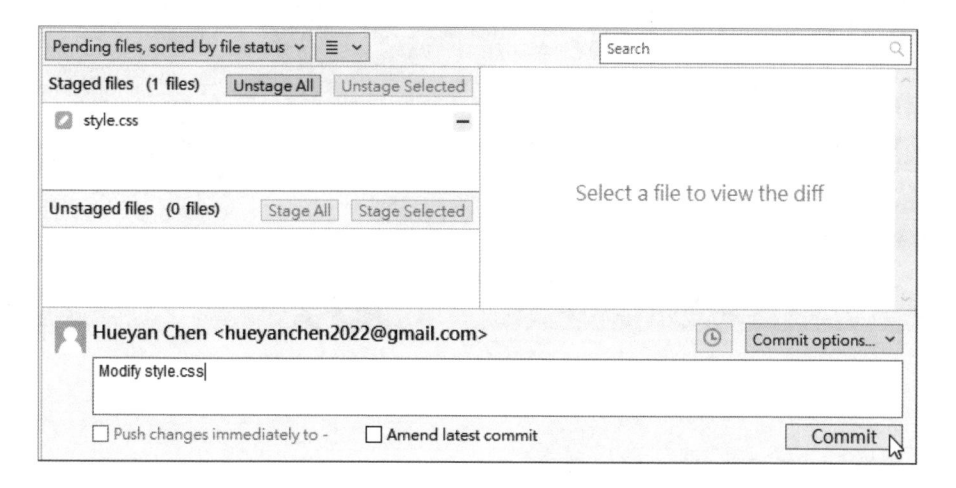

在 SourceTree 上方工具列,按【Branch】鈕可以建立和刪除分支。按【Merge】鈕是合併分支,當遇到合併衝突時,SourceTree 提供相關介面來幫助我們解決合併衝突問題。

## 12-2 整合在 Windows 檔案總管的 Git 工具：TortoiseGit

TortoiseGit 是免費開放原始碼的 Git 客戶端，這是一套專為 Windows 作業系統所設計的 Git 工具，此工具是整合至 Windows 檔案總管，可以在檔案總管使用【右】鍵快顯功能表的命令來執行 Git 操作。

### 12-2-1 下載、安裝與設定 TortoiseGit

TortoiseGit 可以從官方網站免費下載，其 URL 網址如下所示：

> **URL** https://tortoisegit.org/

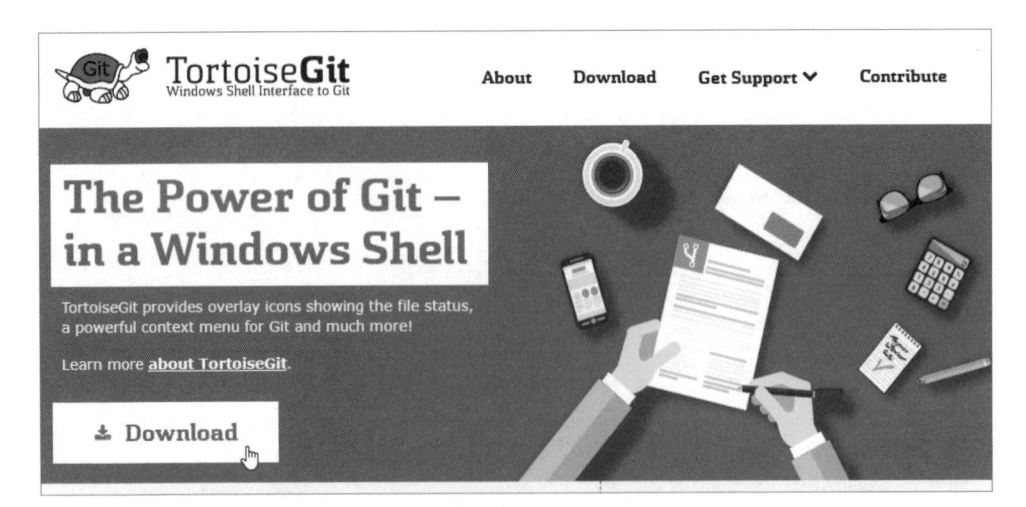

請按【Download】鈕，可以看到下載頁面，如下圖所示：

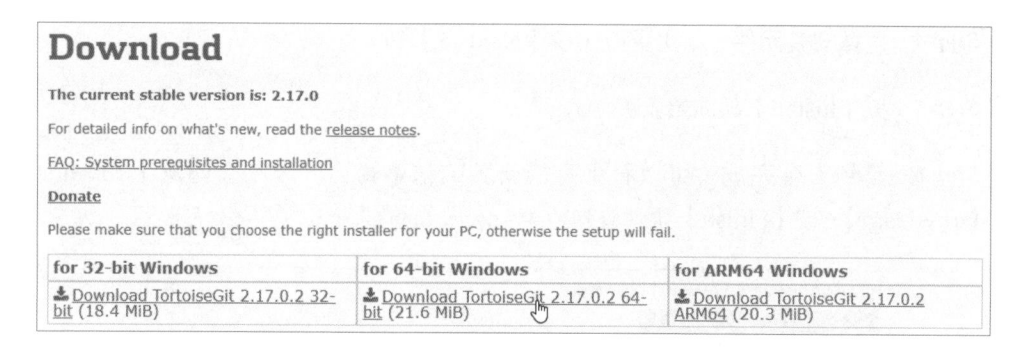

## Download

The current stable version is: 2.17.0

For detailed info on what's new, read the release notes.

FAQ: System prerequisites and installation

**Donate**

Please make sure that you choose the right installer for your PC, otherwise the setup will fail.

| for 32-bit Windows | for 64-bit Windows | for ARM64 Windows |
|---|---|---|
| ⬇ Download TortoiseGit 2.17.0.2 32-bit (18.4 MiB) | ⬇ Download TortoiseGit 2.17.0.2 64-bit (21.6 MiB) | ⬇ Download TortoiseGit 2.17.0.2 ARM64 (20.3 MiB) |

請點選 for 64-bit Windows 下方的超連結來下載安裝程式，在本書下載的檔名是【TortoiseGit-2.17.0.2-64bit.msi】，其安裝步驟如下所示：

**Step 1** 請雙擊【TortoiseGit-2.17.0.2-64bit.msi】啟動安裝程式，在歡迎畫面按【Next >】鈕。

**Step 2** 在閱讀版權重要說明後，按【Next >】鈕繼續。

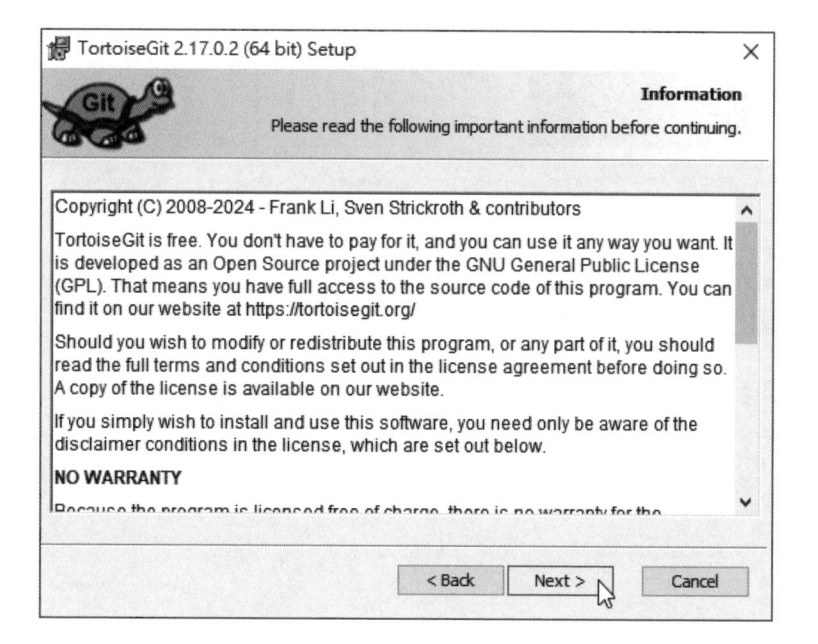

**Step 3** 選擇 SSH 客戶端,因為本書並未安裝,不用更改,按【Next >】鈕。

**Step 4** 選擇安裝元件,不用更改,按【Next >】鈕。

**Step 5** 按【Install】鈕開始安裝。

**Step 6** 等到安裝完成,可以看到完成安裝的精靈畫面,因為有勾選【Run first start wizard】,按【Finish】鈕就會執行第一次啟動精靈。

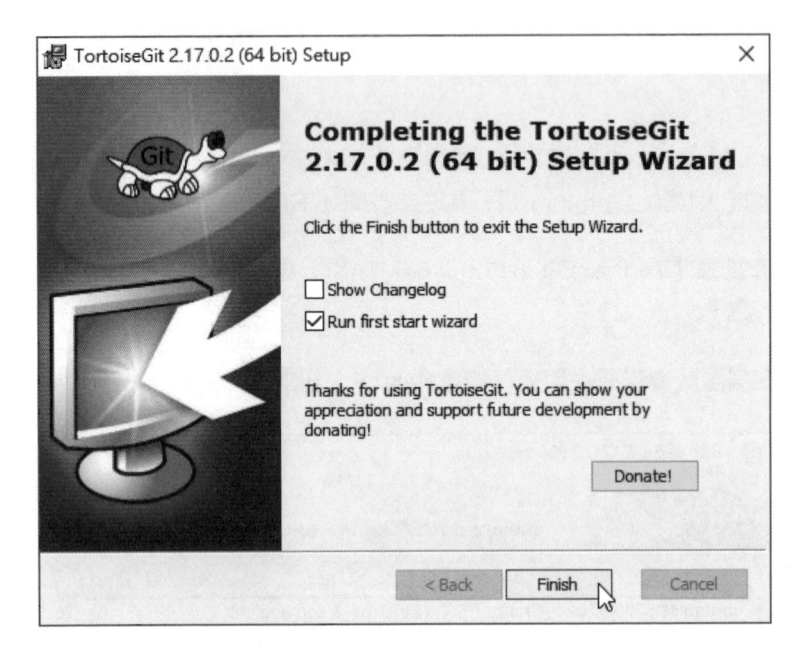

**Step 7** 第一步是選擇語言,預設是 English 英文(可在 https://tortoisegit.org/download/ 下載中文語言包),不用更改,請按【下一步】鈕。

**Step 8** 顯示 TortoiseGit 簡介和線上說明文件的連接,請按【下一步】鈕繼續。

**Step 9** TortoiseGit 會自動搜尋 Windows 安裝的 Git,顯示 Git 安裝路徑,如果沒有問題,請按【下一步】鈕。

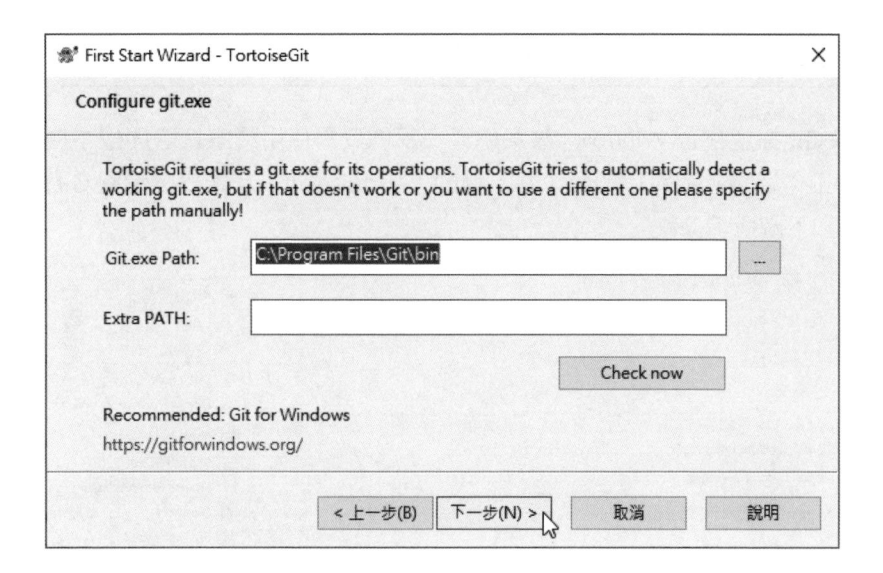

Git/GitHub 版本控制的常用工具

**Step 10** 然後取得 Git 全域設定的使用者名稱和電子郵件地址，不用更改，按【下一步】鈕繼續。

**Step 11** 最後是認證資料，不用更改，請按【完成】鈕完成設置。

12-11

## 12-2-2 TortoiseGit 的基本操作

TortoiseGit 高度整合 Windows 檔案總管，我們只需使用檔案總管開啟本機 Git 儲存庫的工作目錄，就可以開啟【右】鍵的「TortoiseGit」功能表，看到 Git 的相關命令，如下圖所示：

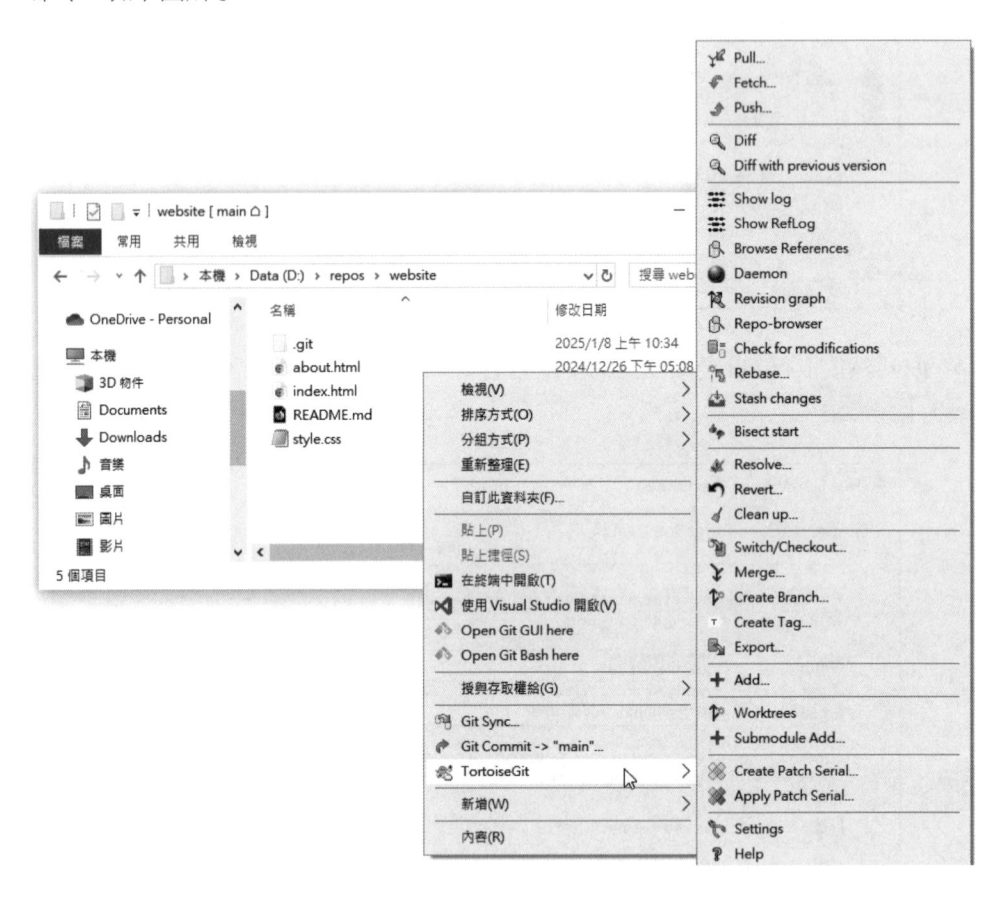

例如：執行【show log】命令，可以開啟視窗顯示 Git 提交的歷史記錄，如下圖所示：

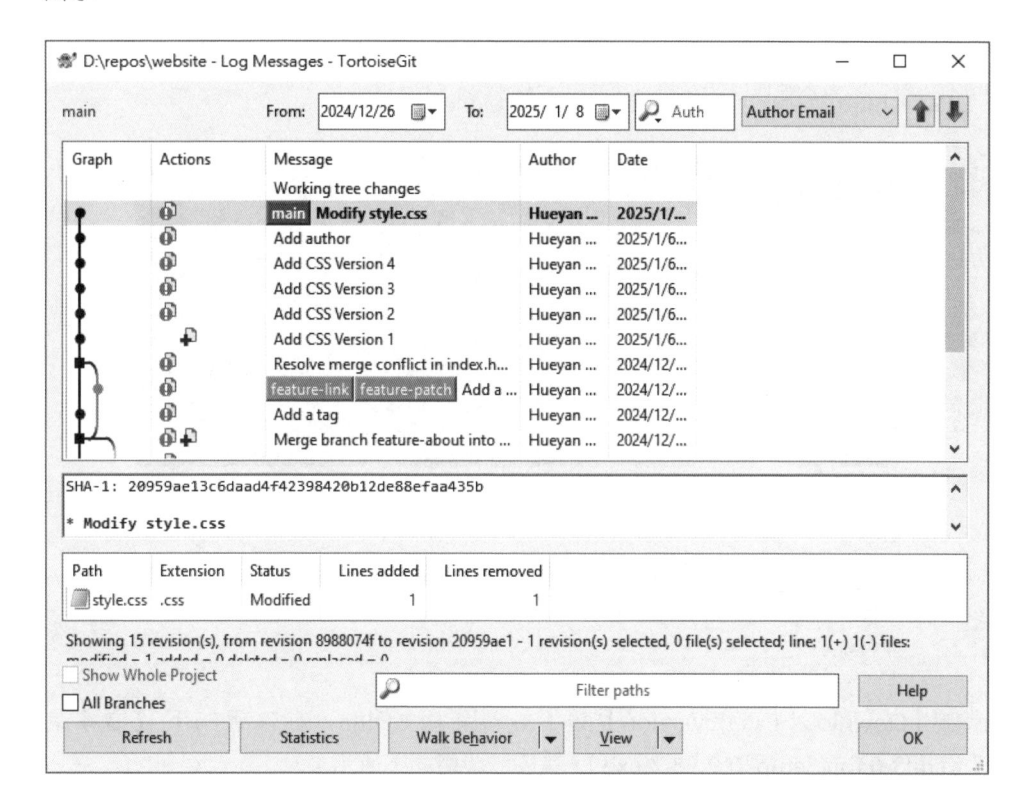

## 12-3 解決合併衝突的工具：KDiff3

KDiff3 是功能強大的檔案和目錄比對與合併工具，可以顯示兩個或三個檔案或目錄之間的差異，並且提供自動合併功能，幫助我們解決合併衝突問題。

## 12-3-1 下載與安裝 KDiff3

KDiff3 可以從官方網站免費下載，其 URL 網址如下所示：

> **URL** https://sourceforge.net/projects/kdiff3/files/

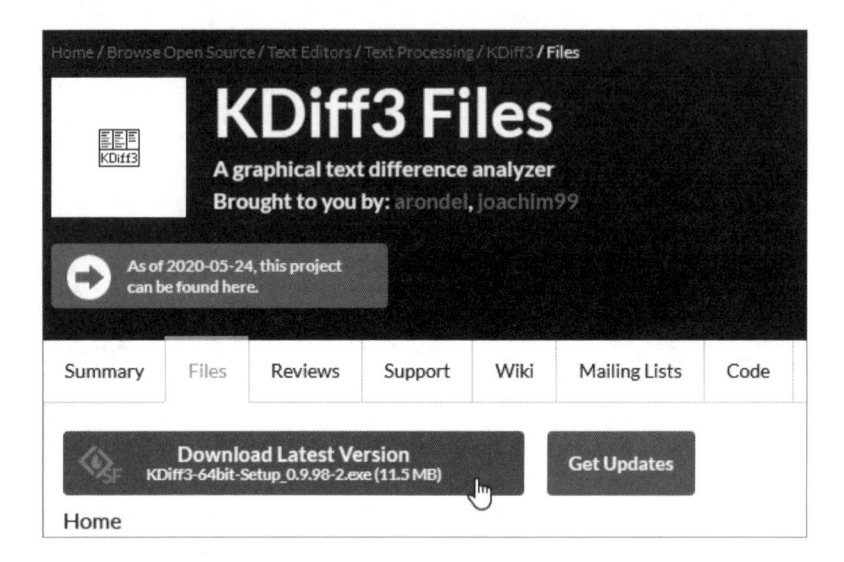

請按【Download Latest Version】鈕下載最新版 KDiff3，在本書的下載檔案是【KDiff3-64bit-Setup_0.9.98-2.exe】，其安裝步驟如下所示：

**Step 1** 請雙擊【KDiff3-64bit-Setup_0.9.98-2.exe】啟動安裝程式，首先選擇安裝程式的語言是【Chinese (Traditional)】，按【OK】鈕。

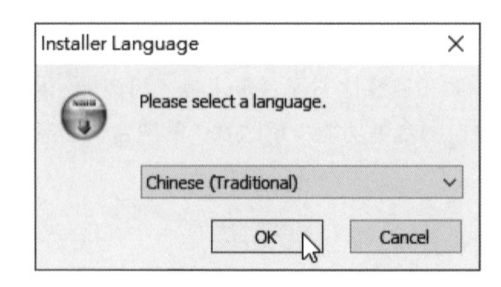

**Step 2** 可以看到使用授權協議，請按【我接受】鈕同意授權。

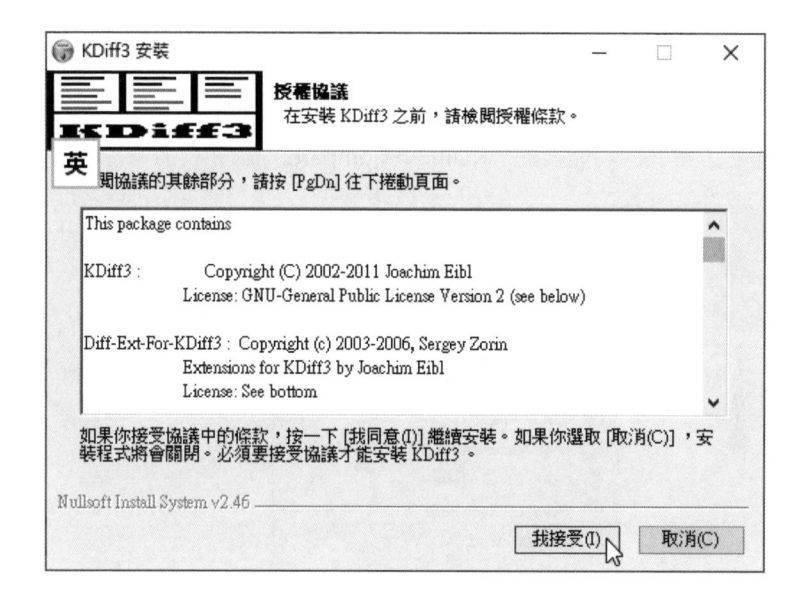

**Step 3** 選擇安裝元件，不用更改，請按【下一步】鈕。

**Step 4** 選擇安裝路徑，預設安裝路徑是「C:/Program Files/KDiff3」，不用更改，請按【下一步】鈕。

**Step 5** 勾選【Install for all users】安裝給所有 Windows 使用者，按【下一步】鈕。

**Step 6** 按【安裝】鈕開始安裝。

**Step 7** 等到安裝完成，請按【完成】鈕完成 KiDiff3 的安裝。

## 12-3-2 使用 KDiff3 比對檔案或目錄

KDiff3 可以比對檔案或目錄,我們準備比對書附範例「\git\ch12」目錄下的 website 和 website2 兩個子目錄,請按住 Ctrl 鍵,使用滑鼠左鍵選取這 2 個子目錄後,就可以執行【右】鍵快顯功能表的「KDiff3 > Compare」命令。

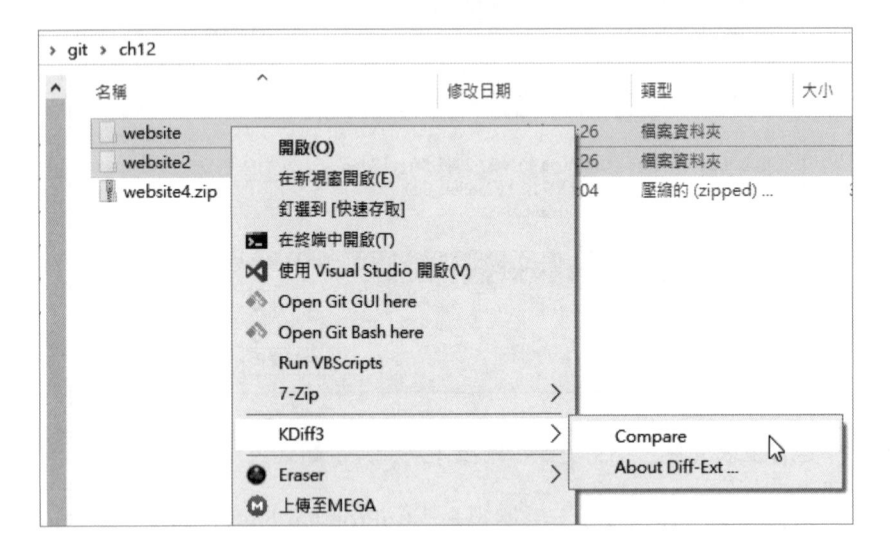

此命令可以比對這 2 個目錄,看到目錄比對狀態的訊息視窗,請按【OK】鈕。

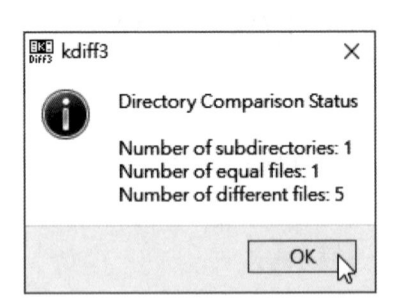

可以顯示這 2 個目錄比對的檔案清單，雙擊 index.html 檔案，可以在下方顯示 2 個檔案內容的比對結果，如下圖所示：

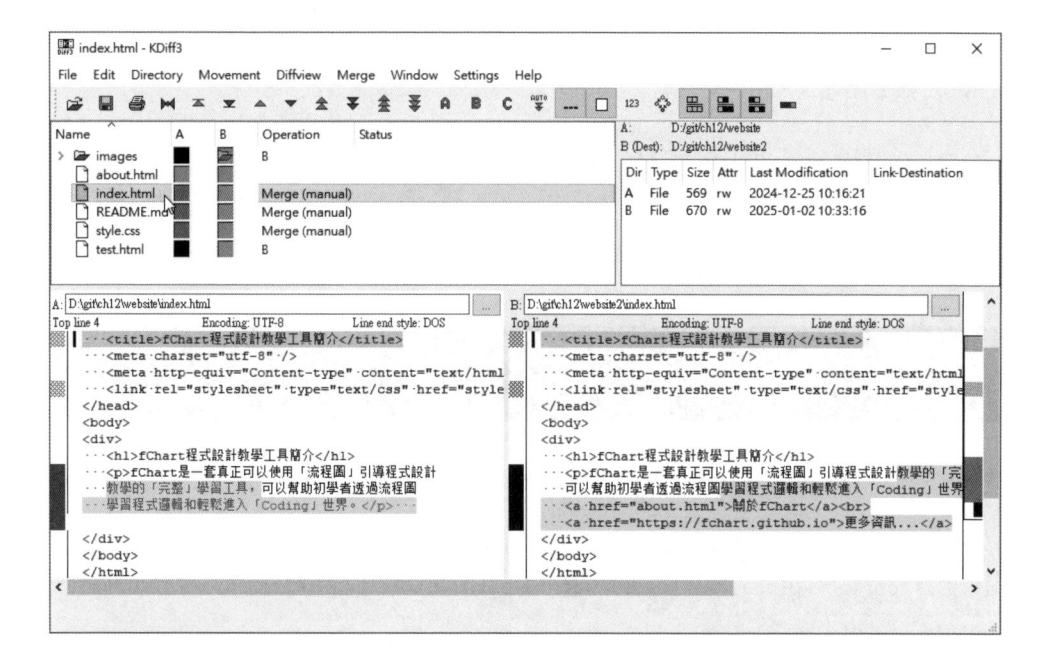

上述比對結果可以執行「Merge」功能表的命令來選擇如何合併檔案。

## 12-4 設定與使用 Git 預設解決合併衝突工具

請解壓縮書附範例「ch12\website4.zip」的檔案至「D:\repos\test」工作目錄，即可建立本節測試所需的本機 Git 儲存庫，在此儲存庫有第 4-4-2 節的合併衝突問題。

我們可以在 Git 設定使用第 12-3 節的 KDiff3 作為預設的合併衝突解決工具。

## 設定 Git 預設解決合併衝突工具

請啟動 Windows 終端機切換到「D:\repos\test」目錄，首先輸入下列命令設定 Git 預設的檔案差異比對工具，KDiff3 執行檔的路徑是「C:/Program Files/KDiff3/kdiff3.exe」，如下所示：

```
> git config --global diff.tool kdiff3 [Enter]
> git config --global difftool.kdiff3.path "C:/Program Files/KDiff3/kdiff3.exe" [Enter]
> git config --global difftool.prompt false [Enter]
```

```
D:\repos\test (main) > git config --global diff.tool kdiff3
D:\repos\test (main) > git config --global difftool.kdiff3.path "C:/Program Files/KDiff3/kdiff3.exe"
D:\repos\test (main) > git config --global difftool.prompt false
D:\repos\test (main) >
```

然後，設定 Git 預設的合併工具，如下所示：

```
> git config --global merge.tool kdiff3 [Enter]
> git config --global mergetool.kdiff3.path "C:/Program Files/KDiff3/kdiff3.exe" [Enter]
> git config --global mergetool.prompt false [Enter]
> git config --global mergetool.keepBackup false [Enter]
```

```
D:\repos\test (main) > git config --global merge.tool kdiff3
D:\repos\test (main) > git config --global mergetool.kdiff3.path "C:/Program Files/KDiff3/kdiff3.exe"
D:\repos\test (main) > git config --global mergetool.prompt false
D:\repos\test (main) > git config --global mergetool.keepBackup false
D:\repos\test (main) >
```

## 使用 Git 預設檔案差異比對工具

首先執行 git difftool 命令使用預設 KDiff3 工具來比對差異，例如：比對 2 次提交的差異，如下所示：

```
> git difftool 70dd297 87dc588 [Enter]
```

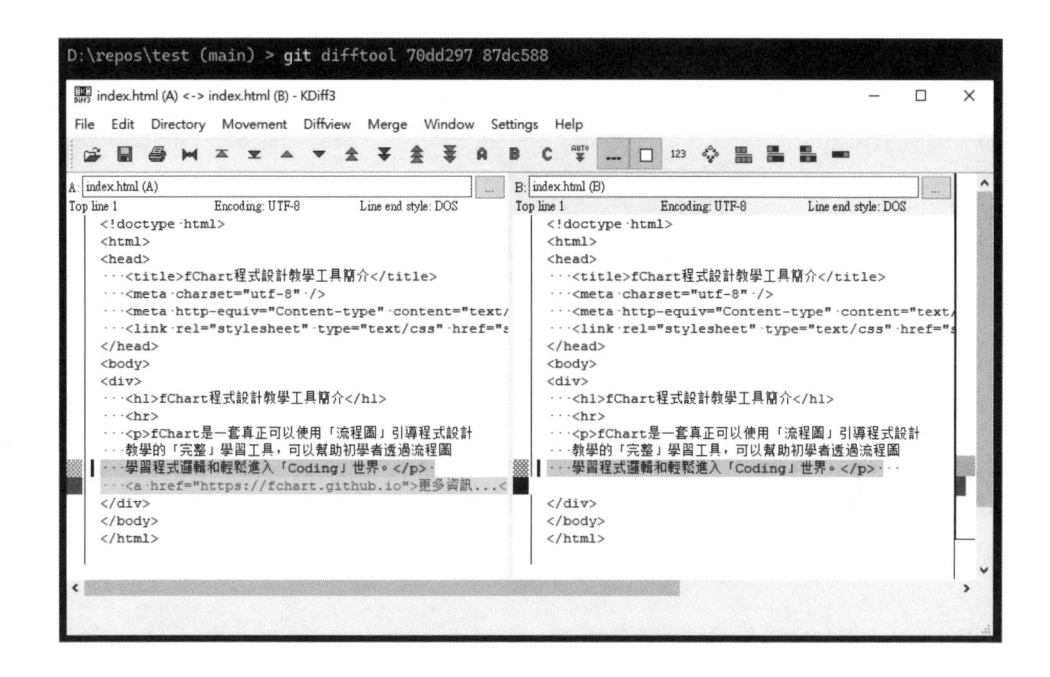

Git/GitHub 版本控制的常用工具 **12**

## 使用 Git 預設解決合併衝突工具

當執行 git merge 命令遇到合併衝突時，就可以使用 git mergetool 命令來啟動 KDiff3，幫助我們處理合併衝突問題，如下所示：

```
> git merge feature-link -m "Merge branch feature-link into main"  Enter
> git mergetool  Enter
```

```
D:\repos\test (main) > git merge feature-link -m "Merge branch feature-link into main"
Auto-merging index.html
CONFLICT (content): Merge conflict in index.html
Automatic merge failed; fix conflicts and then commit the result.
D:\repos\test (main) > git mergetool
```

12-19

上述命令首先合併 feature-link 分支，因為有合併衝突，所以開啟 KDiff3 檢查和解決衝突檔案，可以顯示衝突數的訊息視窗，一個已經自動解決；一個有合併衝突，如下圖所示：

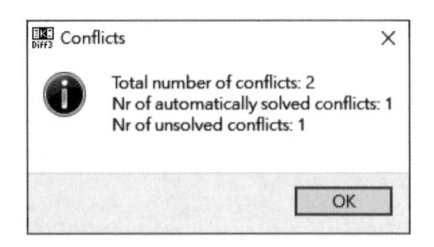

上述自動解決的可能是一些空白字元差異或簡單改動，請按【OK】鈕，可以看到 KDiff3 顯示的三個版本，其說明如下所示：

- **A**：Base 基準版本是兩個分支共同祖先的版本。

- **B**：Local 本地版本是目前分支的版本，即 main。

- **C**：Remote 遠端版本是合併分支的版本，即 feature-link。

請在 KDiff3 上方工具列的 A、B、C，選擇使用哪一個版本來取代下方 ＜Merge Conflict＞ 的紅色行，以此例是選【B】，如下圖所示：

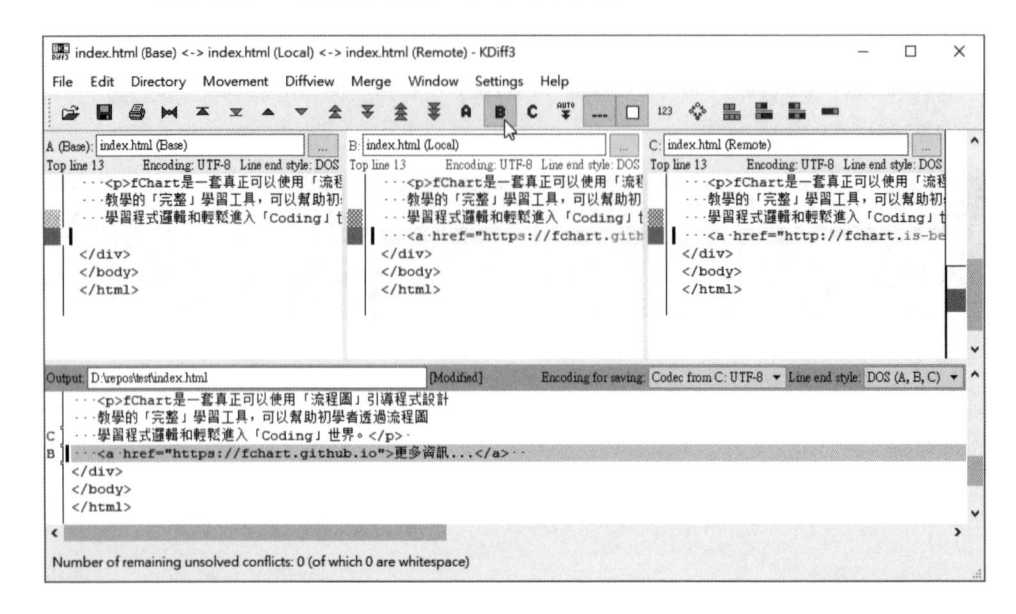

在完成編輯後，請執行「File > Save」命令儲存 index.html 檔案，就可以離開 KDiff3。現在，我們可以再次將 index.html 加入暫存區和提交，這次提交的是已經解決合併衝突的版本，如下所示：

```
> git add index.html Enter
> git commit -m "Resolve merge conflict in index.html" Enter
```